TV Lobotomie

Michel
DESMURGET

TV Lobotomie

La vérité scientifique sur les effets de la télévision

DOCUMENT

J'ai lu

« La télé est dangereuse pour les hommes. L'alcoolisme, le bavardage et la politique en font déjà des abrutis. Était-il nécessaire d'ajouter encore quelque chose ? Le mal est fait… Personne ne pourra empêcher maintenant la marche en avant de cette infernale machine. Adieu travail ! Demain, on pensera sans effort, puis on ne pensera plus et on crèvera enfin de la plus triste vie. »

(Louis-Ferdinand Céline, *Cahiers 1957-1961* [1])

Avertissement

Le lecteur découvrira, au fil du texte, deux types de notes. Les notes de bas de page, signalées par des exposants alphabétiques (exemple [i]), précisent certains points sémantiques et méthodologiques qui pourraient poser problème aux non-spécialistes. Les notes de fin d'ouvrage, signalées par des exposants numériques (exemple [1]), présentent la référence des articles mentionnés à l'appui de telle ou telle affirmation. Ces dernières références sont utiles à deux niveaux. Premièrement, pour l'auteur, elles constituent un précieux garde-fou : lorsque chaque assertion se doit d'être étayée, il est moins facile de dire n'importe quoi et de faire passer des boniments de camelots pour des faits avérés. Deuxièmement, pour le lecteur, elles permettent de remonter à la source des évidences présentées et ainsi de vérifier ou d'approfondir des propos qui pourraient être jugés suspects ou engageants. Ces notes de fin d'ouvrage ne sont nullement nécessaires à la compréhension du texte. Elles peuvent être totalement ignorées ou consultées sur un mode ponctuel et parcimonieux.

Introduction

« Le problème des intellectuels, c'est qu'ils reprochent à la télévision de n'être pas assez bonne. Ils sont suspects de vouloir mettre Arte sur toutes les chaînes et d'imposer leurs préférences culturelles à tout le monde. Pour ma part, je ne crois pas qu'il y ait une bonne ou une mauvaise télévision – je préfère qu'il n'y ait pas de télévision du tout. »

(Alexandre Lacroix, philosophe [2])

« Parce que les influences médiatiques sont subtiles, cumulatives, et qu'elles adviennent sur une longue période de temps, parents, pédiatres et éducateurs peuvent ne pas être conscients de leur impact. »

(Victor Strasburger,
professeur de pédiatrie,
école de Médecine,
université de New Mexico [3])

Je suis chercheur. En tant que tel, j'apparais dans le répertoire de diffusion des principaux journaux scientifiques liés au champ des neurosciences fondamentales et cliniques[i]. À chaque nouvelle parution, ces journaux m'envoient leur sommaire, afin que je puisse identifier les travaux susceptibles de m'intéresser. Depuis 15 ans, il ne s'est pas passé une semaine sans que j'extraie au moins un ou deux papiers relatifs aux effets délétères de la télévision sur la santé psychique, cognitive et somatique de l'enfant. La tendance est tellement massive que certains spécialistes n'hésitent plus à évoquer un véritable problème de santé publique [4]. Des voix commencent même à s'élever pour réclamer l'extension, aux grands groupes audiovisuels, des poursuites pénales originellement diligentées contre les industriels du tabac et de la malbouffe [5]. L'analogie est loin d'être incongrue. En effet, l'industrie du tabac fut condamnée en son temps pour avoir indûment stimulé le caractère addictif de produits dont elle connaissait le danger [6]. De nos jours, le complexe médiatico-publicitaire dépense des sommes faramineuses pour identifier et manipuler les ressorts d'une dépendance cathodique dont il devient de plus en plus difficile de nier l'existence [7-12]. Psychologie, neuro-imagerie, éthologie, ethnologie, sociologie, aucune branche des sciences humaines et médicales n'est dispensée d'apporter son obole à la Cause mercantile [13-21]. Depuis quelques années, le neuro-marketing s'érige en nouveau graal manipulatoire. Son credo : aller chercher les failles les plus intimes de notre cerveau pour asservir, à notre insu, nos comportements, nos désirs, nos peurs, nos pulsions, nos représentations, nos décisions. Dans un ouvrage récent, deux spécialistes du sujet résument

[i] Le terme *neurosciences* qualifie l'ensemble des disciplines qui étudient le système nerveux (psychologie, biologie, génétique, physiologie, etc.). Les journaux en question incluent des titres comme *Science, Nature, Lancet, JAMA, BMJ, Pediatrics, Archives of Pediatrics & Adolescent Medicine*, etc.

ainsi l'approche : « Visez le petit. Préparez votre cible. Marquez-la au front le plus tôt possible. Seul l'enfant apprend bien [...] Les cigarettiers et les limonadiers savent que plus tôt l'enfant goûtera plus il sera accro. Les neurosciences ont appris aux entreprises les âges idéaux auxquels un apprentissage donné se fait le plus facilement. » [22] Pouvons-nous tolérer ce genre d'abjection ? Pouvons-nous rester impassibles lorsqu'une armée de cupides charognards mobilisent tous les outils de la recherche moderne afin d'offrir à Coca-Cola « du temps de cerveau humain disponible » [23] ? Pouvons-nous accepter qu'un « troisième parent cathodique » [24] pénètre subrepticement l'intimité psychique de nos enfants afin de susciter chez eux des comportements de dépendance ou d'achat aux effets sanitaires dévastateurs ? Bien des gens semblent penser que non, parmi lesquels des universitaires [16,25], des journalistes [13,17,18,26], des spécialistes de la convention internationale des Nations unies sur les droits de l'enfant [27] et de nombreux artistes, cadres ou dirigeants de l'industrie audiovisuelle qui refusent de livrer leur précieuse descendance aux affres de « la boîte à images » [28-31]. Comme le résume Liliane Lurçat avec son talent coutumier, « quelle est la liberté des enfants, si ce n'est d'être des enfants, et au nom de quoi peut-on se permettre d'agir sur eux avec une telle puissance ? Quelle est la liberté des adultes, si ce n'est de pouvoir comprendre, et pourquoi alors cibler l'émotion plutôt que la raison ? » [25]

Petits précis de balivernes ordinaires

En théorie, les éléments précédents devraient *a minima* causer quelque inquiétude aux parents et spectateurs que nous sommes. Pourtant, en pratique, l'écrasante majorité du corps social se désintéresse souverainement du problème. Pour déconcertant qu'il soit, ce constat n'est guère surprenant. En effet, critiquer la télévision c'est, en bout de chaîne, éreinter celui qui la regarde. Si vous dites « la télé affecte profondément notre rapport au monde », le consommateur lambda entendra « je ne suis qu'un veau aboulique et crétin ». De même, si vous affirmez « la télé est toxique pour les enfants », la fameuse ménagère de moins de 50 ans traduira « je suis une mauvaise mère et j'éduque mal mes gosses ». Ce genre d'idées passe d'autant plus mal qu'une armée d'« éminents spécialistes » s'évertuent à saturer l'espace public de propos lénifiants et de tribunes gluantes. De saisissants verbiages en tragiques logorrhées, nos savants diafoirus catéchisent ardemment les louanges de saint Tube cathodique. La télévision aide nos enfants à grandir [32]. Elle est un instrument extraordinaire de culture démocratique [33]. Les images qu'elle produit sont bienfaisantes [34]. La profonde sagesse des décideurs nous préserve du pire [35]. Les contempteurs de la petite lucarne sont démagogues [36], incompétents [37], réactionnaires [38], hystériques [34], névrosés [39,40], vantards [41], méprisants [42], jaloux [43] et, pour tout dire, débordés par une « modernité [qui] nous renvoie au temps qui passe et à la crainte de l'inconnu » [40]. En dénonçant la télévision, les sombres empêcheurs de regarder en rond « se donnent bonne conscience » [36] et tentent de « se refaire une virginité sur le dos des médias » [34]. Ceux-ci sont alors pris « comme boucs émissaires » [44]. Comment ne pas souscrire à ces idées, quand on consulte la liste des critiques les plus sévères de la chose cathodique : Noam Chomsky [45,46], Karl Popper [47], Pierre Bourdieu [48], Liliane Lurçat [25,49-51], Neil Postman [52], Dany-Robert Dufour [24,53], Alain Bentolila [54]. Un terrible ramassis de crétins illettrés (*sic*) ! Heureusement que les évangélisateurs du fait audiovisuel sont d'une autre stature. Prenez Catherine Muller et François Chemel par exemple [32]. La première est « docteur en psychologie et psychanalyste. Elle intervient régulièrement dans les émissions de télévision et de radio ». Le second est « diplômé de Sciences Po, MBA du CFPJ Paris-Dauphine »[i] et « rédacteur adjoint de *Télé 7 Jours*. En télévision, il a participé au lancement de Paris Première ». De pedigrees aussi enthousiasmants, on ne pouvait attendre moins qu'un propos documenté, objectif et loyal. Un propos dont la publication récente offre aux parents inquiets les clés du « bon usage » cathodique. En parcourant les mots de Muller et Chemel on apprend, par exemple, que la télévision est « attentive aux besoins des enfants », qu'elle aide « à une prise de conscience en montrant le monde tel qu'il est, dans sa réalité, pas toujours facile à accepter », qu'elle est « un lubrifiant social [...] tant elle permet à des gens, qui n'auraient rien eu à se dire, de se parler entre eux », et qu'elle représente un fantastique support pédagogique lorsqu'elle stimule « nos deux cerveaux » et permet ainsi aux enfants d'acquérir plus aisément de nouvelles connaissances en associant ces dernières « avec des souvenirs heureux, des moments privilégiés où ils se sont sentis grands et forts. Comme quand ils ont appris à lire sans effort en regardant *Des chiffres et des lettres* avec Papy et Mamie. Analyser des signes, les mémoriser et apprendre à les assembler pour qu'ils aient un sens : cortex cérébral. Se sentir heureux de partager un

[i] Si vous n'avez aucune idée de ce que sont un MBA ou le CFPJ, pas de panique, ces acronymes ne sont pas là pour être clairs, mais pour sonner pompeux. En donner le sens n'aurait dès lors aucun intérêt (MBA : Master of Business Administration – tout cela est tellement plus ronflant en anglais ! –, CFPJ : Centre de Formation et de Perfectionnement des Journalistes).

bon moment : cerveau des profondeurs ». Peu importe que le bien-être des enfants pèse d'un poids dérisoire au regard de l'intérêt commercial des annonceurs et autres actionnaires [16,55-60]. Peu importe que la télé déforme la réalité du monde au point de créer un monde sans réalité [61]. Peu importe que la télé constitue un vecteur notable d'isolement social [12,29,62,63]. Peu importe que la télé soit l'un des plus âpres ennemis qu'ait à affronter l'apprentissage de la langue écrite [64]. Peu importe que la capacité à déchiffrer des lettres ne dise rien de l'aptitude à lire [54,65,66]. Peu importe enfin le ridicule de cette fable des deux cerveaux, destinée sans doute à crédibiliser un propos trop absurde pour être présenté sans une saine patine pseudo-scientifique[i]. Peu importe ! Ayez confiance amis parents et « pas de vaine culpabilité si vous installez vos enfants devant un DVD et vous vous ménagez ainsi un peu de calme. La télé réfléchit. Elle "réfléchit" comme un miroir en renvoyant à son public une image du monde et de lui-même » [32]. Même la téléréalité cache un noble projet ! Vous pensiez, comme Michel Meyer, qu'elle était une sorte de « bas de gamme pour invertébrés », une « machine à abrutir sans précédent » [28] ? Vous considériez comme Alain Bentolila qu'elle représentait une « grande foire nauséabonde », une « médiocre bouillie de banalités et d'approximations » [54]. Vous aviez tort ! La téléréalité est fondamentalement un « ascenseur social, […] [élevé] au sein d'une société qui ne propose rien d'autre pour

[i] Mémoire, émotion et cognition sollicitent, à l'évidence, un large réseau de structures corticales et sous-corticales interconnectées. Les travaux « les plus récents sur le cerveau » qu'évoquent, en soutien de leurs thèses, nos éminents spécialistes de la chose neurophysiologique, remontent sûrement à Descartes, Galien, Hippocrate ou Platon ! Pour quelques recherches un peu moins préhistoriques, voir par exemple [67-69].

donner des chances égales à tous ses jeunes membres ». La téléréalité, c'est « une sacrée leçon de vie, une nouvelle déclinaison de l'adage *aimez-vous les uns les autres*, que Jésus prêchait déjà sur les montagnes de Galilée » [32]. Pauvres de nous, assassiner la mire, ce serait comme crucifier le Fils de l'Homme une seconde fois ! Seul un trouble psychique profond pourrait justifier pareille folie. Ce n'est pas Michael Stora, « psychologue, psychanalyste », fondateur de l'Observatoire des mondes numériques en sciences humaines qui me contredira [40]. Notre homme se « méfie des discours qui tendent à diaboliser les images [...] Lorsque des parents insistent sur le caractère "mauvais" qu'ils attribuent aux images, [Stora se] demande toujours ce qui se vit de "mauvais" chez eux ». Ainsi, par exemple, ce « père de famille souhaitait [...] dire tout le mal qu'il pensait de la télé et du danger qu'elle représentait pour les plus jeunes. Au détour de la conversation, il finit par expliquer que sa carrière de militaire l'obligeait à être absent de chez lui plusieurs mois par an. Certains de ses enfants allaient mal. Il les voyait peu, avait dû mettre l'un de ses fils en pension... L'amertume qu'il ressentait face aux images, "mauvaises" selon lui, était en réalité l'expression d'une souffrance personnelle liée à ses longues absences. Et donc à son absence d'"image" ». Michael Stora conseilla à son interlocuteur de « communiquer avec ses enfants par webcam ». C'est beau comme du Freud et limpide comme du Goethe. « L'esprit m'éclaire enfin. L'inspiration descend sur moi, et j'écris consolé » [70] : sans télévision, point de salut pour nos enfants ! Ne riez pas car l'heure est grave ! Saviez-vous qu'« il existe un lien entre confiance en soi et relation aux images [?] De même que nous avons pu, bébé, être admiré par notre mère sans que celle-ci confirme, par des gestes tendres, des câlins, des baisers, l'amour qu'elle nous portait, de même nous pouvons adopter la même attitude d'admiration, de contemplation, voire de fascination, face à des images qui, par essence, n'ont pas de corps, ni de bras, ni de bouche » [40]. Face à de telles évidences (*sic*)[i], on peut franchement se demander si les apôtres d'une restriction cathodique sévère mesurent bien le danger qu'ils font courir à l'humanité. Le cas de ces parents qui voudraient limiter l'exposition de leurs enfants aux programmes violents est de ce point de vue particulièrement parlant. Cette démarche restrictive, nous dit Serge Tisseron, « un peuple entier l'a tentée il n'y a pas si longtemps [...] Il s'agit du peuple allemand entre 1918 et 1945 [...] À partir du moment où l'Allemagne était accusée en bloc de s'être comportée de manière inhumaine et clouée au pilori par l'ensemble des nations, il devenait [du fait de l'absence d'image] impossible à un ancien combattant du Reich de reconnaître qu'il avait eu des comportements inhumains [...] Il ne restait donc aux anciens soldats allemands de la Grande Guerre qu'une seule chose à faire : enterrer au plus profond d'eux-mêmes la fascination du mal et la joie de tuer [rien que ça !] qu'ils avaient découvertes » [34]. En voulant contrôler le contenu des programmes que nous destinons à nos enfants, ce sont donc leur appétence pour la violence et la barbarie que nous pourrions enflammer ! Il est juste dommage que les travaux scientifiques témoignent d'un risque rigoureusement inverse, portant sur une désensibilisation à la violence et une facilitation criminelle en présence d'images fâcheuses [72]. Parmi les milliers de recherches conduites en ce domaine, aucune n'a montré de

[i] Si vous n'avez rien compris, rassurez-vous, moi non plus ! Le verbiage psychanalytico-pompeux est généralement peu accessible au commun des esprits. Pour une démonstration fort distrayante de ce point, voir [71].

diminution des comportements violents à court ou long terme, après exposition à des contenus audiovisuels violents [72]. Une conclusion que semble partager Michael Stora qui insiste cependant, pour sa part, sur le sombre danger de l'addiction induite. Ainsi, comme l'écrit doctement notre éminent spécialiste, « parmi les patients qui viennent me consulter pour un problème de dépendance aux jeux vidéo, certains [un peu ? beaucoup ? 1, 2, 3, 10, 100 ?] n'ont pas eu le droit, enfants, de regarder la télévision et ont été poussés à lire très tôt. Leurs parents qui exercent souvent [1, 10, 50, 80 % des "certains" cas ?] des professions dites "intellectuelles", honnissent la télévision. Elle est à leurs yeux un objet abrutissant, dégradant » [40]. Cochons d'intellos ! C'est à se demander ce qu'attendent les services de la DDASS[i] pour intervenir.

Il n'est pire aveugle que celui qui ne veut voir

« Intello » ! C'est curieusement le premier mot qui est venu à Sylvain[ii] lorsque je lui ai parlé du présent ouvrage ! Sa phrase exacte fut, je crois, « c'est une prise de chou pour intellos-bobos ton truc ! De toute façon, tout ça c'est super compliqué et il n'y a pas de réponse simple ». Heureux constat, qui me rappelle un superbe texte de l'ami Zorn. « Dans ma famille, nous dit ce fils de belle lignée, lorsqu'il s'agissait de prendre parti, l'un des recours les plus en vogue, c'était le "compliqué". "Compliqué" c'était le mot magique, le mot clé qui permettait de mettre de côté tous les problèmes non résolus [...] Il suffisait de découvrir qu'une chose était

---

[i] Direction Départementale des Affaires Sanitaires et Sociales.

[ii] Tous les prénoms ont été modifiés pour préserver l'anonymat des personnes citées.

“compliquée” et déjà elle était tabou [...] On disait “compliqué” à propos d’une chose comme si on prononçait sur elle une incantation, et elle disparaissait [...] Trouver tout “compliqué”, cela semblait être la preuve d’un niveau supérieur [...] Cette supériorité [...] était des plus commode [...] : nous n’avions jamais à nous engager ; il nous suffisait de trouver toujours tout “compliqué”. »[73] Bien des spécialistes de la chose cathodique semblent avoir été élevés en pays Zorn ! Si l’on en croit nos puissants théoriciens, tout est en fait tellement compliqué que la question même de l’influence des médias finit par devenir « peu pertinente », hormis bien sûr pour l’esprit sommaire de quelques « physiciens ou biologistes que leur réputation entraîne souvent à développer des points de vue qu’ils pensent autorisés »[37]. J’en suis, j’avoue... et du plus profond de mon inscience, j’ose même persister. Je persiste non par entêtement rigoriste mais par simple soumission aux évidences ! Quiconque est un tant soit peu attentif aux péripéties du quotidien ne peut, en effet, je crois, méconnaître l’impact profond des médias audiovisuels sur nos comportements. Je me souviens ainsi, par exemple, d’une captivante équipée matinale au rayon petit déjeuner d’un grand supermarché. Alors que tout était relativement calme, ma nièce de 3 ans entreprit soudain de se rouler par terre pour obtenir l’achat des céréales machin-chose étiquetées « Vu à la TV ». Seule cette marque (prodigieusement onéreuse) trouvait grâce à ses yeux. La présence sur la boîte d’un petit héros cathodique, familier des enfants, avait de toute évidence produit l’effet escompté ! Il ne fallut guère longtemps à ma propre fille, Valentine, pour exprimer la même conduite d’empreinte. Alors que la demoiselle n’avait que 30 mois, elle se mit soudain à chanter frénétiquement « maaf maaf » en apercevant le logo du célèbre assureur sur le pare-brise d’une voiture.

Je suppose qu'elle avait dû voir (et revoir), chez sa nourrice, cette perle de publicité [74]. Quelques jours seulement après l'épisode, ce fut au tour de sa sœur Charlotte (7 ans, 1,26 mètre, 19 kilos) de manifester les premiers symptômes d'un intense formatage. Tandis qu'elle regardait un programme « jeunesse » [75], la fillette lança brusquement à sa mère, sans détourner les yeux de l'écran : « Dis Maman, j'suis grosse, moi ? » Au repas suivant, elle entreprit son premier régime hypocalorique et refusa tout net de grignoter la moindre miette de pain ! Il y eut aussi cet étudiant en licence de psychologie déclarant au terme d'un cours sur l'acquis et l'inné que l'homosexualité était « de manière établie » un trait génétique. Notre fier descendant des Lumières était sûr de ses sources. La télévision l'avait dit. « Franchement, vous auriez dû regarder m'sieur, c'était super documenté ! » Deux autres téléphages zélés me confirmèrent les faits, sans pouvoir malheureusement se remémorer les références exactes de l'émission. Un troisième m'expliqua que de toute façon c'était « pareil pour la pédophilie », il l'avait entendu au 20 heures[i] ! Stupéfiante abolition de l'entendement [77], surtout de la part d'étudiants en sciences humaines dont l'esprit critique devrait être l'attribut cardinal ! Comme le dit avec talent Jean-Paul Brighelli, ces gosses « aux crânes encore mous » ne semblent analyser le monde qu'à « grand renfort d'émissions de télévision, de rumeurs et de on-dit. Une opinion molle, une pensée loukoum. Penser, peser, débattre, cela suppose un travail, une connaissance, une volonté. Toutes valeurs battues en brèche par le prêt-à-penser qui tient aujourd'hui lieu de culture » [78]. Même les journalistes

[i] Je suppose que notre jeune homme avait pris pour une « information » l'évocation des propos effarants de Nicolas Sarkozy sur les bases génétiques du suicide et de la pédophilie [76].

n'échappent pas au désastre, à l'image de cette correspondante grecque du journal *Métro* écrivant au sujet d'une série d'émeutes urbaines particulièrement violentes : « Tout le monde est posté devant sa télévision et essaye de comprendre ce qui se passe. »[79] Remarquable stratégie d'enquête qui n'est pas sans rappeler les grandes heures des guerres du Kosovo, d'Afghanistan ou d'Irak[80]. Avec de tels exemples, difficile de s'étonner encore lorsque deux adolescentes de 15-17 ans témoignent bien involontairement de la restriction affligeante de leur champ culturel au seul espace audiovisuel. J'étais assis dans un tramway lorsque s'engagea la conversation. Extraits. La (fausse) blonde, casaque Dior, pantalon Diesel, pochette Vuitton : « Faut que j'fasse l'exposé sur *Germinal*, l'truc d'la mine. » La (vraie) brune, survêtement Adidas, tee-shirt Quicksilver, chaussures Nike fluorescentes : « Super, j'l'ai vu à la télé, avec le chanteur, mais j'sais plus c'est quoi son nom. » La blonde (dépitée) : « Ouais, j'savais même pas qu'y z'en avaient fait un livre. » La brune (didactique) : « Ben normal quand ça marche y font tout, c'est business, comme la *Star'Ac*. » Au-delà de son aspect divertissant, l'exposition de cette invraisemblable inculture a, je trouve, quelque chose d'un peu désespérant. Une désespérance qui m'évoque une magnifique citation de Natacha Polony écrivant dans son superbe essai, *Nos enfants gâchés* : « Et la *Star Academy* devient l'horizon des enfants de la bourgeoisie, autant que des enfants du peuple. Les filles de ministre défilent comme mannequins. La fracture sociale se résout dans le rêve commun à toute une société de danser sur un plateau de télévision. Ce soir, il y a bal sur le pont du Titanic. »[81]

Sur le fond, cette allusion au célèbre paquebot me semble d'autant moins déplacée que la télévision ne limite pas ses désastreuses influences à quelques frivoles anecdotes. Elle parvient, avec une inquiétante constance, à éroder jusqu'à notre humanité même. Je me rappelle ainsi, par exemple, ce gosse de 3 ans, tout juste opéré d'une tumeur cérébrale et pleurant tristement face à un écran vide parce que sa mère l'avait laissé seul pour aller voir ailleurs *Plus belle la vie*[i]. « Vous comprenez, m'avait expliqué la marâtre à son retour, ici c'est impossible de regarder, il n'arrête pas de gémir. » Pauvre gosse contraint de pleurer seul au milieu de blouses blanches débordées parce que sa mère n'avait pas eu son fixe cathodique. Il y eut aussi ce jeu, à l'évidence factice, mais que les participants croyaient réel et qui révéla que sur 10 candidats 8 consentaient, lorsqu'une animatrice télé l'ordonnait, à torturer un quidam sur une chaise électrique [82]. Sans se préoccuper des pleurs et larmes de la victime, nos Mengele en herbe se révélèrent capables d'asséner à un homme inconnu des courants potentiellement létaux de 460 volts. Ces « Monsieur et Madame Tout-le-Monde » allèrent au bout de l'« expérience ». Ils obéirent sans faillir aux injonctions de la prêtresse animatrice. Commentaire de l'un des joueurs : « On m'a dit "faut faire comme ça". Eh bé les gars qui me l'ont dit, ils savent ce qu'ils font ! Moi, je fais. Je me doutais bien qu'il devait griller, là-dedans. Mais c'est pas mon problème. » [83] Effarante barbarie qui, dans une certaine mesure, n'est pas sans rappeller le viol brutal d'une enfant de 10 ans, par deux préadolescents apparemment sans histoires. Nos jeunes tortionnaires (dont l'un était le frère de la victime) venaient de regarder un film pornographique et ils n'avaient apparemment pas pu résister au plaisir d'un petit best-of privé. Pour ne frustrer personne, ils décidèrent de diffuser la scène dans

[i] Une sitcom diffusée sur France 3 aux alentours de 20 h 15.

leur école, *via* un téléphone portable [84]. Certains diront (au mépris des évidences scientifiques les plus élémentaires [85]) que la télévision n'est pour rien dans ce genre de brutalités car « derrière ces drames, on découvre *toujours* des drames familiaux » [34] et « dans notre relation aux images, *tout* est affaire de liens, familiaux ou conviviaux » [40] (c'est moi qui souligne). Les mêmes expliqueront cependant aussi que « les adolescents cherchent des modèles pour aborder l'autre sexe [et que] ces images leur en proposent » [34]. Si la contradiction vous chatouille le neurone, surtout ne vous formalisez pas. Le « spécialiste » aime chanter la palinodie ! Que ceux qui pourraient en douter me permettent juste un autre (petit) exemple, pour le plaisir. Confrontée à une masse substantielle de données alarmantes, l'Association américaine de pédiatrie recommanda fermement aux parents, dès 1999, de soustraire les enfants de 2 ans et moins à toute exposition télévisuelle [86,87]. En 2002, Serge Tisseron s'éleva énergiquement, au cœur d'un chapitre joliment intitulé *Du bébé gribouilleur au bébé zappeur*, contre cette préconisation et ces « parents [qui] veulent empêcher leur enfant d'exercer ses talents de bébé zappeur. Quelle erreur ! » [34]. Il a pourtant suffi que la communauté scientifique s'émeuve de la création de deux chaînes de télévision à destination des enfants les plus jeunes, pour que notre docte Protée tourne prestement casaque et cosigne un article vengeur expliquant combien « il est urgent de se mobiliser pour la création d'un moratoire qui interdise à de telles chaînes d'exister, avant que nous n'en sachions un peu plus sur les relations du jeune enfant et des écrans » [88]. Comme aimait à le souligner Edgar Faure, ancien président de l'Assemblée nationale, académicien, ministre et sénateur, « ce n'est pas la girouette qui tourne, c'est le vent » [89]. Cela étant, pour éviter ce vent, rien de tel qu'une gaillarde coulée de verbiage. Aux affirmations péremptoires et hasardeuses, le « spécialiste » de la petite lucarne préférera ainsi, souvent, la subtile langue de bois. Il ne dira pas brutalement : « La télévision nuit gravement à la santé mentale et somatique du jeune enfant. » Il déclarera pudiquement : « La télévision n'est pas *a priori* la meilleure alliée dans cette phase de développement. » [32] Dans le même ordre d'idées, l'habile sémanticien ne prétendra jamais directement que « TF1 est une chaîne méphitique ». Il concédera juste précautionneusement que « TF1 est globalement une chaîne difficile à regarder » [90]. Dans sa bouche, la téléréalité la plus sordide et la plus vulgaire deviendra un simple « divertissement un peu transgressif » [91]. Qu'en termes élégants ces choses-là sont dites !

La face cachée de l'iceberg

Certains esprits chagrins jugeront peut-être que les illustrations précédentes restent trop vaporeuses pour être convaincantes. Qu'ils se rassurent. Il en va de la télévision comme des icebergs : le fragment émergé est rarement le plus funeste et le plus décisif. En ce domaine aussi, « l'essentiel est invisible pour les yeux »[i]. Le problème malheureusement, c'est que cet invisible se révèle dans les faits bien difficile à explorer, et ce en raison d'une double limitation. Premièrement, presque tout le monde regarde la télévision. Or, l'impact estimé d'un facteur de risque tend mécaniquement vers la sous-estimation lorsque ce facteur est uniformément réparti dans la population de référence, c'est-à-dire lorsque tous les sujets sont touchés et que l'on ne peut comparer que des variations dans le niveau

[i] Pour reprendre la célèbre sentence du renard au Petit Prince [92].

d'exposition (important *versus* faible)[93,94]. Deuxièmement, un mécanisme causal ne peut être identifié directement, par simple observation phénoménologique, lorsqu'il agit sur une base asynchrone. Un bref exemple devrait nous en convaincre. Imaginons que votre klaxon retentisse instantanément, chaque fois que vous introduisez une clé dans la serrure de votre voiture. Il ne vous faudra pas longtemps pour associer ces deux événements[95]. Imaginons maintenant qu'un biais de transmission introduise une latence pouvant aller d'une poignée de millisecondes à quelques heures ou même plusieurs années, entre la sonnerie et le déverrouillage de la porte. Il deviendra alors très difficile d'identifier la source du problème (si le klaxon s'agace alors que vous roulez depuis plus de deux heures, la serrure n'apparaîtra pas spontanément comme une hypothèse plausible). Seule une approche expérimentale « dure » pourra éventuellement permettre de démêler la pelote. C'est exactement ce qui se passe avec la télévision. En effet, dans ce cas, l'absence de coïncidence temporelle entre exposition et comportements tend à dissimuler la chaîne causale qui conduit du média aux symptômes. Les dénégations de mon amie Sophie illustrent, je crois, magnifiquement ce point. Lorsque j'ai tenté d'expliquer à cette pétillante trentenaire les raisons de ma marotte anti-cathodique, je n'ai récolté qu'un laconique écho : « T'es complètement parano mon pauvre. Franchement, je regarde la télé depuis que je suis grosse, gosse, et ça ne m'a pas rendue débile pour autant. » Abstraction faite de ce merveilleux lapsus, sur lequel je reviendrai, l'assertion n'est pas fausse. Sophie est aide-soignante dans un service hospitalier. Ses qualités humaines et son professionnalisme sont unanimement reconnus. Pourtant, la demoiselle aurait voulu être infirmière. Les épreuves écrites d'accès à la profession ont malheureusement, par trois fois, rejeté ce projet. On peut se demander si le régime cathodique précoce de Sophie ne lui a pas coûté ce petit supplément d'âme qui fait parfois la différence entre l'échec et le succès académique. En accord avec cette idée, nombre d'études ont dénoncé l'impact négatif de la télévision sur l'attention, les facultés d'apprentissage et la réussite scolaire à long terme [64]. Concernant ce dernier domaine, il fut montré, par exemple, que « le temps moyen passé à regarder la télévision durant l'enfance et l'adolescence était significativement associé au fait de quitter l'école sans qualification et négativement associé au fait d'atteindre un niveau universitaire. Les facteurs de risque pour chaque heure de télévision visionnée par soir de semaine, ajustés pour le quotient intellectuel et le sexe étaient de 1,43 et 0,75 respectivement. Les résultats se révélèrent similaires pour les hommes et les femmes et persistant après ajustement supplémentaire pour le statut socio-économique et les problèmes comportementaux observés dans la petite enfance » [96i]. 43 % de

[i] La notion d'ajustement (que nous retrouverons aussi sous l'expression « prise en compte des covariables potentielles ») fait référence à des procédures statistiques complexes qui permettent d'isoler précisément la contribution de la télévision. Prenez les performances scolaires, par exemple. Celles-ci peuvent être affectées par différents facteurs dont le sexe, le quotient intellectuel (QI), les caractéristiques socio-économiques du foyer ou l'existence de troubles comportementaux (comme l'hyperactivité). À l'évidence, tous ces facteurs ne sont pas indépendants les uns des autres. Par exemple, les enfants des foyers les plus favorisés socialement ont aussi tendance à moins regarder la télévision et à afficher des résultats plus élevés aux tests de QI. Dès lors, si l'on observe simplement que l'augmentation du temps d'exposition audiovisuelle entraîne une diminution des résultats scolaires, on ne pourra pas exclure la possibilité que cette relation ne soit due qu'aux effets du statut socio-économique du foyer. En effet, lorsque celui-ci croît, les performances scolaires augmentent et le temps d'exposition audiovisuelle diminue. Pour s'en sortir, les

chances supplémentaires de quitter l'école sans diplôme et 25 % de probabilité additionnelle de ne jamais s'asseoir sur les bancs de la fac pour chaque heure de télévision consommée quotidiennement durant les années d'école primaire, avouons que ces chiffres ne manquent pas de cachet ! Mais revenons à Sophie. Dans un autre domaine, celle-ci se plaint aussi, avec ardeur, de sa petite taille (1,68 mètre !) et de son embonpoint (54 kilos !). Elle se trouve « affreusement grasse », ce qui l'amène à empiler les régimes les plus désastreux. Une quantité impressionnante de travaux suggèrent qu'un léger sevrage audiovisuel lui aurait permis non seulement d'avoir une image moins biaisée de sa stature corporelle [3,97-105] mais aussi, potentiellement, de gagner quelques centimètres (la télévision agit négativement sur le sommeil qui agit lui-même positivement sur la croissance [106]). Par un triste hasard, il s'avère que le père de Sophie a récemment développé la maladie d'Alzheimer. L'homme était, lui aussi, un gros consommateur audiovisuel. On peut penser que cette concomitance n'est pas totalement fortuite. En effet, des travaux récents ont établi que l'usage cathodique

chercheurs ont à leur disposition des méthodes statistiques qui permettent, si je puis dire, de rendre à César ce qui appartient à César, c'est-à-dire d'identifier le rôle spécifique d'un facteur (comme le temps d'exposition audiovisuelle) sur la variable étudiée (comme les résultats scolaires), indépendamment de l'influence de tous les autres facteurs susceptibles d'agir sur cette variable (comme le QI, la catégorie socio-économique, etc.). Grâce à ces procédures on obtient, en bout de chaîne, pour l'exemple qui nous concerne ici, une mesure fiable et précise de l'effet de l'exposition audiovisuelle sur les résultats scolaires, toutes choses étant maintenues égales par ailleurs. Concrètement, on peut imaginer cette mesure comme la différence de résultats scolaires entre deux enfants sans troubles comportementaux, issus du même milieu, ayant le même sexe, présentant le même QI, vivant dans des quartiers similaires, etc., dont l'un passe, par rapport à l'autre, une heure de plus par jour devant la télé.

accélérait le déclin cognitif des seniors [107]. Il a aussi été montré, après prise en compte d'une large liste de covariables potentielles, que la probabilité de contracter la maladie d'Alzheimer augmentait d'un solide 30 %, pour chaque heure de télévision consommée entre 40 et 60 ans [108]. Pour comprendre ce dernier résultat, il faut noter que la maladie d'Alzheimer a d'autant moins de chances de se déclarer que nos fonctions cognitives sont activement sollicitées [109]. Cette sollicitation est remise en cause par l'exposition cathodique. Le message est alors assez simple : si vous voulez préserver votre vieillesse, évitez de vous avachir devant le poste comme des bovins amorphes [110,111].

Ce qui est vrai pour la vieillesse l'est aussi pour l'enfance. Considérons mon ami Gilles à titre d'illustration. Comme Sophie, ce père divorcé me prend pour un dangereux maniaque. Son argument favori : « Mon fils regarde la télévision depuis son plus jeune âge et il n'est pas taré pour autant, bien au contraire. » Pourtant, point n'est besoin de pousser Gilles très loin dans ses retranchements pour apprendre que son ado génial présente d'importants problèmes de discipline scolaire, une agressivité mal contenue, une incapacité chronique à se concentrer plus de quelques minutes sur un sujet donné, une dépendance alarmante aux marques, une tendance à l'obésité et une attirance inquiétante pour les produits alcoolisés. Il se serait même, selon les termes de son père, « mis à fumer des joints ce con ». Loin de tout jugement moral[i], on peut penser que l'ali-

---

[i] On peut trouver légitime (ou non) qu'un adolescent se bâfre de sucreries, refuse de porter autre chose qu'un jean et des chaussures de marque, fume des pétards à longueur de temps, boive de l'alcool à profusion ou s'immerge sans précaution sanitaire dans les plaisirs de la chair. Mon propos n'est pas ici de porter un jugement sur ce point. À chacun de décider pour lui-même. Mon objet est simplement de

mentation audiovisuelle du jeune homme n'est pas totalement étrangère à ces manifestations. En effet, les recherches scientifiques les plus récentes ont largement confirmé les répercussions de la consommation cathodique sur l'obésité [106], le développement des troubles attentionnels [64], l'éclosion de comportements agressifs [72], l'émergence de valeurs sociales consuméristes [16,55,112-114] et l'apparition de conduites sanitaires à risques (tabac, alcool, sexualité non protégée, drogues, etc.) [106]. Comme le résume Andreas Kappos au terme d'une large revue de la littérature : « Il ne subsiste aucun doute que la télévision et les autres médias électroniques influencent négativement le bien-être mental et physique des enfants. » [115] Notons qu'au rang des derniers préjudices identifiés se trouve l'autisme. La télévision pourrait représenter l'un des facteurs de déclenchement de cette pathologie chez les enfants prédisposés [116].

Pas vu, pas pris

Les données sont donc apparemment solides. Pourtant, tout est mis en œuvre pour discréditer leur portée. La moindre sentence négative sur le fait audiovisuel provoque une avalanche d'épithètes infamantes : prohibition, diabolisation, intégrisme, moralisme, pharisaïsme, malhonnêteté, archaïsme, etc. Le rapport Kriegel sur la violence à la télévision est tristement symptomatique de cette propension [117]. Ce travail fermement documenté et plutôt tempéré ne demandait « aucune interdiction ». Il réclamait juste « un programme élargi de mise hors de portée des enfants des

---

souligner le lien existant entre ces conduites et l'exposition télévisuelle.

spectacles violents » et une signalétique plus précise « proche de la moyenne européenne ». Intolérable pour les thuriféraires du dieu cathodique. Blandine Kriegel fut traînée en place de Grève et lapidée sans faiblesse pour prix de son infâme brûlot. On accusa ce dernier de vouloir « inquiéter pour contrôler » [38]. On lui reprocha de conduire insidieusement à la censure [118] et au renforcement du pouvoir de l'État [38]. On tenta de divertir le débat en pointant la responsabilité potentielle des publicitaires [119]. On agita l'insuffisance et le simplisme des arguments avancés au motif que Blandine Kriegel avait évoqué le rôle de la télévision sans parler de l'influence possible de facteurs sociaux tels que la précarité ou la pauvreté [38]. Peu importe que la plupart des études scientifiques citées dans le rapport aient intégré ces facteurs à leur cadre statistique en montrant que l'impact substantiel des images violentes existait indépendamment de l'intelligence, du sexe, de la catégorie socio-professionnelle, du niveau d'éducation des parents, etc. [72i]. Quand la télévision est en danger, il faut savoir travailler un peu la vérité et subvertir l'aridité des faits… et si cela ne suffit pas, on peut toujours discréditer à vil coût en stigmatisant ici une bien innocente faute d'accord [38] et là un manque évident d'empathie : voyons Blandine, pourquoi tant de haine, « nous sommes tous des adultes responsables, nous avons aussi des enfants » [118]. Si tout cela s'avère encore insuffisant, on peut ultimement plaider la nullité technique, au motif que les travaux cités proviennent principalement d'Amérique, un pays barbare où « il y a […] beaucoup moins de distance qu'ailleurs entre le désir de tuer et le passage à l'acte » [38]. Là encore, peu importe les faits. Peu importe que des études analogues aient été

[i] Voir note p. 24.

réalisées en Europe de l'Est, de l'Ouest, du Centre, du Nord et du Sud, au Japon, en Israël, en Australie, en Argentine, en Nouvelle-Zélande, etc. [120-122]. Peu importe que ces études aient montré, selon les conclusions d'un rapport présenté par Jo Groebel au directeur général de l'Unesco, qu'au-delà des variations culturelles locales, « le pattern global des implications de la violence médiatique est similaire à travers l'ensemble du monde » [123]. Qui de toute façon a le temps d'aller vérifier à la source les affirmations péremptoires de nos grands spécialistes ? Pas vu, pas pris ! Que l'on se rassure toutefois, ce phénomène de dénégation n'est pas spécifique à la France. Il frappe l'ensemble des places médiatiques mondiales. Ainsi, comme l'écrit au terme d'une revue largement documentée Victor Strasburger, chercheur et professeur de pédiatrie à l'université de médecine de New Mexico : « En 1954, le sénateur Estes Kefauver, président du sous-comité sénatorial à la délinquance juvénile, fut le premier officiel à questionner ouvertement la nécessité de la violence dans les programmes télé. L'industrie répondit que certains risques existaient peut-être, mais que davantage de recherches étaient requises. Aujourd'hui, après plusieurs centaines d'études, l'industrie nie que la violence médiatique ait un effet sur les enfants et les adolescents. Pourtant, aucun autre domaine des médias n'a été aussi profondément étudié avec des résultats aussi probants. La relation entre violence des médias et violence de la vie réelle est en fait à peu près aussi forte que la relation entre tabagisme et cancer du poumon. » [3] Difficile d'être plus clair sans parler ouvertement de « désinformation », ce qu'ont d'ailleurs fait récemment Brad Bushman et Craig Anderson après avoir analysé, de manière détaillée, l'hiatus existant entre d'un côté les connaissances scientifiques disponibles et de l'autre les affirmations lénifiantes propagées par les médias et leur armée de pipeaulogues dévoués [124].

Restons encore un instant sur le sujet de la violence, puisque celui-ci semble concentrer une part importante des débats sur la télévision. Pour changer, toutefois, évacuons la question des images et contenus, pour investir l'espace ontogénétique. Comme le souligne Marie Winn, « lorsque la télévision est apparue, les parents ne manquèrent pas de reconnaître l'incroyable opportunité que celle-ci leur offrait : une pression sur l'interrupteur pouvait changer leur enfant, totalement bien que temporairement, d'une créature énergique, bruyante, importune, avide d'activité et d'expérience et demandant une supervision et une attention constante en une présence docile, silencieuse et peu exigeante » [29]. Pourtant, poursuit Marie Winn, ce que nous omettons de considérer lorsque nous tournons cet interrupteur, c'est que « ces choses précisément que les enfants font et qui causent tant de difficultés aux parents, ces explorations, manipulations, et incessantes expériences de causes et d'effets, sont profitables et même nécessaires pour les enfants. Cela pourrait donner aux parents matière à réflexion de considérer que le fait de traiter les comportements difficiles de leurs enfants en les éliminant complètement *via* la télévision n'est pas totalement différent de supprimer le comportement naturel d'un enfant en le menaçant de représailles physiques. C'est étonnamment similaire à ce qui se passe quand on drogue un enfant pour le rendre inactif avec du laudanum ou du gin ». Cette violence faite au développement, curieusement, nul n'en parle (ou presque [25]). Alors que tout le monde semble se préoccuper des contenus, personne ne paraît s'inquiéter de la nature du média. Or, en parquant nos gamins devant le poste, nous les exposons non seulement à des programmes plus ou moins adaptés, mais nous les privons aussi d'un grand nombre d'expériences cardinales. Dès lors, une crainte pourrait renvoyer, non à ce qu'induit la télé, mais à ce qu'elle entrave et prohibe par le simple fait de sa présence. Considérons, à titre d'illustration, le processus d'acquisition du langage. Voilà un domaine qui convient, nous dit-on, parfaitement à la télévision. Les allégations didactiques tapageuses des éditeurs et diffuseurs de contenus audiovisuels pour les plus petits sont à ce titre édifiantes. Chez Brainy Baby, on proclame ainsi, notamment, que telle vidéo destinée aux 6-36 mois, enseigne aux enfants « le langage et la logique » [125]. Chez Baby Einstein, on explique que ce DVD pour les 1 an et plus « enrichit le vocabulaire de l'enfant à travers la beauté de la poésie, de la musique et de la nature » [125]. Chez BabyTV, une chaîne à l'usage des plus jeunes, on annonce au sujet de la série *Leni* que « les histoires et les rimes contribuent à l'apprentissage du langage » [126]. Pour donner corps à cette affirmation, une large brochette de témoignages enthousiastes est d'ailleurs présentée. Ainsi, selon Christine, « ma fille a six mois et depuis sa naissance, elle regarde BabyTV. Et depuis peu elle a ses dessin animé préféré et le soir elle adore la lanterne magique. c'est une chaine qui aurai du voir le jour plutot »[i]. « Bien sûr, complète Laura, comme beaucoup de parents je suis pas trop pour que les enfants restent trop devant la télé mais la, il s'agit d'une chaine éducative donc il n'y a pas de soucis, pourvu que vous restiez longtemps. merci. »[ii] Une idée qui rejoint globalement les affirmations de mon amie Véronique déclarant qu'elle ne va « quand même pas virer Paul [son fils de 2 ans] du salon lorsqu'elle regarde des

---

[i] Texte non corrigé tel que présenté sur le site de BabyTV [127].
[ii] *Ibid.*

émissions de cuisine, des jeux ou des séries. Je ne vois pas où est le problème s'il est là, qu'il regarde ou pas d'ailleurs. Souvent il ressort des expressions qu'il a entendues à la télé. Ça me scotche à chaque fois. Franchement, je ne vois pas comment ça peut être mauvais, il apprend plein de trucs ». Plein de trucs, effectivement, si l'on omet de considérer la mise en évidence, par les recherches les plus récentes, d'une association fortement positive entre l'apparition de troubles du langage chez l'enfant et l'exposition précoce à des DVD/vidéos « éducatifs », des dessins animés de divertissement, des programmes « tous publics » ou de simples écrans d'arrière-plan [64]. Par exemple, chaque heure quotidienne de contenus « éducatifs » entre 8 et 16 mois se traduit par un appauvrissement du lexique de l'ordre de 10 % [128]. De même, 2 heures par jour d'exposition à des programmes « tous publics » entre 15 et 48 mois aboutissent à multiplier par 3 le risque d'occurrence de retards du développement langagier [129]. Le facteur atteint même 6 lorsque l'initiation au poste a lieu avant 1 an. Comme j'aurai l'occasion de le montrer en détail ultérieurement, ces déficits initiaux ont toutes les chances de perdurer dans le temps et de desservir, à long terme, le cursus académique et l'insertion sociale des enfants [64]. De quoi effectivement s'enthousiasmer et proclamer avec Serge Tisseron, *Vive les bébés zappeurs* [34] ! En fait, le concept de bébé « autozappeur » serait plus adapté si l'on considère que l'un des effets premiers de la télévision est de réduire drastiquement le volume et la qualité des interactions parents-enfant [130-134]. Or, ces interactions sont essentielles pour le développement du langage [135-143]. « Mais au moins, ça forme l'oreille » m'a lancé Isabelle dans un élan d'espoir. Depuis qu'elle a accouché, cette mère célibataire, titulaire d'un diplôme de commerce international, gave son fils de 10 mois de vidéos anglophones. « C'est important, confie-t-elle à qui veut l'entendre. Regarde ton exemple, après huit années passées aux États-Unis, tu as toujours un accent de casserole et tu restes incapable de faire la différence entre *beach* [la plage] et *bitch* [la garce]. » Cela est vrai ! Pourtant, nulle exposition audiovisuelle précoce n'aurait pu me sauver. Comme l'a montré une ingénieuse étude, lorsque des enfants de 9 mois sont placés face à un mandarin de souche, ils préservent une large aptitude à distinguer les sons de cette langue. Lorsque ces enfants sont placés devant une vidéo de ce même mandarin, ils ne préservent rien du tout [144]. Tout ce que le fils d'Isabelle a gagné à l'inquiétude quasi obsessionnelle de sa mère, c'est l'usurpation d'un temps précieux par une activité, au mieux vide d'intérêt et au pire franchement délétère. Cela s'avère d'autant plus dommageable que les jeunes enfants dorment facilement 16 heures par jour [145], ce qui, lorsque l'on soustrait les temps physiologiques (repas, bain, changement de couches), laisse assez peu de temps pour câbler le cerveau en agissant sur le réel[i] ! Taxer ce temps, même à hauteur d'une ou deux « petites » heures quotidiennes, c'est porter un lourd préjudice à l'enfant. Le drame, encore une fois (on ne le répétera jamais assez !), réside dans le caractère obscur des chaînes causales engagées. L'exposition télévisuelle ne rend pas les enfants visiblement crétins ou retardés. Elle ne les abêtit pas ouvertement. Elle écrête juste le champ de leurs expériences et, *de facto*, l'univers de leurs possibles. Auraient-ils eu 150 de QI[ii],

[i] Cela ne signifie pas, bien sûr, que rien ne se passe pendant ces temps physiologiques, notamment en termes d'interactions parents-enfant. Cela signifie cependant que l'enfant met en œuvre, hors des temps physiologiques, des activités spécifiques, fondamentales pour son développement.

[ii] Quotient intellectuel.

ils se contenteront peut-être de 110. Auraient-ils eu l'audace littéraire d'un Thomas Mann, ils se satisferont éventuellement d'une plume tout juste honnête. Auraient-ils eu la vista d'un Federer, ils s'accommoderont de ne disputer que des tournois satellites de seconde zone. Comment savoir, après coup, jusqu'où se serait élevée la montagne si on l'avait protégée du vent cathodique ? La vox populi aura évidemment beau jeu de nier l'existence du moindre détriment : voyez, nous dira-t-elle, ils ont regardé la télé et ils ne s'en sont pas mal sortis, ils ne sont pas débiles. Personne cependant ne demandera : cet écran qu'ils ont tant regardé, que leur a-t-il volé ? À l'évidence, la pertinence d'une telle question ne se limite pas au cas des tout-petits. Elle intéresse aussi les enfants d'âge scolaire et les adolescents. C'est alors les espaces de créativité, d'onirisme, de sociabilité, de scolarité, de lecture, de culture et de motricité qu'il convient d'interroger. Nous aurons l'occasion de revenir en détail sur ces points tout au long de ce livre.

Vivre sans télé

À la lumière des éléments précédents, nous avons décidé il y a près de deux ans, avec mon épouse Caroline, de restreindre drastiquement notre consommation cathodique et de contrôler l'exposition audiovisuelle de nos enfants. Nous pensions pouvoir, sans trop d'efforts, émonder les contenus et dominer le temps. Comme tant d'autres avant nous [29], nous avons rapidement déchanté. L'interrupteur était trop tentant, trop usuel, trop pratique pour permettre un sevrage indolore. Toutes les rationalisations étaient bonnes pour éteindre les enfants en les scotchant devant le poste. Toutes les excuses étaient bienvenues pour remettre en cause les règles d'usage les plus élémentaires que nous nous étions données (pas de télé pendant le repas ; pas d'allumage à l'aveugle, etc.). Une longue journée de travail, une contrariété, une dispute, une asthénie passagère et l'écran prenait vie pour nous extraire du monde. Souvent le soir, je m'affalais dans le canapé comme une bouse apathique en maudissant la frénésie d'une existence qui ne me laissait « plus le temps de rien faire » ! À l'évidence, je n'avais pas pleinement intégré le sens de la phrase : « Un spectateur "typique" de plus de 15 ans passe chaque jour 3 h 40 devant son poste de télévision. » [146] Songez un peu : 3 h 40 par jour cela fait, en gros, 20 à 25 % de notre temps de veille [147] et 75 % de notre temps libre [148] ! Cela fait aussi 1 338 heures par an, soit 56 jours (presque 2 mois !). Si vous vivez 81 ans, comme vous êtes statistiquement en droit de l'espérer [149], vous aurez cédé, au terme du chemin, 11 ans de votre vie à la télévision (hors vidéos et autres DVD)[i]. 11 années complètes, soit plus de 4 000 jours et autant de nuits passés à scruter la mire telle une flasque limace. Pas même une pause pipi au milieu de l'épreuve. Bien sûr, on peut aussi considérer que dormir est indispensable et proposer de compter l'usage cathodique en « temps éveillé », soit sur une base de 16 h 30 par jour [147]. On arrive alors à 16 années tout juste. 16 années d'une précieuse existence abandonnées à TF1 et compagnie ! Si l'on raisonne à l'échelle de la population française, on obtient le chiffre pharaonique de 77 milliards d'heures dilapidées

---

[i] Ce chiffre ne tient pas compte des consommations antérieures à 4 ans (Médiamétrie ne donne aucun chiffre pour cette tranche d'âge). Il reflète le cumul sur 77 ans (81 – 4) de la moyenne d'usage publiée par Médiamétrie pour les 4 ans et plus, soit 3 h 25 par jour [146].

chaque année devant le poste[i], soit à peu près la totalité des heures vécues en un an par 9 millions d'individus ! Nos enfants ne sont malheureusement pas en reste : un écolier du primaire passe, tous les ans, plus de temps devant le tube cathodique que face à son instituteur (956 heures contre 864)[ii] ! Mais, à l'évidence, comme l'écrivit un jour Luc Ferry alors qu'il était ministre de la Jeunesse, de l'Éducation nationale et de la Recherche, agiter ces « statistiques effarantes », c'est faire de la télévision « un bouc émissaire facile » [33]. Ne pourrait-on considérer plutôt que ne pas agiter ces statistiques effarantes, c'est offrir à la télévision une mansuétude coupable ?

Après bien des difficultés, nous avons finalement réussi, mon épouse et moi-même, à réduire la consommation cathodique familiale. Contre toute attente, la pénurie d'images n'a créé aucune crise. Au contraire, plus le sevrage gagnait en intensité et moins il devenait pénible. Lorsque Valentine a profité d'un instant d'inattention pour essayer sur l'écran plat ses nouveaux feutres indélébiles, l'idée de racheter une télévision ne nous a même pas effleurés. Bye-bye les *Guignols*. Fini

---

[i] Ce chiffre ne tient compte que des 61,5 millions d'individus âgés de 4 ans et plus [150] qui, en moyenne, regardent la télévision 3 h 25 par jour [146].

[ii] Temps scolaire : 864 heures par an [151] ; temps de télévision : 797 heures (2 h 11 par jour entre 4 et 14 ans [146]) ; temps DVD/vidéos : aucune donnée fiable ne semble disponible, en France, dans le domaine public. Des études menées outre-Atlantique permettent toutefois d'estimer que la consommation de vidéos augmente d'un cinquième, pour les 8-10 ans, le temps passé devant le poste de télé [152] ; cela nous amène en France à un peu plus de 26 minutes par jour, soit 159 heures par an. On arrive ainsi à un total « TV + vidéos » de 956 heures. Ce chiffre est inférieur à celui proposé par M. Meyer (1 400 heures). Cet auteur ne cite cependant pas les sources de son estimation [28]. L'institut européen Éco-Conseil rapporte pour sa part un chiffre de 1 200 heures, mais là encore sans source identifiable [153].

Secret Story. Terminé *Les Experts*. Ciao *Joséphine*. *So long* la Champions League. Alors que je descendais le poste vers la cave, la célèbre sentence des *Guignols de l'info* me revint en mémoire : « Vous pouvez maintenant éteindre la télévision et reprendre une activité normale ! » C'est peu de le dire ! 12 mois d'abstinence ont réellement transfiguré nos vies. Les conflits liés à l'utilisation de la télécommande se sont envolés. À l'intérieur du cercle familial, les mots s'échangent plus aisément, notamment au moment des repas. Les filles paraissent plus calmes, plus attentives à leur environnement. La télévision ne semble pas leur manquer. En tout cas, elles ne la réclament pas. L'aînée a cessé (en grande partie) de nous harceler d'exigences consuméristes et ses résultats scolaires se sont substantiellement améliorés. Rien n'indique qu'elle soit « décalée » par rapport à ses camarades. Au contraire, sa vie sociale s'est densifiée à proportion de son éloignement cathodique. Le soir, plutôt que de s'avachir devant l'écran, elle lit, peint, dessine, chahute, fait ses devoirs, donne vie à ses figurines en plastique, joue avec ses poupées, réalise toutes sortes de constructions hasardeuses, ou plus simplement, prend le temps de ne rien faire. Ce temps « libre » lui a d'ailleurs permis d'accéder à une étrange expérience dont la télévision l'avait jusque-là privée : l'ennui. Cette expérience n'est en rien anodine, au sens où elle fonde le désir, la créativité et la pensée prospective [29,154-156]. Selon une étude récente, lorsque l'esprit s'égare et vagabonde, il existe une forte activation des aires cérébrales impliquées dans les processus de raisonnement projectif et de résolution de problèmes [157]. L'effet est d'autant plus marqué que les sujets sont inconscients de leurs errances mentales. En d'autres termes, pendant que nous nous ennuyons, notre cerveau travaille à notre insu. Le temps « perdu » n'est donc pas vide. Il est profondément créateur. Comme l'écrivit Miguel de Unamuno dans son magnifique *Brouillard*, « l'ennui est le fondement de la vie, c'est l'ennui qui a inventé tous les jeux et les distractions, les romans et l'amour » [158]. Même Cioran semblait le croire lorsqu'il attesta depuis les tréfonds de son irrévocable nihilisme que « l'ennui opère des prodiges : il convertit la vacuité en substance, il est lui-même vide nourricier » [159].

Même si elle ne le dit pas encore, Valentine semble elle aussi « s'ennuyer » à ses heures. Elle s'assoit alors dans le canapé et se caresse le visage avec l'oreille de son doudou. Il y a quelques mois, ces moments s'avéraient simplement inaccessibles, emplis qu'ils étaient d'un flux constant d'images et de bruit. Depuis le départ de la télévision, la petite semble moins agitée, elle accepte plus aisément le temps du coucher. Quand elle ne « s'ennuie » pas elle agit, bouge, parle, questionne, teste, expérimente ; bref, elle se construit en éprouvant son univers. Il arrive bien sûr que ce dynamisme forcené nous fasse regretter notre laudanum audiovisuel. Pourtant, rien ne pourrait nous inciter à revenir en arrière. Comme l'écrit Alexandre Lacroix, philosophe, fervent apologiste du No TV : « Pour décider de vivre sans télé, j'avais tout de même un motif sérieux. Or ce motif est personnel et existentiel. Il relève du ressenti. Selon moi, les choses peuvent se résumer ainsi : la vie me paraît plus belle sans télé. » [160]

Suis-je, comme je l'entends souvent, excessif, paranoïaque, hystérique et réactionnaire ? Peut-être. Pourtant, avant de conclure par l'affirmative et balayer le présent travail comme on écarterait un diptère malfaisant, j'aimerais que le lecteur se pose trois petites questions : la télévision mérite-t-elle vraiment que nous lui abandonnions 16 années de notre vie éveillée ? Nos enfants n'ont-ils pas d'autre vocation que d'offrir à

Coca-Cola du « temps de cerveau disponible » ? Les évidences scientifiques à charge ne sont-elles pas suffisamment inquiétantes en matière de langage, de réussite scolaire, d'insertion sociale, de culture, de santé, de bien-être ou d'agressivité, pour justifier l'application d'un strict principe de précaution ? À chacun de décider pour lui-même et ses enfants. Pour ce qui me concerne, la messe est dite !

Chapitre I

La télé en tous lieux et à toute heure

« La télévision n'exige du spectateur qu'un acte de courage – mais il est surhumain –, c'est de l'éteindre. »

(Pascal Bruckner, philosophe [161])

« La décision importante consiste à savoir si l'on a une télévision ou pas, si l'on expose les enfants à presque tout ce que la télévision offre, ou à rien du tout. »

(Joshua Meyrowitz,
professeur de communication
à l'université du New Hampshire [162])

« Alors que jusqu'à maintenant, la télévision enchaînait son spectateur [...], elle l'accompagnera demain partout où il ira. »

(François Jost, spécialiste des médias,
professeur à l'université
de Paris 3-Sorbonne [60])

Où, quand, comment, pourquoi, selon quelles modalités et à quelle fréquence organisons-nous notre consommation audiovisuelle et celle de nos enfants ? Les grands groupes médiatiques, publicitaires et industriels ont depuis longtemps abordé ces questions. Malheureusement, nos amis s'avèrent bien peu prodigues lorsqu'il s'agit de partager le fruit des données amassées. Dans l'écrasante majorité des cas, leurs recherches restent « propriétaires », c'est-à-dire inaccessibles au grand public [57,163]. Lorsque j'ai demandé à une connaissance travaillant pour TF1 si elle pouvait m'obtenir des informations sur le comportement audiovisuel des enfants, la dame m'a gentiment répondu que ces informations étaient disponibles, mais confidentielles, réservées à la haute hiérarchie et de toute façon « insortables » sous peine de se retrouver « à la porte ». Suite à ce refus, j'ai contacté Médiamétrie, l'Ifop, TNS-Sofres, l'institut CSA et le groupe Junior City (qui produit un « observatoire des cours de récréation »), avec l'espoir d'obtenir quelques données. Le succès, c'est le moins que l'on puisse dire, ne fut pas au rendez-vous ! Difficile cependant de blâmer ces entreprises privées qui doivent à leurs clients réserve, confidentialité et loyauté. J'ai également sollicité plusieurs journalistes et essayistes afin de connaître la source de plusieurs chiffres publiés dans la presse, le Net ou divers ouvrages. Les réponses se révélèrent étrangement rares et insatisfaisantes, ce qui pose quand même quelques questions sur la déontologie et la rigueur intellectuelle d'un certain nombre de « professionnels »[i]. Restait la recherche académique[ii]. Dans

---

[i] Il existe toutefois de notables exceptions. Le service de presse de *Télérama* m'a communiqué un dossier fort complet par l'intermédiaire de Carole Favier. Sylvain Michelet m'a lui aussi répondu de façon détaillée suite à un excellent papier paru dans *Psychologies magazine* [164].

[ii] Tous les chercheurs et universitaires que j'ai contactés pour leur demander des précisions sur leur travail ou des copies de leurs publications m'ont répondu, sans exception. Bien des journalistes et autres essayistes gagneraient, je crois, à s'inspirer de cette éthique. Cela réduirait, n'en doutons pas, le volume des assertions vaseuses et fantaisistes.

bien des pays, dont l'Allemagne, la Hollande ou les États-Unis, celle-ci est remarquablement active. Il n'en est malheureusement pas de même en France où l'effort consenti évoque plus le désert de Gobi que la luxuriante Amazonie. Une telle pénurie est à l'évidence fort regrettable. Toutefois, elle n'est en rien dramatique si l'on accepte de considérer qu'il existe une très forte cohérence générale dans le comportement audiovisuel des jeunes Occidentaux. Ainsi, lorsque l'on confronte de façon directe (études transnationales) ou incidente (études nationales indépendantes), les données obtenues dans différents pays, il s'avère que le cadre d'usage fixé par les parents et le détail des consommations opérées par les enfants sont largement comparables [115,165-170]. Comme l'ont, ainsi, souligné George Comstock et Erica Scharrer au terme d'une synthèse solidement documentée et abondamment citée de la littérature scientifique : « Les comparaisons précises [...] ne sont pas possibles à cause de variations méthodologiques, et même lorsque la méthode est la même, d'incertitudes sur la comparabilité et la représentativité des échantillons. Pourtant, de grands patterns sont facilement discernables. L'impression la plus indélébile renvoie au degré avec lequel l'utilisation de la télévision par les enfants est en bonne partie la même dans tous les pays. » [169] Si je me permets d'insister aussi fermement sur ce point, c'est avant tout pour éclairer le recours, au sein du présent chapitre, à un large champ de données académiques issues de différents pays. C'est aussi pour dissiper le mythe d'un strict relativisme culturel que les thuriféraires de la télévision aiment tant à évoquer lorsqu'il s'agit d'éluder les données importunes [38]. Maintenant que tout cela a été précisé, nous allons pouvoir attaquer posément le vif du sujet.

La télé, maîtresse du temps et de l'espace

Dans l'histoire de l'humanité, nul bien de consommation n'a colonisé la vie des hommes aussi prestement que la télévision. Aux États-Unis, juste après la Seconde Guerre mondiale, il a suffi de sept petites années pour que le taux d'équipement des foyers passe de 1 à 75 % [12,171]. Pour atteindre le même niveau de couverture, la radio avait mis 14 ans, le réfrigérateur 23, l'aspirateur 48, l'automobile 52, le téléphone 67 [12] et le livre plusieurs siècles [62] ! À ce jour, plus de 99 % des ménages américains sont équipés d'au moins une télévision. Un chiffre similaire vaut pour la France [172,173] et l'ensemble des pays développés [165,166]. Même l'Afrique, continent économiquement défavorisé, présente selon une étude transnationale de l'Unesco, un taux moyen de pénétration proche des 85 % [165]. Comme le souligne Jo Groebel, auteur de cette étude : « L'écran est devenu un medium universel à travers le monde. Que ce soit dans les favelas, une île du Pacifique sud, ou un gratte-ciel d'Asie, la télévision est omniprésente. » [121] Elle est devenue « un facteur majeur de socialisation et domine la vie des enfants dans les zones urbaines et rurales électrifiées à travers le monde » [123]. Difficile de contester la sentence lorsque près de 90 % des gamins de la planète reconnaissent Terminator et Rambo [121]. Un pourcentage qui prend tout son cachet quand on mesure, par exemple, qu'un quart des adolescents américains ne savent même pas qui est Hitler [174]. C'est à peu près autant que le nombre de jeunes Anglais qui font de Winston Churchill un personnage fictionnel n'ayant jamais existé [175]. On n'apprend visiblement pas tant de choses que cela à la télévision.

Sur le fond, dire que le petit écran est partout s'avère insuffisant. Si l'on voulait être précis, il faudrait dire plutôt que le petit écran est partout *en position centrale*. Ainsi, dans l'écrasante majorité des foyers, le salon est dessiné, non pour stimuler les échanges interpersonnels, mais pour faciliter l'accès au poste [101,176]. De la même manière, le planning familial (repas, heure du coucher, moment des devoirs, etc.) est principalement ponctué, non par les rythmes physiologiques, mais par le temps télévisuel [101,177,178]. Par exemple, en France, selon les termes du Crédoc, le journal télévisé sert de véritable « référence temporelle » [179]. D'après les dernières estimations de cet organisme, « 2 ménages sur 3 dînent devant [la télévision], et 43 % la convient même à leur déjeuner [...] En semaine, on dîne en 35 minutes (33 minutes en 1995), soit le temps du journal télévisé » [180]. Liliane Lurçat n'avait sans doute pas tort lorsqu'elle écrivait il y a déjà quelques années : « La télévision au foyer, ou télévision domestique, tend à devenir la maîtresse de maison autour de laquelle s'organise et se déploie la vie quotidienne. » [25]

Il faut dire que notre chère maîtresse ne ménage pas ses efforts pour être séduisante et pénétrer toujours plus loin l'intimité de nos demeures. Au premier rang des stratégies mises en œuvre par la belle pour gagner nos faveurs, se trouve un large effort de diversification programmatique. Ainsi, lorsque naquirent les Rolling Stones en 1962, l'offre audiovisuelle française se résumait encore à un canal unique émettant, au mieux, de midi à minuit. Pas très stimulant ! Le paysage commença à changer doucement dès 1963, avec l'arrivée de la « 2 ». En 1972, la « 3 » fit son apparition. Canal + débarqua 12 ans plus tard, juste avant que n'émergent la « 5 » et la « 6 ». Le satellite, le câble et la TNT germèrent au cours des deux décennies suivantes [181]. Aujourd'hui, un bouquet comme Canalsat revendique près de 300 chaînes [182]. Information, cinéma, sport, musique, histoire, voyage, équitation, chasse, pêche, shopping, cuisine, mangas, adultes, ados, enfants, nouveau-nés, il y en a pour tous les goûts. Difficile cependant d'éluder les conflits quand Papa veut regarder Eurosport, Maman Planète, le moutard Télétoon et l'ado MTV. Monique Dagnaud, directrice de recherche au CNRS et ancien membre du Conseil supérieur de l'audiovisuel (CSA), observe d'ailleurs, à ce titre, que « la télévision est devenue l'un des plus grands sujets de tension dans les familles » [183,184]. Pour éviter le problème, la solution la plus directe consiste, évidemment, à multiplier les récepteurs. Ainsi, aux États-Unis, pays pour lequel nous disposons des chiffres publics les plus précis, 79 % des foyers possèdent au moins 3 postes et plus de 70 % des enfants de 8 ans et plus ont une télévision dans leur chambre à coucher [152]. On est à 43 % pour les 4-6 ans, à 29 % pour les 2-3 ans et à 19 % pour les 0-1 an [185] ! Comme le souligne un récent rapport de l'Inserm[i], l'Hexagone n'atteint pas encore ces sommets, mais il s'en rapproche [186]. Ainsi, 57 % des adultes ont une télévision dans leur chambre [187] contre 41 % des 13-14 ans et 25 % des 6-8 ans [188] ; des proportions comparables à celles de l'Allemagne [115] et de la Belgique [189]. Une étude menée en 2008 auprès d'élèves français de 6 à 13 ans en difficulté scolaire, a établi un taux de pénétration majoré, assez proche de celui des adultes (53 %) [190]. Si l'on admet que ces élèves sont aussi les moins privilégiés socialement, ce chiffre recoupe d'autres données montrant qu'un enfant a significativement plus de chances de posséder une télévision dans sa chambre s'il est issu d'un milieu modeste et/ou peu éduqué [191-193]. Cette relation explique, pour partie, la tendance des enfants défavorisés à consommer davantage de télévision que leurs homologues

[i] Institut National de la Santé et de la Recherche Médicale.

aisés [167,169,194-198]. En effet, une télé « à discrétion », cela se traduit par un temps d'exposition effroyablement accru. La majoration peut atteindre, selon l'âge, entre 60 [185] et 75 % [192]. Un ado qui regardait la télé 2 heures par jour, se retrouvera, par exemple, à 3 h 30 dès lors qu'un récepteur sera placé dans sa chambre [192]. Une telle amplification n'est pas inoffensive. Elle entraîne une diminution de l'activité physique, une dégradation des habitudes alimentaires, une réduction du temps passé à lire, une altération du sommeil, un affaissement des performances scolaires et un assèchement des interactions intra-familiales [192,199-201]. Bien que chacun de ces points soit discuté en détail au sein des chapitres à venir, il semble approprié de souligner, dès maintenant, que le constat d'appauvrissement des échanges intra-familiaux s'avère au fond assez trivial. En effet, quand les parents choisissent de placer une télévision dans la chambre d'un enfant, c'est le plus souvent, selon leurs dires, pour se débarrasser d'une présence encombrante et pénible [185,202]. Comme me l'a avoué Nathalie avec une profonde dose de découragement : « Je suis fatiguée, je n'y arrive plus entre les jumeaux [3 ans], le boulot, la maison, mon divorce. Là au moins ils restent dans leur chambre, je ne les vois pas, je suis un peu tranquille. » Un aveu conforme à plusieurs études quantitatives montrant que plus une mère est déprimée et plus ses enfants sont exposés à des volumes télévisuels importants, notamment avant 3-4 ans [203,204]. Seuls face au poste, les gosses regardent alors ce que bon leur semble, sans supervision, aux heures qui leur conviennent. Il est d'ailleurs frappant de constater que les enfants qui ont une télévision à disposition sont aussi ceux qui se voient imposer le moins de règles d'utilisation par leurs parents [192]. Comme me l'a confirmé Jean-Pierre au sujet de sa fille adolescente, « elle a sa télé, elle ne m'emmerde plus avec ses séries débiles » (*sic*). Un peu cru dans la forme, mais limpide quant au fond.

En apparente opposition avec les éléments qui viennent d'être évoqués, j'entends dire fréquemment que l'audience du petit écran s'étiole durement chez les adolescents et autres jeunes adultes. Ceux-ci « auraient déserté leur télé pour le Net » [205,206]. La télévision serait devenue « un média de vieux », tenant « le rôle d'une tapisserie accrochée au mur » [207]. Il faut se rendre à l'évidence, nous explique-t-on un peu partout, les jeunes « ne regardent presque plus la télévision lorsqu'ils ont moins de 15 ans, et cela inquiète très sérieusement les télécrates » [208]. En fait, « aujourd'hui, les Français boudent la télévision et les livres, et se consacrent davantage à ce nouveau média [Internet] » [209]. En accord avec ces thèses, les données Médiamétrie montreraient que le temps d'écoute des 15-24 ans a chuté de 22 %, en 10 ans, sur les chaînes hertziennes [205]. Les chiffres d'un lobby privé dédié au développement de la publicité sur Internet confirmeraient cette tendance en indiquant que les jeunes Européens (16-24 ans) passent désormais plus de temps sur la Toile que face à la télévision [205]. L'observation, en continu pendant une semaine, du comportement de cinq familles [quel échantillon !] corroborerait aussi ce schéma. D'après le directeur de l'agence marketing ayant réalisé cette « étude » : « Les enfants n'ont pas posé leur cartable qu'ils se jettent sur Internet. Souvent, quand la télévision est allumée, elle est dans leur dos. Ils la regardent avec les oreilles. Elle fait partie du décor, c'est tout. Les conversations qu'ils poursuivent sur MSN [un système de messagerie instantanée] leur semblent plus divertissantes que n'importe quel feuilleton. Il n'y a pas de doute : c'est une génération perdue pour la télévision de papa. » [210] Pas de doute ? Voilà qui semble bien optimiste ! En effet, selon les évaluations les plus récentes, nous n'avons jamais passé autant de temps devant notre télé. En 2009, la consommation mondiale a battu son record absolu : 3 h 12 par jour et par personne [211]. Selon l'Organisation mondiale de la santé (OMS), près de 60 % des adolescents français de 15 ans ont une consommation télévisuelle quotidienne supérieure à 2 heures en semaine [167]. Des proportions comparables sont observées dans des pays à forte pénétration numérique tels les États-Unis, la Suède ou l'Angleterre. L'Allemagne se rapproche pour sa part des 70 %. La Hollande dépasse les 75 %. Ce tableau ne change guère lorsque l'on considère, comme Médiamétrie, une tranche démographique plus large. Selon cet institut de mesure d'audience, la consommation audiovisuelle des 15-24 ans dépasse allègrement les 2 heures journalières que ce soit en Allemagne, en Angleterre, en Espagne, en Italie, aux États-Unis ou en France [212]. Pour Médiamétrie, « un focus sur ces jeunes adultes révèle que malgré les sollicitations auxquelles ils sont soumis, Internet, loisirs numériques et particulièrement les jeux, ils sont loin d'abandonner leurs pratiques télévisuelles. Ils auraient plutôt tendance à les augmenter » [212]. « Ce n'est pas parce qu'on a un écran Internet que l'on est moins fan de télévision. *En définitive, il n'y a pas vraiment de concurrence entre les écrans.* » [173] Les parts d'audience perdues par les grands canaux hertziens seraient, dans ce contexte, largement captées par les chaînes thématiques du satellite, du câble ou de la TNT [212-215]. Plusieurs travaux académiques confirment ces conclusions à l'échelle des États-Unis. Pas plus qu'en France, il n'existe dans ce pays de « support en faveur de la spéculation selon laquelle les médias les plus nouveaux, tels les ordinateurs, l'Internet et les jeux vidéo, supplantent les médias plus anciens tels que la télévision. Non seulement la télévision consomme pratiquement trois fois le temps accordé au média suivant le plus proche, mais la catégorie la plus proche consiste en vidéos et films – on peut soutenir qu'il s'agit simplement d'une autre forme de télévision. En d'autres termes, l'exposition à un écran TV, sous une forme ou une autre, rend compte de plus de la moitié de l'exposition des jeunes aux médias électroniques » [216]. Une réalité pleinement confirmée par un récent rapport du très réputé cabinet Nielsen [217]. Le but initial du rapport consistait, selon les termes mêmes des enquêteurs, à « briser les mythes et donner [au lecteur] des résultats incontestables [*hard facts*] ». Dans le résumé opérationnel, on peut lire les conclusions suivantes : « Les adolescents n'abandonnent PAS la TV pour de nouveaux médias : en fait, ils regardent plus la TV que jamais, une augmentation en croissance de 6 % sur les 5 dernières années aux États-Unis. Les adolescents aiment Internet... mais passent bien moins de temps à naviguer que les adultes : les adolescents passent 11 heures et 32 minutes par mois en ligne – bien en deçà de la moyenne de 29 heures et 15 minutes. »

Nous voilà donc bien loin du cataclysme annoncé. Il faut vraiment être désespérément aveugle, candide et ignorant pour claironner que les jeunes ont déserté la télévision. Celle-ci reste au cœur de leurs vies et le moins que l'on puisse dire, c'est que la tendance ne dessine aucune inflexion. En effet, les données précédentes ne prennent pas en compte les nouveaux modes de consommations audiovisuelles. Or, avec la diversification constante des portails d'accès, l'offre programmatique va devenir de plus en plus universelle, pour ne pas dire envahissante [60,218]. À ce titre, une partie non négligeable de notre usage implique d'ores et déjà le Web à travers, notamment, les services dits de *catch-up TV* [152,218-224] (ce qui par parenthèse rend largement caduque l'opposition souvent évoquée entre ordinateur et télévision). Dernier raz-de-marée en date, *Secret Story*, dont les vidéos ont totalisé 28 millions d'accès pour le seul mois de juillet 2009 [220]. Autre exemple, Dailymotion, qui verrait ses utilisateurs consulter, dans 8 cas sur 10, des programmes de télévision [219]. Récemment, les chaînes se sont même mises à développer spécifiquement des programmes pour le Net [225]. À cela, il faut aussi ajouter le téléphone portable. Celui-ci permet désormais d'accéder en direct à plusieurs dizaines de chaînes. En 2008, un opérateur a commercialisé le premier appareil cellulaire susceptible de capter les programmes gratuits de la TNT [226]. Les 16 chaînes de la télévision mobile personnelle seront, elles aussi (normalement), bientôt disponibles [227,228]. Notre laisse audiovisuelle s'allonge sans fin pour nous suivre partout : aux toilettes, dans le bus, dans le train, au restaurant, au stade, au travail, à l'église, à l'école ou la fac. « Partout à tout instant, sur tous les écrans ! » [218] s'enthousiasme d'ailleurs le Syndicat national de la publicité télévisée au sein d'un texte à l'accroche évocatrice : « La télévision premier écran des Français : certains voudraient vous faire douter. » Bref, la télé en tous lieux et à toute heure ; l'ubiquité parfaite, le cauchemar absolu. Comme le disent Dimitri Christakis et Frederick Zimmerman, spécialistes du sujet à l'université de Washington, « il était déjà alarmant (pour certains) que deux tiers des adolescents aient des télévisions dans leurs chambres. Bientôt ils les auront dans leurs poches » [4]. Je puis le confirmer pour avoir récemment aperçu, lors d'un cours magistral de neurophysiologie, un étudiant en train de suivre un match de foot sur son portable. Cela doit être ce que l'on appelle faire entrer les nouvelles technologies à l'université. Notons que selon une étude récente, réalisée par la fondation Kaiser, la consommation audiovisuelle liée aux nouveaux supports médiatiques friserait d'ores et déjà l'heure quotidienne aux États-Unis chez les 8-18 ans, dont 24 minutes pour Internet, 15 minutes pour les téléphones portables et 15 minutes pour les systèmes de type iPod/MP3 [152].

Ainsi donc, contrairement à un discours largement répandu, les adolescents et autres jeunes adultes sont loin de déserter le petit écran pour les jeux vidéo, les messageries instantanées, les forums ou les blogs. La télévision reste, et de loin, le loisir favori des nouvelles générations. Et surtout n'allez pas croire que celles-ci regardent leurs émissions d'un œil distrait. 70 % à 80 % du temps passé face à l'écran est exclusif de toute autre activité, si l'on excepte le grignotage (15 % du temps passé à regarder la télé est aussi passé à manger, j'y reviendrai) [229]. Lorsque la télévision accepte de se partager, elle invite principalement à sa table les tâches ménagères (4 %), la musique (4 %), l'ordinateur (4 %), le téléphone (4 %) et les devoirs scolaires (7 %) [229]. Il arrive parfois que tout ce beau monde se mélange dans un joyeux chaos. Ainsi, nous dit par exemple ce jeune homme de 17 ans : « Quand je suis en ligne, je suis constamment en mode multitâche. À ce moment précis, je regarde la TV, je vérifie mes e-mails toutes les deux minutes, je consulte un forum d'information sur la question de savoir qui a tué JFK [John Fitzgerald Kennedy], je grave de la musique sur un CD et j'écris ces mots. » [230] Les belles âmes progressistes ne manquent évidemment pas une occasion d'acclamer ce talent remarquable [231], tout en criant haro sur ces adultes qui se défient de la chose virtuelle parce qu'ils sont « un soupçon jaloux de l'aisance avec laquelle leurs enfants manient les outils informatiques » [40]. Malheureusement, comme nous aurons l'occasion de le voir au sein du chapitre suivant, ces positions sont absolument sans fondement. L'expertise informatique des adolescents relève de la mythologie. Leur capacité à faire plusieurs choses en même temps est une triste chimère. Il suffit d'ailleurs pour s'en convaincre d'écouter ma nièce de 13 ans s'affliger avec bonhomie de ne rien comprendre à un devoir d'allemand, qu'elle affronte en même temps que les *Gossip Girl* de TF1, les SMS du téléphone portable et les messages instantanés de MSN. Mais comme le dit sa mère (germanophone émérite) : « Que veux-tu y faire, les jeunes sont comme ça aujourd'hui, ils font tous pareil, il faut vivre avec son temps. » L'affreux réactionnaire que je suis a tendance à penser qu'il devrait quand même être possible d'exiger d'un ado ou d'un gamin que soient éteints la télé, le portable et l'ordinateur pendant quelques minutes. Mais, apparemment je me fourvoie. Les « spécialistes » sont formels : il ne faut surtout pas brusquer nos chères têtes blondes en leur imposant quoi que ce soit. Prenez cette mère de famille par exemple. Après avoir demandé, par trois fois, à son fils de 6 ans d'éteindre la télévision, elle finit par débrancher elle-même le courant. Épouvantable aveuglement qui engendra un terrible caprice, joliment dénommé « crise de larmes » par les inénarrables Catherine Muller et François Chemel. Selon nos deux compères, « si vous éteignez le téléviseur d'autorité et tournez les talons, [l'enfant] sera dans un état de frustration et de colère tels qu'il se méfiera ensuite de toutes les autres tentatives que vous pourriez faire »[32]. Une perspective, avouons-le, difficilement soutenable ! Mais ne soyons pas inquiets, il existe une issue. Pour s'en sortir, il faut ruser. Il faut, tel le renard de la fable, attirer l'enfant vers une autre activité[32]. Pour dompter les ardeurs du mouflet, emmenez-le faire un tour au parc, proposez-lui un jeu de construction, sortez-le au McDo. Si vous avez un peu de chance, il acceptera pour quelques minutes, sans

« crise de larmes », de se décoller du poste. Reconnaissons toutefois qu'il risque d'être difficile d'attirer sans dommage, avec ce genre de fromage, notre jeune téléphage vers ses tables de multiplication ou sa leçon d'histoire.

Des émissions enfantines aux programmes tous publics

Heureusement, il subsiste en pratique une approche bien plus sûre que la ruse pour éviter les caprices de nos enfants, lorsque s'éteint le poste. Il convient simplement, pour s'en sortir à faible compte, de juguler l'accoutumance précoce. Une étude récente a ainsi montré que des réactions adverses surgissent effectivement vers 6 ans en réponse aux déconnexions intransigeantes. Ces réactions s'avèrent cependant très hétérogènes. Plus les enfants ont été exposés à un régime audiovisuel lourd avant 4 ans et plus ils ont de chances de s'opposer avec véhémence à l'abrogation du flux cathodique lors de leur entrée au cours préparatoire [232]. En lui-même, ce résultat n'est guère surprenant tant abondent les données montrant que l'usage télévisuel s'acquiert par imprégnation durant les âges initiaux de la vie [12,29,169,185,194,233]. Il est démontré, en particulier, que le volume de télévision absorbé durant la petite enfance annonce globalement la consommation adolescente, qui augure elle-même de l'exposition adulte [196,234-236]. Or, il est frappant de constater que l'utilisation du petit écran résulte, à l'origine, non d'une revendication spontanée de l'enfant, mais plutôt d'une lourde pression parentale. En d'autres termes, ce ne sont pas les enfants qui naturellement vont au poste. Ce sont les adultes qui insistent et mettent tout en œuvre pour que se produise la rencontre. Un sondage Sofres souligne ainsi que seuls 15 % des très jeunes enfants (1-4 ans) réclament régulièrement la télévision. 61 % ne la sollicitent jamais ! Les 25 % restants se répartissent en demandeurs rares (10 %) ou occasionnels (15 %) [198]. Des entretiens qualitatifs individuels ou de groupes confirment largement ces données en soulignant le désintérêt naturel des enfants pour le poste et en stigmatisant la fonction incitatrice des parents [29,185]. Pour nombre de ces derniers, la télé est assurément un moyen d'obtenir du temps libre afin de satisfaire à divers loisirs ou aux tâches ménagères : « Quand il regarde la TV, dit par exemple cette mère d'un enfant de 1-3 ans[i], je peux faire d'autres choses. Je n'ai pas à le surveiller constamment. » [185] Même son de cloche chez cette femme du Colorado : « Ils se lèvent et regardent la TV pendant que je me douche et que je m'habille. Ça les garde dans mon champ de vision. » [185] D'autres parents n'hésitent pas à reconnaître un but plus général consistant à transformer leurs remuants marmots en d'adorables bovins apathiques. Ainsi, cette mère de l'Ohio déclarant au sujet de son fils de 4-6 ans : « C'est un bon petit garçon. Il ne dérange rien. Il ne fait pas de bêtises. Il est glué à la TV. » [185] De même, pour cette résidente californienne, mère elle aussi d'un enfant de 4-6 ans : « Les médias me rendent la vie plus facile. Nous sommes tous plus heureux. Il ne fait pas de caprice. Je peux abattre un peu de travail. » [185] Et que dire de cette charmante matrone, relatant le long chemin de croix qu'elle a dû supporter pour finalement faire de son enfant de 2 ans un téléphage zélé. « [À 18 mois] j'ai commencé par essayer *Sesame Street*[ii]. Je faisais un effort pour l'intéresser au programme. J'allumais le

[i] L'étude d'où est extraite cette citation [185] ne précise par l'âge exact des enfants, juste une fourchette : 1-3 ou 4-6 ans.

[ii] *1, rue Sésame.*

poste et je disais “Regarde ! Il y a une voiture”, ou quoi que ce soit d’autre [...] Après j’ai acheté un livre sur *Sesame Street* et nous le regardions ensemble. Je pense que ça a aidé à le rendre intéressé. Cela a pris d’octobre à Noël. Finalement “ça a pris”. Ce fut très graduel. Mais maintenant il regarde chaque jour, toujours avec un biberon, le matin et l’après-midi [...] Je sais que la télévision n’est pas vraiment bien pour les enfants, mais quelques heures par jour ça ne peut réellement pas être si mauvais. Je suppose que si je n’avais pas eu de téléviseur, j’aurais essayé d’établir une routine de temps-calme dans sa chambre, un truc comme une sieste-jeu. Mais ça aurait été difficile. » [29] J’avoue rester sans voix, pour ne pas dire sans plume en visualisant ce pauvre gosse amorphe, avachi face au poste, « quelques heures par jour », un biberon à la main. Bienvenue chers amis dans le monde merveilleux de TéléValium : tranquillité garantie, abrutissement sans faille. Si les symptômes persistent, consultez le programme et augmentez la dose.

L’ampleur des stratégies incitatives exercées sur les enfants, pour les conduire au poste, s’avère d’autant plus difficile à comprendre que les adultes semblent, dans leur immense majorité, pleinement conscients du caractère potentiellement néfaste de la télévision. Ainsi, entre 85 et 90 % des parents d’enfants de 2 à 17 ans avouent une inquiétude vis-à-vis du tube cathodique [191] et plus généralement des médias électroniques [237,238]. À la foire aux appréhensions, la télé devance très largement tous ses autres concurrents, dont Internet et les jeux vidéo [191,237,238]. Plus que le temps passé devant l’écran, c’est la nature des programmes visionnés qui alarme principalement les parents [191]. 75 à 80 % d’entre eux se disent préoccupés par la surexposition de leur progéniture à des contenus inadaptés d’ordres sexuel, violent et sémantique. Ils sont plus de 80 % à penser que ces contenus influencent substantiellement le comportement des enfants. 77 % considèrent que la publicité pèse sur les choix alimentaires des plus jeunes. 66 % avouent d'ailleurs être régulièrement sollicités pour l'achat de produits « vus à la télé » [237,238]. Un assortiment de craintes résumé avec une belle lucidité par cette mère de famille déclarant sans ambages : « [La télévision] me rend la vie plus facile, mais sur le long terme, quand [les enfants] seront plus grands et commenceront à rencontrer tous ces problèmes, je pense que je souhaiterai ne pas les avoir laissés faire quand ils avaient 5 ans. » [185] Le témoignage d'Helen, tel qu'il a pu être recueilli par Marie Winn, valide fort tristement le bien-fondé de cet augure, tout en montrant qu'il devient terriblement difficile d'arrêter l'engrenage une fois qu'il est lancé. Au début de son récit, cette musicienne raconte qu'elle a délibérément placé ses deux enfants devant le poste lorsqu'ils étaient tout petits [29]. Initialement, nous dit-elle, leur consommation se résumait à *Mister Rogers' Neighborhood,* une série « éducative » s'étendant sur une trentaine de minutes. Ensuite, après quelques mois, vint s'ajouter *Sesame Street*. Lorsque les enfants eurent 4 ans, *Mister Rogers'* fut jugé trop fade et répudié au profit de *Batman*. Puis arrivèrent deux autres dessins animés, *Underdog* et *The Flintstones*. « C'est là, dit Helen, que j'ai commencé à être un peu mal à l'aise au sujet de la télévision [...] Vous voyez, j'exerçais un contrôle complet au début. Puis, lentement, ces autres programmes s'infiltrèrent et les enfants semblaient vouloir regarder tellement de choses ! [...] Ce qui commença à m'ennuyer c'était que John refusait souvent de sortir et de faire de la bicyclette l'après-midi, parce qu'il préférait regarder la TV. [...] J'ai parlé à la psychologue scolaire au sujet du problème de la télévision et elle m'a dit de ne pas m'en faire, que si John voulait regarder deux ou trois heures de télévision c'était probablement la meilleure chose à faire pour lui. Cela s'opposait à tous mes instincts, mais c'était la chose la plus facile à faire, juste le laisser regarder. » Plus tard, John et sa sœur découvrirent les dessins animés du samedi matin. « C'était très bien pour nous, confesse Helen, parce que cela nous permettait de rester au lit agréablement et longtemps pendant qu'ils regardaient la télé. » En semaine, de nouveaux programmes se greffèrent progressivement. Obtenir des enfants qu'ils lâchent la télé pour venir dîner devint de plus en plus difficile. « Après plusieurs sollicitations, avoue ainsi Helen, je devais toujours venir et l'éteindre et ils étaient alors très en colère à cause de ça. Ils disaient "je te hais" et venaient manger en se poussant et se tapant l'un l'autre, en colère et boudeurs, très, très en colère. En conséquence, le dîner était très déplaisant pour nous tous. Ils restaient grognons pendant tout le repas. C'était le pire moment de la journée, vraiment ! [...] C'est une terrible saga, non ? » Terrible, je ne sais pas, mais ordinaire, sans aucun doute. Comme bien des parents, Helen finira sûrement par laisser ses enfants manger tranquillement devant le poste. L'obésité poindra alors que s'envoleront les colères [239-242].

À l'image d'Helen, la plupart des familles débutent leur histoire cathodique par de saines intentions. Tant que le rejeton n'a pas atteint ses 5-6 ans, il est objet d'une surveillance relativement serrée et sa consommation audiovisuelle s'avère contrainte aussi bien dans l'espace programmatique que dans la dimension temporelle. Cette dernière se révèle toutefois substantiellement moins réglementée (56 % *versus* 81 % des foyers) [185i], ce qui n'est guère surprenant lorsque l'on sait que les parents sont nettement plus sensibles au problème des contenus qu'à la question des durées (cf. *supra*). Cela étant dit, il convient de garder à l'esprit que les règles d'usage appliquées aux contenus n'impliquent pas nécessairement une stricte exclusion des programmes « tous publics » de la diète cathodique des très jeunes enfants. En effet, ceux-ci consomment bien avant 5-6 ans un grand nombre d'émissions qui ne leur sont pas spécifiquement destinées, mais paraissent acceptables aux adultes en termes de langage, de violence ou de sexualité [115,185,193,197,198,244]. Lors de l'entrée au cours préparatoire, cet éclectisme se généralise jusqu'à emporter les principales digues de surveillance parentale [192,193]. On peut identifier deux raisons majeures à ce regrettable affaissement. Premièrement, la résistance de nos jeunes téléphages aux contraintes exogènes se fait de plus en plus vive et les parents n'ont pas forcément envie d'aller systématiquement au conflit (l'histoire d'Helen en témoigne). Deuxièmement, les adultes considèrent généralement que l'âge diminue les risques de dommages ontogénétiques. En moyenne, plus de la moitié des foyers abritant des mineurs de 8 à 18 ans offrent à ces derniers un usage télévisuel totalement libre [192,193]. Dans les demeures restantes, il existe bien des règles, mais celles-ci sont le plus souvent virtuelles et appliquées au bon vouloir des enfants. Bon an, mal an, la proportion de familles imposant effectivement des contraintes d'usage à leurs rejetons d'âge scolaire plafonne à moins de 20 %. Ce pourcentage varie bien sûr avec l'âge des protagonistes. Les 8-10 ans sont les plus contrôlés (26 %), devant les 11-14 ans (22 %) et les

---

[i] Voir aussi pour une tendance comparable (69 % *versus* 90 %), RIDEOUT V.J. et VANDEWATER E.A., *Zero to Six: Electronic Media in the Lives of Infants, Toddlers and Preschoolers* [243].

15-18 ans (13 %)[192]. Formulés différemment, ces chiffres indiquent que les 3/4 des gosses de 8 ans et les 8/10 des gamins de 11 ans ne subissent aucune restriction quant à l'utilisation du poste ! Tout est autorisé sans limite de temps. Des séries aux films en passant par les jeux et la téléréalité, rien n'est banni. Cette stupéfiante permissivité explique sans doute pourquoi la consommation télévisuelle des enfants ressemble très tôt à celle des adultes[171,173,197,244-246]. « Contrairement à ce que l'on pourrait croire, explique ainsi Monique Dagnaud, [les enfants] regardent peu les émissions destinées à la jeunesse, comme les dessins animés. On estime que 80 % du temps passé devant la télévision par les enfants de 4 à 10 ans l'est devant des programmes "tous publics". 25 à 30 % des 8-12 ans sont encore devant la télé à 20 h 30. Ils voient donc très jeunes des séries, des films ou les informations, qui sont autant d'incursions dans le monde des adultes. »[183] En accord avec ce propos, les données publiées par Médiamétrie montrent que près de 1,5 million d'enfants de 4 à 10 ans sont devant la télé à 20 heures. À 22 heures, le chiffre est encore de 800 000 individus ! Cette valeur est identique à celle observée le matin aux alentours de 8 heures[247]. Il n'est dès lors guère surprenant que les programmes préférés des enfants laissent apparaître nombre de séries « tous publics » comme *Grey's Anatomy*, *Desperate Housewives*, *Prison Break* ou *Les Experts*[238]. Si l'on en croit Catherine Muller et François Chemel, citant Médiamétrie, il a même été établi que certaines fictions de première partie de soirée telle *Joséphine*[32], parvenaient à réunir plus de 50 % des 4-14 ans, ce qui garantit *grosso modo* (si le chiffre est valide) 4 millions de zombies aux enseignants du lendemain matin[150] ! Sur la même tranche d'âge, la quotidienne de *Secret Story* ferait quant à elle 50 % de parts d'audience à 18 heures entre poitrines exhibées, batifolages aquatiques, strip-tease, dégustation de bananes sauce suggestive, insultes, coups bas et tirades de haute volée du genre, « ils nous ont traités parce que FX a failli faire un coma élitique », « je suis dans l'incapaçabilité d'aller au confess' », « qu'est-ce que j'm'en bats les couilles même si j'ai pas de couilles », « il a oublié qu'il a des croûtes au cul ce malade », « t'es qu'un fils de pute », ou « la moche là, la grosse vache dégueulasse qui se met à poil sous la douche avec ses tétés qui frottent ses orteils » [248-251]. Des propos et contenus à l'évidence remarquablement adaptés pour des gamins de maternelle ! Cela étant dit, je reconnais qu'il est possible de trouver bien pire au pays des irresponsabilités parentales, dont, par exemple, cette mère pérorant aussi fière qu'enthousiaste : « *The Punisher*[i], mon fils [de 4 ans !] adore ce film. Il est plus mature » [185]. Il y a aussi tous ces adultes ignorant largement ce que regardent leurs gosses, à l'image de cette femme déclarant effarée : « J'ai récemment fait attention à ce que [mon fils (4-6 ans)] regardait et j'ai vu. J'ai dit "qu'est-ce que c'est que ce truc ?" Je ne pouvais pas y croire. » [185] En accord avec cette salutaire stupéfaction, une étude académique récente a montré que les adultes connaissaient moins de la moitié des programmes couramment visionnés par leurs enfants [253]. Un travail complémentaire a permis d'établir que l'ignorance parentale n'était pas homogène, mais modulée en proportion inverse du niveau d'éducation. En d'autres termes, plus les parents sont éduqués et mieux ils savent ce que leurs enfants regardent [192]. Ce n'est sans doute pas un hasard si l'on considère que le niveau d'éducation module aussi la probabilité qu'un enfant possède une télévision personnelle dans sa chambre à coucher (cf. *supra*). Sur le fond, cette

---

[i] Un film particulièrement violent interdit aux moins de 16 ans en France [252].

méconnaissance qu'ont les adultes des pratiques télévisuelles de leurs rejetons est liée, pour une large part, au fait que ces derniers sont très souvent livrés à eux-mêmes face au poste [12,171,192,198,254]. Un travail de grande ampleur a estimé la proportion de co-visionnage en présence d'un parent à 19 % pour les 2-7 ans, 6 % pour les 8-13 ans et 2 % pour les 14-18 ans [193]. Durant les « temps-sans-parent », le zapping devient la règle de sélection des programmes, sans supervision ni souci d'adéquation [255]. Tout est bon, même (et surtout) le pire. Dominique Poussier, responsable des programmes jeunesse à TF1, confirme largement ces données à travers un témoignage captivant, récemment livré au journaliste Jean-Philippe Desbordes [44] : « On doit, nous dit cette femme d'influence, toucher les enfants de 4 à 10 ans. Les annonceurs pensent que les enfants sont prescripteurs dès l'âge de 4 ans, et qu'ils s'intéressent à des choses qui sont pour les plus grands. C'est comme le phénomène des petites filles qui mettent des strings à 12 ans... Moi, je crois que nous avons une grosse responsabilité à plusieurs titres : ils sont encore petits et très malléables, les mères ne se soucient pas de ce qu'ils regardent, ce sont de futurs citoyens et on peut leur faire passer des messages à travers les programmes[i] [...] Au fond, je pense que les critiques qu'on nous adresse sont peut-être révélatrices de la démission des parents qui semblent avoir renoncé à dire non, ils préfèrent qu'il n'y ait pas de pub pour ne pas avoir à dire non. Je pense que la chaîne prend ses responsabilités. Il serait bon que les parents prennent les leurs [...] On a des études régulières par l'observatoire des cours de récré : on se rend bien compte que les mères ne savent pas ce que leurs enfants regardent. Pour les

---

[i] Comme mettre des strings à 12 ans ?

programmes pour enfants, parce qu'elles sont rassurées sur l'absence de danger, elles ne savent pas ce qu'ils regardent. Les parents ne regardent pas les dessins animés[i], ou alors très peu de temps. Les mères savent ce que leurs enfants regardent quand elles partagent en regardant la *Star Academy*. La dernière étude dont nous disposons concerne les enfants de 4 à 14 ans. Ils regardent *Desperate Housewives*, *Star Ac'*, *Les Experts* et *FBI : portés disparus*. Pour ces séries, il s'agit d'une écoute conjointe avec les mères ou les deux parents, et c'est beaucoup plus inquiétant que de regarder des dessins animés… Les attaques [subies par les chaînes de télévision] sont à la hauteur de la démission des parents. » En clair, les télévisions commerciales sont là pour vendre aux annonceurs « du temps de cerveau humain »[ii]. Si les parents ont baissé les bras, s'ils laissent leurs gosses regarder n'importe quoi, ce n'est ni le problème ni la responsabilité des chaînes. Celles-ci font leur métier et elles le font, comme il se doit, du mieux possible. L'argument est aussi implacable qu'irréfutable. On ne peut, en effet, reprocher à une entreprise d'être efficace, pérenne et profitable ! En attirant chaque jour dans ses filets une large masse de neurones immatures, TF1 ne fait que répondre à sa vocation mercantile. Si une émission éducative de haute lignée captive le chaland, alors tant mieux, elle verra l'antenne. Si ce n'est pas le cas et que l'audience explose en réponse aux contenus les plus affligeants, alors tant pis, ceux-ci prendront la mire. Il convient ici de ne pas se fourvoyer : le spectateur n'est pas le client, il est au sens propre une marchandise que les chaînes revendent aux annonceurs. Au-delà des discours de façade, tout ce

---

[i] Ni, de fait, les flots de publicités qui les accompagnent.

[ii] Selon les termes mêmes de Patrick Le Lay qui fut un temps le patron de Mme Poussier [23].

beau monde n'a que faire des enfants. Ces derniers ne sont qu'une cible, un marché, une source de profit. Un épisode récent de notre vie parlementaire illustre, je crois, parfaitement cette lapalissade [256,257]. Dans la nuit du 9 au 10 mars 2009, alors que se discutait un projet de loi destiné à lutter contre l'alcoolisme, le tabagisme et l'obésité chez les jeunes, les députés eurent à se prononcer sur un amendement visant à interdire, avant et après les programmes jeunesse, toute réclame pour les produits de grignotage gras et sucrés. Une mesure d'évidence quand on connaît l'impact délétère massif exercé par la publicité sur le comportement alimentaire des enfants [106]. Une mesure d'ailleurs réclamée par l'Institut national de la recherche médicale (Inserm) et l'Agence française de sécurité sanitaire des aliments (Afssa), et soutenue par nombre de sociétés savantes et associations réputées dont, par exemple, la Société française de pédiatrie (SFP), la Société française de nutrition (SFN), la Fédération française de cardiologie (SFC), la fédération des Parents d'élèves de l'enseignement public (PEEP), la Fédération des conseils de parents d'élèves (FCPE), ou l'Association française des diabétiques (AFD) [258]. Nos députés rejetèrent le texte sans états d'âme, sous la pression conjuguée des lobbies de l'audiovisuel, de la publicité et de l'industrie agroalimentaire. Pour commune qu'elle soit, cette effarante et stupide lâcheté politique ne cessera jamais de me surprendre. Préserver les profits de quelques groupes alimentaires justifie incontestablement que l'on avive l'épidémie d'obésité qui frappe actuellement toutes les nations développées et coûte chaque année des milliards d'euros à nos systèmes de santé [106].

Réécrire le réel

Sommes-nous en tant que parents aussi lâches que nos chers députés ? Sommes-nous vraiment « démissionnaires » comme le suggère Dominique Poussier ? L'idée pourrait être plausible si les comportements humains avaient toujours une base éclairée et rationnelle. Ce n'est à l'évidence pas le cas. Tout d'abord, comme j'ai eu l'occasion de le souligner abondamment au sein de l'introduction, les parents voient leurs craintes légitimes diluées dans un flot continu de propos serviles et flagorneurs. Ensuite, nos agissements les plus hasardeux ne répondent pas, dans l'écrasante majorité des cas, à des impulsions cartésiennes. Ils sont le fruit d'arbitrages psychiques inaccessibles au Moi. À l'évidence, le conflit émotionnel ressenti par les parents vis-à-vis de l'utilisation du poste se dissout efficacement dans l'action souterraine de mécanismes défensifs chers à la métapsychologie freudienne [259,260]. Au rayon rationalisation[i], par exemple, comment ne pas repenser à l'exemple entrevu plus haut de cette mère expliquant que son fils de 4 ans est très mature pour son âge et qu'il peut donc, sans problème, regarder des films aussi effroyablement violents que *The Punisher*. Comment ne pas songer également à tous ces adultes dont les enfants sont fous des chaînes documentaires telles Planète, Voyages ou Animaux. Des chaînes « éducatives » tellement regardées que leur audience frise, dans le meilleur des cas, les trois ou quatre dixièmes de pourcent [262]. Répétons-le encore une

---

[i] La rationalisation se définit comme un « procédé par lequel le sujet cherche à donner une explication cohérente du point de vue logique, ou acceptable du point de vue moral, à une attitude, une action, une idée, un sentiment, etc., dont les motifs véritables ne sont pas aperçus » [261].

fois : dès 4-5 ans, les enfants passent le plus clair de leur temps devant des programmes « tous publics » (cf. *supra*) et les quelques programmes jeunesse regardés se composent pour l'essentiel de séries et dessins animés récréatifs. Selon un rapport du Collectif interassociatif enfance et média (CIEM) pour le ministère de la Santé, « l'offre à destination des enfants est sur l'ensemble des chaînes hertziennes tournée à plus de 90 % vers la fiction » [59]. Évoquer le pouvoir didactique de la télévision pour justifier l'usage cathodique de nos gosses paraît dès lors un peu extravagant. D'autant plus extravagant que le potentiel pédagogique de ces chaînes postulées « éducatives » reste pour le moins à établir.

Nous aurons l'occasion de reconsidérer ce point en détail au sein du prochain chapitre. Avant d'en arriver là toutefois, revenons un instant sur nos stratégies de « rationalisation » et arrêtons-nous sur le cas de ces malheureux adultes « obligés » de céder aux mandements audiovisuels pour ne pas faire de leurs infortunés rejetons de véritables parias sociaux. Une nécessité parfaitement résumée par le magazine *Parents* sur son site Internet [263] : « On peut être anti-télé, mais il faut savoir qu'elle reste un facteur de socialisation. À l'école, de quoi les enfants parlent-ils ? De Franklin, Dora, Bob le Bricoleur, les Winx, etc. Et celui qui ne connaît pas ces héros, dont les enfants ont besoin pour s'identifier, risque de se sentir exclu de son groupe de copains. » Que l'on me pardonne mon emportement mais franchement, quelle connerie ! Non seulement aucune donnée ne vient soutenir ce genre d'affirmation joliment péremptoire, mais tous les éléments disponibles tendent clairement à infirmer la pertinence du propos. Tout d'abord, comme nous le verrons en détail au sein du chapitre III, l'enfant s'identifie bien plus facilement à un personnage « imaginaire » issu des mots d'un livre ou d'une histoire contée, qu'à un sujet incarné dont les traits sont irrémédiablement définis. Ensuite, tous les gosses connaissent Dora et ses semblables. Ceux qui n'ont pas la télé ont fréquemment vu un DVD quelque part (et comme les épisodes se ressemblent tous...)[i], ils ont souvent été en contact avec un produit dérivé quelconque (un livre notamment) et/ou ils ont généralement évoqué le programme avec leurs copains dans la cour de l'école. Valentine possède d'ailleurs à ce sujet, comme tous les gosses qui n'ont pas la télé, une remarquable botte secrète que l'on pourrait résumer comme suit : « C'est quoi Dora ? » Ses copines sont ravies de le lui expliquer et je n'ai pas l'impression que les échanges que je peux alors observer soient plus pauvres que ceux qu'entretiendraient deux fillettes qui verraient régulièrement ce programme à la télé. Au contraire ! À ce titre, nombre d'observations casuelles soulignent l'excellente intégration sociale des enfants élevés loin de la télévision [16,29,183,264]. Selon plusieurs études concordantes, ces derniers se révèlent d'ailleurs plus satisfaits de leur vie et plus heureux que leurs confrères téléphages [55,152,192,193,265]. Cela n'est pas vraiment surprenant car en évitant la télé ces gamins évitent aussi, en grande partie, cette « culture jeune » si aliénante par ses diktats vestimentaires, ses injonctions morphologiques, ses impératifs consuméristes et son triste sabir. Comme l'a écrit Hannah Arendt dans un célèbre essai dédié à *La Crise de l'éducation*, « affranchi de l'autorité des adultes, l'enfant n'a donc pas été libéré mais soumis à une autorité bien plus effrayante et vraiment tyrannique : la tyrannie de la majorité » [266]. Nous en reparlerons ultérieurement. Pour le moment, restons encore un instant fidèle aux mécanismes de défense du Moi et

---

[i] Valentine a vu Franklin dans la salle d'attente du podologue. Elle a croisé Dora chez sa cousine Eva.

intéressons-nous, après Dame Rationalisation, à Sieur Déni[i]. Ce dernier est largement utilisé par les parents pour, notamment, réfuter l'ampleur de la consommation cathodique de leurs enfants. Combien de fois ai-je entendu des mères expliquer avec emportement que leurs rejetons ne regardaient « presque pas » la télévision. Prenez Astrid, par exemple, dont la petite fille de 5 ans ne veut porter que du rose et des paillettes. « Eh oui, nous dit cette mère sur un ton amusé, j'ai fait une pétasse. Je ne sais pas d'où ça lui vient. La télé ? Elle la regarde à peine. » [267] Il y a aussi Amaury, charmant petit garçon de 5 ans, dont la mère m'a récemment expliqué qu'il avait une consommation audiovisuelle très faible, limitée à « quelques dessins animés le matin avant d'aller à l'école et un DVD le soir pendant la préparation du dîner ». Je n'ai pas osé faire remarquer à la dame que cela représentait quand même globalement dans les 2 heures, 2 h 30 par jour ! J'ai courtoisement acquiescé au discours qui m'était proposé, en songeant tout de même à cette étude menée sur des enfants de 10 à 13 ans et montrant que 81 % des mères et 87 % des pères minimisent la durée d'écoute de leur progéniture. En moyenne, cette dernière outrepasse les évaluations parentales de 56 % [253]. Une valeur comparable (63 %) a été rapportée dans un autre travail, pour des enfants de 6 à 13 ans [268]. Cela signifie que chaque heure de télévision postulée correspond en gros à 1 h 35 de télévision consommée. Cette sous-évaluation est d'autant plus critique qu'elle se double d'une surévaluation de la durée d'exposition des enfants tiers [269]. Les parents ont ainsi tendance à penser que « leurs enfants regardent moins que la durée moyenne ; la durée

[i] Le déni se définit comme « un mode de défense consistant en un refus par le sujet de reconnaître la réalité d'une perception traumatisante » [261].

moyenne estimée de visionnage pour les autres enfants est supérieure de 73 % à la durée moyenne effective. Plus leurs propres enfants regardent, plus les parents pensent que la durée moyenne de visionnage des autres enfants est élevée »[269]. En d'autres termes, les adultes considèrent que leurs gosses regardent la télé, mais assez peu et de toute façon moins que les autres.

En fait, l'idée selon laquelle « les autres » seraient collectivement perméables à l'influence d'une télévision qui nous laisserait personnellement indemnes n'est guère nouvelle. Elle n'est pas non plus spécifique à l'institution parentale[270-272]. Par vanité, naïveté ou aveuglement, nous aimons à nous exclure du troupeau téléphage. Ce garde-fou psycho-défensif nous est fonctionnellement nécessaire. Sans lui, comment pourrions-nous laisser nos enfants regarder le poste avec autant d'assiduité ? Comment pourrions-nous, nous-mêmes, abandonner autant de temps à l'écran ? En reconnaissant que la télévision modèle non seulement la conduite de nos semblables, mais aussi notre comportement propre, nous nous mettrions en demeure de rejeter soit le plaisir addictif de notre consommation audiovisuelle, soit l'exigence inaliénable de notre liberté. Cruel dilemme qu'il vaut mieux déconstruire qu'affronter. « Je suis différent des autres » constitue le credo salvateur du bovin cathodique. Par exemple, 78 % des adolescents affirment que leurs conduites sexuelles ne sont pas influencées par la télévision. Ils sont 72 % à considérer qu'il en va différemment pour leurs congénères[273]. De la même manière, seuls 10 % des utilisateurs se disent dépendants à la télévision. La question de savoir si les autres le sont obtient 70 % d'avis favorables[8]. À un autre niveau, une écrasante majorité de Français dit préférer les émissions documentaires et culturelles aux programmes de téléréalité[218,274,275]. Cette tendance est tellement massive, que les téléphages hexagonaux placent régulièrement Arte loin devant TF1 au jeu des indices de satisfaction [276-278]. Pourtant, en termes de parts d'audience, la méphitique première chaîne pulvérise systématiquement son élitiste petite sœur, sans la moindre ambiguïté (26,1 % *versus* 1,7 % en 2009) [146]. Sur les 50 meilleures audiences de 2009, toutes réalisées par TF1, on ne trouve aucun documentaire pour accompagner les séries américaines (38), les matchs de foot (4), les films grand public (3), les émissions de divertissement (3), un journal télévisé et une intervention du Premier ministre [279]. Ce n'est pourtant pas faute d'avoir eu quelques programmes didactiques potentiellement éligibles dont, par exemple, une trilogie sur la Seconde Guerre mondiale (*Apocalypse*[i]) et un film écologique « événement » diffusé simultanément dans 130 pays (*Home*[ii]). On peut ajouter à tout cela que TF1 a réalisé, en 2007, les 100 meilleures audiences toutes chaînes confondues [281]. En 2008 [282] et 2009 [283], notre gloutonne a dû se contenter d'un modeste 96 sur 100. En 2006 nous étions à 98 [284]. Les Français vomissent en fait tellement la première chaîne et les valeurs qu'elle incarne qu'ils furent récemment 7,6 millions à suivre, sur cette dernière, un entretien du chef de l'État. Le bien-aimé service public atteignit au même moment, avec exactement le même programme, un score presque deux fois moins élevé (4,1 millions) [285]. Les chiffres parfois parlent d'eux-mêmes, surtout quand ils ont la mauvaise habitude de se répéter [286].

---

[i] Diffusé les 8, 15 et 22 septembre 2009 sur France 2.
[ii] Diffusé le 5 juin 2009 sur France 2 [280].

L'inaccessible mythe de la « qualité »

Pour résumer, alors que le spectateur lambda s'affirme résolument avide de connaissance et de culture, il concentre son temps audiovisuel sur les chaînes les plus infirmes. Jour après jour, celles-ci lui offrent un large mixte de séries imbéciles, d'informations rudimentaires, de débats indigents et de télé-crochets promotionnels. Des programmes parfaitement primaires, faits d'émotions poisseuses, de voyeurisme nauséabond, de stéréotypes pitoyables, d'approximations affligeantes et d'injonctions consuméristes [16,28,287]. J'entends dire souvent que les chaînes ne sont en rien responsables de cet état de fait, qu'elles n'ont pas compétence à façonner le goût des spectateurs et qu'elles ne font que suivre la demande d'un public qui, selon Patrick Eveno, « détermine en dernier ressort la nature des médias, leurs contenus, leurs façons de dire et de faire » [288]. L'argument est commode. Il n'en est pas moins largement fallacieux. En effet, les contenus qui habitent nos antennes dépendent moins, pour leur majorité, des attentes d'une population hypothétiquement prescriptrice, que des caractéristiques intrinsèques du petit écran. Tous les contenus ne sont pas solubles dans la télévision. Les émotions frustes, les mondes manichéens et les espaces concrets conviennent bien mieux à cette dernière que les champs complexes, les analyses subtiles et les univers abstraits [289,290]. Une affirmation qu'il n'est sans doute pas inutile d'étayer brièvement, en interrogeant quelques-unes des contraintes structurelles qui asservissent la production audiovisuelle.

La première de ces contraintes réside dans l'incroyable densité du réseau d'émission. Déjà en 1953, un rapport de l'Unesco soulignait qu'il était « difficile, sinon impossible, de produire chaque jour de la semaine de bonnes séries dramatiques, de bons divertissements, de bonnes émissions éducatives, et de bons programmes pour les enfants. Le résultat de longues heures de diffusion est assuré de faire en sorte que la qualité devienne l'exception »[290]. Aujourd'hui, l'Europe compterait, à elle seule, près de 600 chaînes de télé[291], dont la moitié accessible sur un bouquet comme Canalsat[182]. Même en postulant que ces chaînes émettent à temps partiel sur une plage restreinte de 18 heures par jour, cela représente près de 4 millions d'heures de programmes à assurer annuellement. Un chiffre vertigineux dont on peut prendre la mesure en considérant, par exemple, *L'Odyssée de l'espèce*, ce solide documentaire de 90 minutes initialement diffusé sur France 3[292]. Deux ans d'un travail acharné furent nécessaires pour finaliser le projet. France Télévisions pilota l'aventure « aux côtés du Canada, de l'Allemagne, de la Belgique, de l'Espagne, mais aussi des Américains, des Suisses, des Chinois, des Australiens, des Néo-Zélandais, des Britanniques, des Russes et des Slovaques. [...] Le film [nécessita] 100 000 km de repérages dans le monde, et [mobilisa] 150 acteurs, ainsi que 200 figurants en Europe, en Amérique du Nord et en Afrique du Sud »[293]. Des ordres de grandeur comparables à ceux d'un autre programme didactique : *Home*. Ce film de 1 h 30, diffusé pour la première fois en juin 2009, demanda 12 millions d'euros de budget, 120 lieux de tournage dans 54 pays, 500 heures d'enregistrements sur 733 cassettes et 217 jours de prises de vues en 18 mois[280]. La qualité est lourde à concevoir ! Remplir 4 millions d'heures avec des programmes bien ficelés semble dès lors tenir de l'impossible gageure. Heureusement, la médiocrité ne possède pas ce côté chronophage. Elle permet aux chaînes de farcir l'antenne d'émissions agrestes, constituées de téléréalité, variétés, jeux, soap operas, matchs de foot ou débats de café du commerce. À ce catalogue s'ajoutent bien sûr les séries, films et autres dessins animés éternellement rediffusables sur toutes les ondes de l'univers. Hier soir à l'hôtel, en zappant un peu, avant et après une visite à la pizzeria du coin, j'ai eu droit à *Rick Hunter, La Petite Maison dans la prairie, Mission impossible, Friends, Caméra café, Rambo III, Stargate SG-1* et l'incontournable *DragonBall Z*[i]. Pas vraiment des perdreaux de l'année. En fait, comme le résume avec humour et talent Bill McKibben, « il n'y a aucun doute – il y a de bonnes choses à la TV. Mais même là, il y a une astuce. Même de magnifiques programmes, ou les bonnes petites choses qui arrivent chaque jour, sont condamnés, je pense, à ne pas faire de différence. [...] Si quelque chose d'exceptionnel arrive cela ne fait pratiquement aucune différence – cette chose est rapidement oubliée, nivelée, érodée par le flot incessant. [...] Espérer qu'un programme exceptionnel fera une différence c'est comme espérer que vous pouvez manger des frites et des plats en sauce toute la semaine et ensuite diminuer votre taux de cholestérol avec une simple fleur de brocolis le dimanche soir. [...] Si Dieu décidait de délivrer les Dix Commandements dans le *Today Show*, il est vrai qu'il aurait une énorme audience. Mais à la minute où il aurait terminé, ou peut-être après qu'il en eût passé six ou sept, il serait l'heure d'une publicité et puis d'une discussion avec un psychiatre pour animaux de compagnie vous expliquant comment présenter votre chien à votre nouveau bébé » [290]. Bref, il y a sans doute quelques perles d'exceptionnelle qualité sur

---

[i] 9 juin 2009, *Rick Hunter*, RTL9, 19 h 15 ; *La Petite Maison dans la prairie*, Téva, 19 h 40 ; *Mission impossible* (la série), Direct 8, 19 h 50 ; *Friends*, RTL9, 20 heures ; *Caméra café*, Paris Première, 20 h 20 ; Rambo III, 13e Rue, 20 h 45 ; *Stargate SG-1* (la série), Sérieclub, 23 h 30 ; *DragonBall Z*, AB1, 23 h 40.

le petit écran, mais celles-ci ne peuvent que passer inaperçues, noyées qu'elles sont dans un inéluctable océan d'inanité.

Une seconde contrainte structurelle majeure imposée à la télévision réside dans la nature plurielle de son auditoire. Cette dernière confronte *de facto* les chaînes à une pénible alternative : soit privilégier des contenus « clivants » et circonscrire le potentiel d'audience à une sous-population exiguë, soit opter pour des programmes fortement inclusifs et s'offrir une large capacité de recrutement. Dans le premier cas, les programmes de qualité seront fatalement difficiles à produire ou acheter en raison d'une surface financière restreinte. Un problème qui ne se posera pas avec la seconde éventualité. Celle-ci imposera toutefois la sélection quasi exclusive d'émissions « molles », à la fois consensuelles et aisément accessibles [60,287,288,290]. Une sorte de plus petit dénominateur commun des intelligences individuelles qui poussa, par exemple, France 3 à recaler un sujet sur l'euthanasie en première partie de soirée, parce que selon les termes d'un journaliste maison, « consacrer une émission entière à une question aussi lourde, en prime time, quand il faut attirer les enfants, la grand-mère... on ne le sentait pas » [287]. Dans le même ordre d'idées, alors que le débat sur la violence des banlieues faisait rage, la chaîne envisagea de dédier une émission au problème. L'idée fut retoquée : « Trop axé sur les jeunes ! Quelques mois plus tard ce fut au tour d'un sujet sur les retraites de passer à la trappe. Trop centré sur les vieux. » [287] Cette phobie des « programmes segmentants », comme les nomme Hélène Risser dans son remarquable ouvrage *L'Audimat à mort*, ne concerne évidemment pas que le champ thématique. Elle touche aussi l'espace cognitif. Il ne faut surtout pas surcharger la cervelle de nos braves spectateurs sous peine de déclencher un accès de zapping frénétique [52]. Du plus petit dénominateur commun, nous passons alors promptement au plus petit cerveau commun, aussi nommé primat du plus sombre crétin. Une évolution notamment théorisée par Luc Ferry, ministre de l'Éducation nationale, déclarant avec tact : « Nous devons comprendre que [la télévision] doit rester essentiellement un divertissement et un spectacle. Elle ne saurait en effet remplacer un cours à la Sorbonne sans courir le risque du zapping sur les autres chaînes. » [33] Ce judicieux constat s'exprime, à l'évidence, fortement dans le champ du langage. Il serait en effet désastreux pour l'audimat d'égarer nos vaillants téléphages dans les méandres de l'espace sémantique. Pour éviter l'écueil, une seule règle : produire des discours de modeste syntaxe et de pauvre lexique [65,81]. Sur les grandes chaînes, le néant langagier règne en maître, les constructions déroutantes sont à jamais proscrites et « les longs exposés qui font fuir le téléspectateur n'ont pas de place » [288]. Cette réalité trouve son expression la plus claire dans l'arène politique. En quelques décennies, le petit écran nous a fait passer de la prestance gaullienne – « et toi, mon cher vieux pays, nous voici donc encore une fois tous les deux face à une grande épreuve » – à l'attrayante raffarinade – « la route est droite mais la pente est forte » [81]. En fait, lorsque l'on analyse quantitativement les habitudes discursives des présidents de la Ve République, il apparaît que la longueur des phrases et l'amplitude lexicale ont progressivement diminué depuis de Gaulle. De tous les présidents de la Ve République, le dernier – Nicolas Sarkozy – est celui qui présente les sentences les plus courtes, le vocabulaire le moins varié [294] et sans doute la propension la plus marquée à parler comme « l'homme de la rue » en maltraitant allègrement la langue [295]. Bien sûr, il arrive que cette dernière se rebelle et se présente, tel le village d'Astérix, sous forme irréductible. Elle est alors sommairement évacuée. Par exemple, lorsqu'un journaliste suggéra à Patrick Poivre d'Arvor d'évoquer au sein du journal de 20 heures de TF1 l'épidémie de démissions frappant le cabinet ministériel de Rachida Dati, la réponse ne se fit pas attendre : « Les téléspectateurs ne savent pas ce qu'est un cabinet ; c'est très technique, on n'a pas d'images. » [296] Apparemment, nous sommes quand même un sacré peuple de couillons ! Heureusement que PPDA et ses semblables veillent à nous éviter toute surcharge neuronale en nous protégeant des contenus trop complexes. En matière de complexité, signalons d'ailleurs aussi la nécessité de laisser chacun dans son rôle. Selon une scénariste citée par Hélène Risser, « il faut [pour la télévision] créer des personnages normatifs, bannir tout ce qui est complexe » [287]. L'histoire d'Éric Kristy nous en fournit un bel exemple. Notre homme est à l'origine d'un film « exigeant » racontant l'histoire d'un enseignant de gauche découvrant que son fils milite dans un groupe néonazi constitué d'universitaires bon chic bon genre cornaqués par un professeur d'histoire révisionniste. Huit ans après sa réalisation, TF1 n'avait toujours pas diffusé l'opus. Selon Éric Kristy, le « choix de présenter des "méchants" propres sur eux était sans doute trop complexe, pas assez manichéen pour TF1 qui ambitionne de fédérer 10 millions de personnes » [287]. Sur le fond, l'idée colle assez bien avec les propos de Claude de Givray qui passa 12 ans à la tête des fictions de la chaîne : « On ne peut pas fédérer neuf millions de personnes avec des personnages immoraux. Ou alors il faudrait justifier pendant la moitié du film les causes de leur comportement, ce qui n'est pas possible. » [287] Bref, il faut aux chaînes un monde dichotomique fait de noir et de blanc, un monde sans gris ni complexité, un monde dans lequel les gentils sont totalement bons et les méchants unanimement malfaisants. Dans ce monde, « tous les détails des films sont calibrés au millimètre pour ratisser du vieil agriculteur corrézien à la jeune mère de famille parisienne » [287]. La surprise, l'inattendu, le saisissement, sont formellement bannis. Ces traits pourraient, par leur audace, dépouiller l'audimat. La prévisibilité est plus sereine. Elle rassure en donnant à ceux qui regardent la télé, « nos enfants et nous-mêmes, cette garantie ô combien précieuse ! qu'on ne courra jamais le risque de ne pas comprendre » [54]. Une expérience conduite par Alain Bentolila et son équipe confirme ce point jusqu'à la caricature, en démontrant l'effarante prévisibilité des fictions audiovisuelles [54]. Une classe de CM1 se vit présenter le premier volet d'une série TV déployée sur huit épisodes. Lorsque l'on demanda aux élèves d'imaginer l'ensemble de l'intrigue sur la base de ce seul premier volet, ils furent 80 % à prédire plus de 70 % des événements qui allaient survenir ! Une fois ces données recueillies, les enfants furent autorisés à visionner l'épisode 4. Ils furent alors 90 % à pouvoir reconstituer au moins 80 % des événements des épisodes 2 et 3. Bentolila et ses collaborateurs recommencèrent l'expérience quatre fois, toujours avec le même résultat. Des différences survinrent cependant lorsqu'une recherche similaire fut menée à partir de huit sections d'un livre de jeunesse. La moyenne de prédiction réalisée à partir de la lecture du premier volet se révéla inférieure à 30 % pour 85 % des élèves. Après la lecture du quatrième passage, seuls 50 % des élèves parvinrent à retrouver plus de 50 % des événements développés au sein des extraits 2 et 3. Voilà qui en dit long sur la nature de fictions audiovisuelles, formatées pour être comprises avant même d'avoir été vues. Une sorte de degré zéro de l'intelligibilité qui concerne bien sûr aussi les superproductions hollywoodiennes, la téléréalité, les émissions de divertissement, les jeux et les matchs de foot ou de tennis[i]. Répétons-le : sans pauvreté langagière, sans conformisme narratif, sans stéréotypie des personnages, il serait totalement impossible d'agréger chaque soir plusieurs millions de personnes profondément dissemblables face à un programme unique. On ne montre alors pas aux gens ce qu'ils veulent voir, mais simplement ce qu'ils peuvent partager, une sorte de plus petit dénominateur commun des aspirations et intelligences singulières. Cela fait bien peu de chose quand on y songe. En se focalisant sur nos seules similitudes, le petit écran assèche irrémédiablement la plus grande part de notre identité. Comme l'explique superbement Bill McKibben, « la télévision nous dit que nous avons tout en commun. Mais ce n'est pas le cas. Alors que nous perdons notre particularité, nous perdons des quantités prodigieuses d'informations. [...] Nous ne pouvons trouver des sujets d'intérêt pour tous qu'en amputant les contenus, en dépeçant l'information – les choses qui m'intéressent peuvent ne pas vous intéresser, ou même vous être compréhensibles. [...] La seule solution est de simplifier » [290]. De ce processus de simplification naît mécaniquement un monde uniforme dégueulant d'absolue platitude et de profonde médiocrité.

Une troisième contrainte structurelle imposée à la télévision réside dans la nature forcément dynamique de l'image. Sur le petit écran, la lenteur est prohibée, il n'y a pas de place pour l'inaction. Ceux qui ont tenté de regarder *Sleep* ou *Empire* d'Andy Warhol le savent mieux que quiconque. Dans ces deux (très) longs métrages, le cinéaste filme, en plan fixe, un homme

---

[i] Bien sûr, on ne sait pas dans ce cas-là qui va gagner, mais on sait tout de l'intrigue, du lieu, des règles, de la scène. Au cœur de l'univers sportif, le risque de ne pas comprendre le script est quasiment nul. La seule imprévisibilité concerne le nom du vainqueur.

assoupi et la façade extérieure de l'Empire State Building. Des scènes d'un tel ennui qu'il faut se faire violence pour ne pas s'endormir. Des scènes qui témoignent jusqu'au dégoût de la mollesse rébarbative des quotidiens ordinaires [41]. Comme l'indiquait encore récemment Benjamin Castaldi, présentateur de télévision (apparemment) fort connu, les programmes de téléréalité seraient évidemment « très ennuyeux » s'ils étaient présentés tels quels, sans montage opportun [297]. De *Secret Story* [297], à *Pékin Express* [298,299], ou la cérémonie d'ouverture des Jeux olympiques de 2008 [300,301], en passant par les reportages animaliers [290], la validité du propos semble presque unanime, même si certains préféreraient à *montage* des termes plus ambitieux tels *maquignonnage*, *trucage*, *tripatouillage* ou *bidonnage*. Dernier cas litigieux en date, *Le Grand Frère*, émission de téléréalité dans laquelle un éducateur spécialisé vient en aide à des jeunes en rupture de ban avec leur milieu familial. Deux jours avant le tournage d'un épisode, la découverte d'un script pour le moins précis sema le trouble au cœur du landerneau médiatique [302,303]. Extraits (rappelons que le programme est censé capturer la réalité d'un environnement familial pris sur le vif) : 29 octobre, « *12 h 30* : Déjeuner [...] Aujourd'hui encore, ça ne convient pas à Dylan ». « *15 heures* : Dylan a besoin d'argent et Marianne refuse. [...] Clash de Marianne et son fils. » « *18 h 30* : Marianne annonce à son fils que si cela ne marche pas avec Pascal, elle le placera en foyer. » « *19 h 30* : Marianne tente de regarder un programme TV mais c'est sans compter sur le caractère despotique de Dylan qui zappe sans vergogne. » 7 novembre, « *13 heures* [...] Toute la famille est réunie, Dylan s'excuse auprès de sa mère et de son beau-père. Michel en profite pour redemander la main de Marianne !!! Happy end ! » [304]. Inéluctable scénarisation selon une productrice

« familière de ce type de programmes », interrogée par *Le Parisien* : « On n'a pas les moyens de tourner la réalité. Ça coûte trop cher. Avec les budgets impartis, on ne peut pas attendre un mois d'avoir les bonnes scènes. Du coup, on demande régulièrement aux témoins de rejouer ou de nous montrer comment se passe leur quotidien. On filme la vie en accéléré, en quelque sorte. » [302] Les documentaires naturalistes, si prisés par les cohortes de la bien-pensance cathodique, témoignent de la généralité du propos. Exemples. Vous voulez exhiber des furets à pieds noirs (une lignée infiniment rare en voie d'extinction) ? Achetez quelques furets vulgaires à l'animalerie du coin et peignez-leur les pieds. Vous désirez montrer combien le piranha est une bestiole vorace ? Identifiez quelques représentants de l'espèce, affamez-les quelque temps et jetez-leur (enfin) un peu de nourriture. Même chose pour les tarentules. Lancez-leur quelques petits oiseaux (pas trop véloces) et si vous avez un peu de chance, ceux-ci seront promptement avalés. Vous avez pour ambition de filmer un jaguar sauvage ? Rendez-vous dans le zoo le plus proche, réquisitionnez un spécimen apprivoisé (de préférence dégriffé) et mettez-le dans un arbre. Quelques supercheries, parmi d'autres, que Wolfang Bayer, professionnel fécond, acclamé par ses pairs, justifie aisément : « Si nous montrions aux spectateurs les films naturels, non altérés, les réalisateurs de films sur la vie sauvage seraient au chômage en un an, ce serait si ennuyeux. » [290] Une idée largement reprise par Bill McKibben, pour une conclusion sans appel : « Les documentaires naturalistes sont aussi absurdement chargés d'action que les soap operas, dans lesquels des vies entières de divorce, d'adultère et de mort soudaine sont concentrées en une semaine de visionnage – essayer de comprendre "la nature" en regardant *La Vie sauvage* [Wild Kingdom] est aussi difficile que d'essayer de comprendre "la vie" en regardant *Dynastie.* » [290] On peut effectivement penser que la « vraie » nature doit apparaître terriblement ennuyeuse au public de Planète, Voyage ou Animaux, tant celui-ci évolue au cœur d'une affolante frénésie cinétique. Cela étant dit, sans célérité de défilement, sans hystérie picturale, sans précipitation des images, plans, et scènes, il est probable que l'attention s'éroderait bien vite. Regarder un tigre dormir, un lion bâiller ou un crocodile lanterner n'a rien de très excitant. Le mouvement réveille l'intérêt aussi sûrement que la pluie revigore l'escargot. En accord avec cette idée, il est désormais largement admis que les modifications rapides de notre univers audiovisuel contribuent littéralement à scotcher le cerveau à l'écran, *via* une sollicitation persistante du réflexe physiologique d'orientation (une sorte de « réflexe de changement » parfois nommé réflexe du « qu'est-ce que c'est » – *what's that*) [9,19,305-307]. Confrontée au flot incessant des émergences, l'attention se trouve accaparée. Elle devient alors une véritable laisse invisible, par laquelle le poste nous garde sous son contrôle, loin du zapping, de la « vraie » vie et des bras de Morphée. Une série « culte » telle que *DragonBall Z* est de ce point de vue remarquablement aboutie [264]. Comme l'explique Bermejo Berros au terme d'une étude exhaustive et fouillée, cette série « provoque chez le spectateur de longues périodes de concentration, d'absence de mouvement, de commentaires verbaux et sonores. Cette longue période de concentration faiblit à certains moments. Les enfants se détendent non pas tant parce que l'intrigue narrative diminue mais parce que la concentration à laquelle ils sont soumis se prolonge. Ces brefs instants de relâche se terminent avec l'apparition à l'écran d'un *clincher*[i] visuel ou sonore qui a pour résultat de récupérer l'attention de l'enfant. D'autre part, les dialogues tendent également à ce que l'intensité attentionnelle du spectateur enfant diminue. Tout se passe comme si *DragonBall Z* était conçu pour faire face à cette éventualité puisqu'à la fin des dialogues il y a en général un *clincher* qui a comme effet immédiat de faire augmenter le niveau attentionnel de l'enfant » [264]. Avec le temps, il devient de plus en plus difficile d'échapper à cette emprise formelle en vertu d'un principe d'inertie largement démontré [308,309] selon lequel « plus les gens regardent la télévision et plus grandes sont les probabilités qu'ils vont continuer à le faire » [310]. En fait, cette martingale cinétique fut découverte il y a une quarantaine d'années, au cours de recherches destinées à optimiser l'attention des enfants aux programmes « éducatifs » [29,311]. L'hypothèse de base stipulait qu'une augmentation de l'acuité attentionnelle des jeunes téléspectateurs pourrait améliorer l'apprentissage. Les résultats se révélèrent conformes à la prédiction, mais uniquement pour les contenus simples, à faible charge cognitive [312,313]. Dès que le message devenait un peu complexe ou riche, l'accroissement artificiel du niveau d'attention provoquait une altération des fonctions de compréhension et de mémorisation. Pour faire simple, on pourrait dire que le cerveau n'avait alors plus assez de ressources pour tout traiter. Il se contentait donc, comme le lui impose son architecture fonctionnelle, de faire attention aux changements incessants de la scène audiovisuelle, sans pouvoir réellement décoder et stocker les contenus observés. À terme, cette incapacité à suivre le fil des événements se traduisait cependant par un lourd

---

[i] Cet anglicisme définit un élément perceptif (visuel ou sonore) particulièrement saillant.

décrochage attentionnel. Il apparaît en effet que les facteurs exogènes ne sont pas les seuls à déterminer le niveau d'attention des sujets. Le degré de compréhension du message joue aussi un rôle important [311,314,315]. Homo Cathodicus fuit ce qui lui est incompréhensible ! En conséquence, les contenus simples, délivrés sur la base de changements audiovisuels rapides, doivent être privilégiés pour accrocher l'attention du spectateur et prévenir toute effusion d'audience. Comme l'avait déjà souligné Neil Postman avec beaucoup de force, il y a plus de 25 ans, dans son remarquable ouvrage *Se distraire à en mourir*, tout ce qui est lent et compliqué n'a pas sa place sur le petit écran [52]. Toutefois, ne nous méprenons pas. Le besoin de compréhension peut parfois s'exercer de manière très locale et partielle. Ainsi, un enfant de 6 ou 7 ans qui regarde *DragonBall Z* ne saisit généralement rien du tout à l'intrigue d'ensemble. Malgré tout, il peut comprendre ce qui se passe à l'intérieur de chaque séquence et rester collé à l'écran comme une moule à son rocher [264].

La possibilité de scotcher l'enfant au poste, sur la base de manipulations formelles subliminales, ne s'imposa pas sans heurts. La BBC, par exemple, refusa initialement de mettre à l'antenne *Sesame Street*, au motif que ce programme manipulait sciemment l'attention des enfants [29,305]. Selon les termes utilisés à l'époque par une responsable de la chaîne : « Nous n'essayons pas d'attacher les enfants à l'écran de télévision. S'ils s'en vont et s'amusent durant la moitié de nos programmes, c'est bien. » [29] Ce genre de scrupules ne mit malheureusement pas longtemps à s'éteindre. Si un cadre osait aujourd'hui préconiser une telle politique, il se verrait réexpédier sans délai ni ménagement à la case « malade mental recherche emploi » ! Le *blitz* serait d'autant plus prompt que le principe de frénésie n'a cessé de s'étendre depuis les balbutiements originaux de *Sesame Street*. Ce principe, qui permet aux chaînes de vendre à leurs annonceurs un large panel de cerveaux disponibles, captifs et médusés, touche désormais la quasi-totalité de notre univers télévisuel. Ainsi, par exemple, dans les émissions de débat, plutôt que d'inviter deux ou trois personnes à s'exprimer sur le fond, on préférera en solliciter 10 ou 12 à qui l'on accordera juste le temps d'un palabre futile, car « dès que l'on reste plus d'un quart d'heure sur le même invité, [le public] décroche. On est obligé d'accélérer le rythme, d'abréger les interviews » [316]. Même chose pour les journaux télévisés. Comme l'explique Sébastien Bohler, observateur subtil et avisé de l'univers médiatique : « Prenez le cas d'un individu quelconque placé devant son poste de télévision lors des informations de 20 heures. Successivement, il apprendra la mort d'un enfant dans l'incendie d'une maison du Doubs, l'explosion d'une bombe à Bali, l'ouverture d'une clinique psychiatrique pour chiens dans un hôpital de Floride, l'échec des négociations israélo-palestiniennes, le résultat d'un match entre un club de football italien et un club de football français, le nouveau disque enregistré par une actrice à la mode, et les progrès de la médecine dans le traitement d'une maladie héréditaire » [19]. Un capharnaüm au sein duquel il est bien difficile d'aborder le fond des choses. Une étude réalisée en Amérique s'avère, de ce point de vue, tout à fait révélatrice. Dans ce pays, en 1968, le temps de retransmission des discours présentés par les différents candidats à l'élection présidentielle s'élevait en moyenne, sur les principaux journaux du soir, à 42,3 secondes. En 1988, on était tombé à 9,8 secondes [317,318] ! Fini le temps des longues explications, parfois fastidieuses, mais toujours fort utiles. Voici venue l'ère de la brièveté tumultueuse. Pourtant, comme l'écrivait déjà Félicité de La Mennais il y a presque deux siècles, « l'esprit est appelé à la fois de trop de côtés ; il faut lui parler vite ou il passe. Mais il y a des choses qui ne peuvent être dites ni comprises si vite, et ce sont là les plus importantes pour l'homme. Cette accélération du mouvement qui ne permet de rien enchaîner, de rien méditer suffirait seule pour affaiblir et à la longue détruire entièrement la raison humaine » [319]. Peut-être ne sommes-nous, désormais, plus très loin de ce point de rupture.

Pour conclure

Ainsi, en un demi-siècle, la télévision s'est imposée dans la quasi-totalité de nos foyers. Elle a colonisé notre espace domestique et pris possession de nos plannings. Les écoliers passent plus de temps face à l'écran qu'avec n'importe quel adulte, instituteur compris. De façon surprenante, ce ne sont pas les enfants qui, originellement, réclament le poste. Ce sont bien les parents qui prescrivent son usage et ancrent l'habitude. Il faut dire que la télé possède une stupéfiante magie : elle est capable de nous offrir, à profusion, une parfaite et idyllique tranquillité. Une simple pression sur l'interrupteur et voilà nos mouflets les plus trépidants transformés en d'aimables tourteaux apathiques. On peut noter à ce sujet, en opposition avec une fable fort répandue, que Dame Télévision est loin d'avoir été supplantée par Internet ou les jeux vidéo. Le petit écran reste *le* loisir dominant quelle que soit la tranche d'âge. Même les adolescents passent plus de temps à contempler la mire qu'à surfer sur le Web ou taquiner la PlayStation. Et à l'évidence, la tendance ne pointe aucun déclin. En effet, les chaînes sont désormais capables de nous (pour)suivre partout grâce aux ordinateurs portables, téléphones cellulaires et autres petits terminaux dédiés. La télé sans contrainte ni de temps ni de lieu, voilà une perspective qui devrait enivrer nos vendeurs de cerveaux. Ceux-ci pourront bientôt contempler leur victoire avec satisfaction. Une armée d'esprits coprophages, abrutis de programmes faisandés et d'émissions déliquescentes. Une fiente œcuménique qui, contrairement à ce que nous voudrions croire, ne résulte pas d'un choix éditorial délibéré, mais bien de l'intime structure du média télévisuel. Il en va de la télévision comme du scorpion de la fable, elle fabrique de la médiocrité parce que « c'est sa nature ». Le drame sans doute, c'est qu'il en va de cette médiocrité comme des drogues les plus dures : plus nous subissons précocement l'assaut de ses saveurs, plus nous accoutumons notre vie à sa présence anesthésiante et plus il nous devient difficile de soustraire notre esprit au poids de son emprise.

Chapitre II

La télé étouffe l'intelligence

« Pour écouter TF1 il n'y a pas besoin de cerveau, un tube digestif suffit. »

(Didier Daeninckx, écrivain [320])

« Le nombre important d'enfants mauvais lecteurs inquiète à juste titre enseignants et parents. Mais curieusement, on attribue à l'école la seule responsabilité de cet état de fait. Pour ne pas mettre en cause la télévision, on a paradoxalement attribué l'échec aux méthodes traditionnelles d'enseignement de la lecture. »

(Liliane Lurçat,
docteur en psychologie,
directeur de recherche honoraire
au CNRS [25])

« "On leur donne ce qu'ils veulent" disent-ils en chœur. Traduisez : "Ce n'est pas de notre faute s'ils sont aussi débiles." »

(Alain Bentolila, linguiste,
professeur d'université [54])

Au sens étymologique, nombre de nos enfants sont devenus des barbares[i]. Ils ne parlent plus la langue de la

[i] Rappelons qu'au sens étymologique ce terme renvoie au « nom donné par les Grecs et les Romains à tous les peuples qui ne parlaient pas leur langue » [321].

Cité et ne partagent plus la culture de leurs Pères. Ils ne savent plus penser. Ils lisent avec difficulté, écrivent laborieusement et comptent à grand-peine. Ce constat n'est pas nouveau. Enseignants, parents et journalistes s'acharnent à l'établir depuis près de 15 ans en pointant les dérèglements d'un système scolaire éreinté de dérives pédagogistes [54,65,78,81,322-326] et politiques [327,328]. Une telle stigmatisation de l'école me paraît à l'évidence totalement fondée. Néanmoins, elle me semble aussi largement parcellaire, au sens où elle élude l'implication potentielle d'un second agent d'influence : la télévision. Nombre de données expérimentales montrent en effet que cette dernière joue un rôle critique dans les difficultés désormais éprouvées par beaucoup d'enfants et d'adolescents vis-à-vis de l'école, de la langue et de la pensée. Pour le dire en termes prosaïques, les recherches récentes établissent la télévision comme une gigantesque machine à abrutir, un incroyable organe de décérébration dont nos gosses sont les premières victimes. Bien sûr, le propos peut choquer tant il jure avec l'air du temps et le dogme visqueux du politiquement correct. Les tartufes bien-pensants, les cultureux grandiloquents, les psycho-pipeauteurs en tous genres et autres saltimbanques de la chose cathodique le diront outrancier. D'un revers de main ils l'évacueront comme on chasse une scorie. Ils railleront la forme pour éviter le fond. Pourtant, le fond est là, persistant, persuasif et implacable ! Que ceux qui refusent de le croire se rassurent toutefois, je ne leur réclame nulle présomption positive. Je n'espère aucunement être cru sur parole. Je souhaite simplement que chacun puisse s'accaparer les évidences scientifiques disponibles, afin de prendre position, non sur des jugements de basse-cour, mais sur des faits objectifs. Dans un souci de clarté, ces derniers seront présentés en trois grandes parties au sein du présent chapitre. La première reviendra sur les compétences académiques alarmantes de nos enfants et adolescents, notamment en matière de langage. La seconde montrera que la télévision exerce une forte action négative, causale, sur ces compétences académiques. La troisième établira le substrat fonctionnel de cette action en exposant l'effet délétère du petit écran sur l'attention, la pensée conceptuelle, le langage et les fonctions cognitives supérieures (celles qui nous distinguent de nos amis les chimpanzés !).

Cette fois c'est sûr, le niveau baisse

Vanessa est étudiante en troisième année de psychologie. Il y a peu, elle a laissé un petit mot dans ma boîte mail : « Monsieur, aurié vous l'obligance de me faire parvenir l'article que vous m'avez parlé. » Sonia œuvre en STAPS[i]. Elle n'a pas pu venir au rendez-vous qu'elle avait sollicité « a cause que ma mère et malade ». Farida et Jean visent un master de biologie. La première s'enorgueillit de n'avoir jamais lu un livre (« c'est trop chiant ») et pense que l'expression « géométrie cartésienne » a pour origine la douce ville de Carthage. Le second est capable de faire 11 fautes grossières en 4 lignes manuscrites et 31 mots (soit un solide 35 % d'erreurs)[ii]. Julien Courbet est un animateur télé reconnu qui voue à Naples un amour évident. « Naples, ah l'Espagne » s'enthousiasmait d'ailleurs notre

---

[i] STAPS : Sciences et Techniques des Activités Physiques et Sportives.

[ii] Voici le premier paragraphe de la dernière copie d'examen du jeune homme. Les fautes sont soulignées en italique. « *Des lere* des *grec* la notion de l'attention a *sucité* de *nombreuse reflexion*. Elle est *considéré* par *certain* comme le *reviel* de la conscience. *d'autre* la *considere* comme une fonction supramodale. »

homme il y a peu sur une grande radio nationale [329]. Michèle fréquente une école de commerce réputée. Elle « trouve bien que le président de la République ait dissolu l'église de scientologie »[i]. X est bachelière. Interrogée sur l'écologie, lors de l'oral du concours d'entrée à l'école d'infirmière, la demoiselle se déclara très intéressée par le sujet, car « il est important de réfléchir au fonctionnement des écoles » [331]. Jean aimerait obtenir un MBA. Il est sur la liste d'attente d'un établissement prestigieux et sent « les pieds de Damoclès au-dessus de sa tête ». Dans un e-mail récent, le garçon s'insurgeait du « manque de sairieux d'un parti socialiste incapable de résonner ». Madame Anonyme est professeur de français. Début 2005, elle fut sollicitée pour donner un cours de conjugaison à des étudiants préparant le CAPES[ii] de lettres [324]. Gilbert est médecin. Ses deux dernières secrétaires, recrutées à la sortie du BTS, se sont révélées incapables d'archiver les dossiers des patients. Elles ne maîtrisaient pas l'ordre alphabétique [81]. Du haut de ses 16 ans, Justin Bieber est chanteur à succès pour midinettes prépubères [332]. Au détour d'une interview, réalisée en Nouvelle-Zélande dans la langue de Shakespeare, notre adolescent se trouva confronté à une bien pénible question : « Justin, *Bieber* veut dire "basket-ball" en allemand [German] ? » À l'évidence, le jeune homme ne connaissait pas ce dernier terme, que le présentateur, un peu gêné, s'évertua à répéter de toutes les manières possibles. En désespoir de cause,

---

[i] Ces propos furent tenus alors que le procureur de la République venait simplement de réclamer la dissolution de l'église de scientologie lors d'un procès [330]. En sus de ses errances grammaticales, notre étudiante présente quelques faiblesses lexicales puisqu'elle semble confondre président/procureur et réquisition/condamnation !

[ii] CAPES : Certificat d'Aptitude au Professorat de l'Enseignement du Second degré (c.-à-d. le concours national servant à recruter les professeurs).

Bieber se vit finalement présenter, pour lecture, le carton sur lequel apparaissait la question. Peut-être que le trouble ne provenait, après tout, que d'un défaut d'accent du maître de cérémonie. Espoir déçu, malheureusement. Au terme de sa lecture, notre star en herbe offrit une réponse sans appel : « Je ne sais pas ce que cela veut dire. On ne dit pas cela en Amérique. » Désespérant, mais pas exceptionnel, comme le démontre la prestation de trois jolies jeunes filles croisées un matin dans le TGV Lyon-Paris, alors qu'elles se rendaient, si j'ai bien compris, à un casting. Nommons nos demoiselles Fanni, Irène et Laure. La première n'avait pas encore rempli son questionnaire. Morceaux choisis. Fanni (hésitante) : « J'ai suivi, c'est "-it" hein ? » Irène (affirmative) : « Ben non, c'est "-e", parce que c'est "je" qui a suivi [...] » Fanni (quelques kilomètres plus tard) : « C'est quoi mon réalisateur préféré, je sais pas. » Irène (après réflexion) : « Ben t'as qu'à dire Molière, c'est classique [...] » Fanni (soudain très ennuyée) : « C'est quoi la tessiture de ma voix ? » Irène (qui apparemment a déjà rempli le questionnaire chez elle) : « C'est comment tu chantes. » Fanni (surprise) : « Ben, je chante bien. » Laure (se réveillant soudain) : « Je crois que c'est le nombre d'octets [*sic*] que tu peux faire avec ta voix, si c'est grave ou pas. » Fanni (inquiète) : « Pourquoi tu dis qu'elle est grave ma voix, je t'assure je chante bien », etc. Il est rare, je l'avoue, que deux heures de TGV s'envolent aussi vite. J'en arrive presque à envier Michel Mathieu-Colas, professeur d'université, pour qui c'est visiblement TGV tous les jours ! Ce linguiste de formation a pris l'habitude d'évaluer la compétence lexicale de ses étudiants de lettres. Citons parmi les réponses les plus divertissantes de ces derniers : *hexagone*, « triangle qui a beaucoup de côtés » ; *polygame*, « qui associe plusieurs jeux » ; *hémicycle*, vélo à une roue ; *autochtone*, « qui aime vivre la nuit » ;

omnipotent, « qui a tous ses membres » ; *sporadique*, « drogué du sport » ; *gérontologie*, « science des fossiles » ; *xénophobe*, « qui a peur quand il est enfermé »[333,334]. Pour ce dernier mot, ce sont 25 % des interrogés qui séchèrent lamentablement. Conclusion de Michel Mathieu-Colas : c'est « toute une génération qui se trouve en difficulté avec la langue française »[333]. Conjugaison, syntaxe et morphologie n'échappent d'ailleurs pas au désastre. Les « il fesait », « j'envoyerai », « je découvrerai », « j'aura », « je venis », « ils tenèrent », « vous disez » et autres « je mourrirai » peuplent les copies avec une édifiante constance[335,336]. Des oiseaux « censément sains » peuvent sans peine devenir, au gré des options individuelles, « sans ses mancins », « sans s'aimant sein » ou « sans cernants saints »[337]. Des formules aussi heureuses que « donne-moi ton dessin il faut que je le voille » sont gaillardement popularisées par d'inventifs instituteurs[322]. Dans ce monde enchanté de la belle langue, « le tas nazi » remplace avantageusement l'euthanasie, la Martinique se voit peuplée d'heureux « Martinikés » et Schubert nous offre une bien étonnante symphonie « inHeV »[338].

Bien sûr, il est tentant de balayer d'un revers de manche les exemples précédents au motif qu'ils n'ont aucune généralité attestée. À l'appui de cet argument, on pourra souligner que la seule étude quantitative permettant d'évaluer, sur une large base, la capacité de nos étudiants à produire de l'écrit, n'est autre que le bac. Or celui-ci offre des résultats plus que flatteurs. C'est aujourd'hui près de 65 % d'une classe d'âge et 86 % des postulants qui décrochent le sésame[339]. Toutefois, bien des observateurs refusent d'accorder à ces chiffres la plus petite portée. Le niveau d'exigence de l'examen serait en effet devenu bien trop misérable pour être signifiant[78,326,327,340,341]. Force est de constater que les évidences ne manquent pas pour crédibiliser l'idée.

Ainsi, par exemple, que dire de cet élève qui arracha un solide 11/20 en français, après avoir maculé sa copie de plus de 200 fautes [322] ? De même, que penser de ces 180 néo-bacheliers soumis, lors de leur rentrée universitaire, à une dictée simple d'une vingtaine de lignes et qui réussirent à produire une moyenne de 10 à 15 fautes grossières [335] ? Des chiffres comparables furent rapportés par Jean-Marie Réveillon, suite à l'analyse quantitative fine de l'intégralité des « récits d'invention » contenus dans une pile de copies du bac général[i]. Cette analyse identifia en moyenne 17 fautes par épreuve, pour des textes d'une quarantaine de lignes. Conclusion de l'auteur : « La prédominance des fautes de grammaire sur les fautes d'usage saute aux yeux. Elle se retrouve dans tous les paquets de copies, et annule d'emblée toutes les considérations lénifiantes sur le caractère secondaire de la maîtrise de l'orthographe : ce qui est en question ici, c'est un maniement très déficient de la langue. » [336] Un constat partagé par Patrick Porcheron, vice-président de la prestigieuse université Pierre et Marie Curie [343]. Pour ce biologiste, « depuis 15 ans, c'est une vraie dérive. Si encore ce n'était qu'un problème d'orthographe ! Mais cela va bien au-delà : les mots sont employés de travers et les phrases construites sans queue ni tête. Un bêtisier permanent ». Le désastre est tel que notre homme a récemment soutenu, à l'image de ce qui se fait désormais dans une vingtaine d'autres universités hexagonales, la mise

[i] Furent concernées les filières S (Scientifique) et ES (Économique et Sociale). L'épreuve de français propose trois sujets au choix : commentaire, dissertation et sujet « d'invention ». Il s'agit dans ce dernier cas de rédiger un texte en tenant compte d'un certain nombre de contraintes (par exemple pour les copies dont il est question ici : « Loti est allé à Stamboul à la recherche d'Aziyadé, sans aucun résultat. Vous rédigerez l'extrait du journal de voyage qu'il a pu écrire sur le bateau du retour, en confrontant ses rêves à la réalité. ») [342].

en place de cours de langue destinés à enseigner aux étudiants les rudiments du français [344]. Des enseignements de CM2 sur les bancs de la Sorbonne, voilà qui ne manque pas d'un certain cachet. C'est sans doute ce que l'on appelle structurer l'excellence, pour employer une expression à la mode dans les hautes sphères ministérielles. Cela étant dit, le problème est évidemment identifiable bien avant l'accès au monde universitaire, comme l'indique une étude récente, réalisée sur des élèves de seconde, par le collectif Sauver les lettres. Dans cette étude, 1 348 élèves furent soumis aux épreuves de français du brevet des collèges 1976 (une dictée d'une douzaine de lignes, de difficulté moyenne, suivie de questions de vocabulaire et de grammaire) [345]. 86 % des candidats n'obtinrent pas la moyenne à la dictée. Près de 60 % eurent simplement zéro. Pour chaque faute d'usage, quatre erreurs de grammaire furent répertoriées. Dans la phrase : « Les machines, les marteaux, les outils, les moteurs de la chaîne, les scies mêlaient leurs bruits infernaux et ce vacarme insupportable [...] me sembla inhumain », 60 % des élèves se révélèrent ignorants du mot *chaîne*, 41 % ne surent définir l'adjectif *infernaux*, 33 % échouèrent sur *vacarme*. Conclusion des auteurs de l'étude : « Le résultat est là, catastrophique [...] Tous ces élèves, qui ne connaissent ni ne respectent les règles d'accord et de conjugaison, se montrent incapables d'accorder ce qui précède avec ce qui suit, témoignant ainsi d'une véritable infirmité logique : quelle appréhension, quelle compréhension du monde peut avoir un être qui isole chaque perception, sans la mettre en relation, dans un processus consécutif, avec ce qui précède et ce qui suit ? » Un point largement discuté dès le XVIIIe siècle par l'abbé Étienne de Condillac écrivant avec force, au sein de son célèbre *Cours d'étude pour l'instruction du*

Prince de Parme : « Je regarde la grammaire comme la première partie de l'art de penser. » [346]

Toutes les observations précédentes ne sont malheureusement pas isolées. Elles s'avèrent largement confirmées par plusieurs études internationales consacrées aux troubles de la compréhension écrite. La première de ces études fut réalisée entre 1994 et 1998, sous l'égide de l'OCDE [347]. Elle se focalisa sur la tranche d'âge des 16-65 ans. Pour simplifier l'analyse des données, cinq rangs d'aptitude furent définis. Le premier dénotait « un niveau de compétences très faible ». Le second permettait de « lire uniquement des textes simples, explicites, correspondant à des tâches peu complexes ». Le troisième était « considéré comme un minimum convenable pour composer avec les exigences de la vie quotidienne et du travail dans une société complexe et évoluée ». Les quatrième et cinquième témoignaient d'« une maîtrise des compétences supérieures de traitement de l'information ». Les données princeps se révélèrent absolument catastrophiques. 62 % de nos jeunes (16-26 ans) furent associés aux niveaux 1 et 2 [348]. Alors qu'il avait participé à la mise en place de ce travail, l'État français argua soudainement d'une méthodologie défaillante. Il se retira du projet et empêcha la publication des données [347]. L'Insee et un certain nombre d'autres organismes *ad hoc* furent prestement mandatés pour procéder à une contre-évaluation. Bilan : « seulement » 20 % de jeunes adultes au sein des niveaux 1 et 2 [348]. L'honneur était sauf ! Malheureusement, l'accalmie fut de courte durée. L'OCDE remit rapidement le couvert au sein d'une nouvelle étude visant à « déterminer dans quelle mesure les jeunes adultes de 15 ans sont préparés à relever les défis de la société de la connaissance à l'approche de la fin de leur scolarité obligatoire, sinon au terme de celle-ci »[349]. Les résultats de la France furent à nouveau alarmants : 53 % de nos jeunes se positionnèrent au cœur des niveaux 1 et 2. Seuls 9 % des élèves furent jugés dignes des niveaux 4 et 5[349] ! Ces chiffres sont en tous points compatibles avec ceux récemment présentés, pour l'école primaire, par le Haut Conseil de l'éducation. Le rapport transmis par cette instance consultative au ministre de l'Éducation nationale souligne ainsi que « 4 écoliers sur 10, soit environ 300 000 élèves, sortent chaque année du CM2 avec de graves lacunes : près de 200 000 d'entre eux ont des acquis fragiles et insuffisants en lecture, écriture et calcul ; plus de 100 000 n'ont pas la maîtrise des compétences de base dans ces domaines. Comme la fin du CM2 n'est plus la fin de l'école obligatoire, leurs lacunes empêcheront ces élèves de poursuivre une scolarité normale au collège »[350].

Lorsque l'on passe d'une image statique à un point de vue longitudinal, il apparaît clairement que les déficits précédents se sont lourdement accentués au cours des dernières années. Comme le souligne Emmanuel Davidenkoff, spécialiste reconnu de la question scolaire : « Cette fois c'est sûr le niveau baisse, et à tous les étages. »[351] Le premier indice de cette dégradation provient du vécu subjectif des enseignants eux-mêmes[54,78,81,325,326]. Ainsi, par exemple, pour Sophie Lefèvre, professeur de lettres : « Parmi le nombre important d'élèves issus de milieux favorisés, voire très aisés, entourés très majoritairement de parents attentifs et cultivés, 1 sur 69 écrivait en français. Et aucun de ces adolescents ne parle le français comme ses parents, ou ne dispose de la culture qu'avaient ceux-ci à son âge [...] J'ai l'impression d'avoir affaire à des intelligences enfermées dans une incapacité à s'exprimer. »[324] Ce ressenti trouve un large écho quantitatif dans plusieurs études statistiques d'origine gouvernementale[352,353], académique [354], institutionnelle [355-357] et associative [358]. Considérons, par exemple, le récent travail de la Direction de l'évaluation de la prospective et de la performance (DEPP). Afin d'estimer l'évolution des compétences en calcul, lecture et orthographe des élèves de CM2, cet organisme officiel a repris, en 2007, une enquête initialement réalisée en 1987. Les résultats montrèrent « sur 20 ans, une baisse significative des performances des élèves dans les trois compétences » [352]. Pour la lecture, « deux fois plus d'élèves (21 %) se situent en 2007 au niveau de compétence des 10 % d'élèves les plus faibles de 1987. [...] La baisse moyenne s'observe quel que soit le type de compétences mises en jeu (compréhension immédiate, construction d'informations et de significations, etc.). [...] Pour les questions nécessitant la rédaction d'une réponse construite, le taux de non-réponse augmente de manière constante de 1987 à 2007. Ce phénomène a déjà été mis évidence, notamment grâce aux récentes évaluations internationales PISA et PIRLS[i]. Il renvoie au fait que les élèves français ont tendance à s'abstenir de répondre aux questions exigeant un effort de rédaction [*sic*] ». Pour l'orthographe, « la même dictée a été proposée aux élèves de 1987 et de 2007, à partir d'un texte d'une dizaine de lignes (85 mots et signes de ponctuation[ii]). Le nombre d'erreurs (nombre de mots mal

---

[i] PISA : Program for International Student Assessment – évaluations internationales sur des sujets de 15 ans.
PIRLS : Progress in International Reading Literacy Study – évaluations internationales sur des sujets de 10 ans.

[ii] La dictée était la suivante : « Le soir tombait. Papa et Maman, inquiets, se demandaient pourquoi leurs quatre garçons n'étaient pas rentrés. – Les gamins se sont certainement perdus, dit Maman. S'ils n'ont pas encore retrouvé leur chemin, nous les verrons arriver très fatigués à la maison. – Pourquoi ne pas téléphoner à Martine ? Elle

orthographiés ou de ponctuations erronées) a augmenté en moyenne : de 10,7 en 1987 à 14,7 en 2007. Le pourcentage d'élèves qui faisaient plus de 15 erreurs était de 26 % en 1987, il est aujourd'hui de 46 %. Ce sont principalement les erreurs grammaticales qui ont augmenté : de 7 en moyenne en 1987 à 11 en 2007. Par exemple, 87 % des élèves conjuguaient correctement le verbe "tombait" dans la phrase "le soir tombait" ; ils ne sont plus aujourd'hui que 63 % des élèves ». Pour le champ mathématique, « une baisse importante des scores obtenus en calcul [est observée] entre 1987 et 1999. Cette baisse touche tous les niveaux de compétences. De 1999 à 2007, il s'opère un "tassement" des résultats : le score moyen est en légère baisse, mais de manière peu significative »[i]. Prises dans leur ensemble, ces évolutions sont, n'en doutons pas, faramineuses. Les déficits qu'elles induisent se chiffrent en années complètes. Sur la question de l'orthographe, par exemple, Danièle Manesse et Danièle Cogis ont obtenu des résultats assez similaires à ceux de la DEPP [354]. Après quantification, les auteurs montrent que cela représente deux niveaux, tout rond ! Ainsi, en 2005, les résultats des collégiens de 5e étaient similaires à ceux présentés par les écoliers de CM2 en 1987. De la même

---

les a peut-être vus ! Aussitôt dit, aussitôt fait ! À ce moment, le chien se mit à aboyer. »

[i] L'altération conjointe des compétences arithmétiques et langagières est compatible avec les données PISA montrant que les performances en lecture des adolescents sont corrélées avec leurs résultats en sciences et mathématiques [349]. Même si de nombreux paramètres peuvent expliquer cette corrélation, il a été proposé que le système syntaxique pourrait, par son organisation formelle, représenter une sorte de précurseur du raisonnement mathématique. Les études récentes ont toutefois échoué à valider cette hypothèse en montrant l'existence d'un substrat cérébral divergent pour les processus calculatoires et grammaticaux [359,360].

manière, les performances des élèves de 3e atteignaient celles affichées par des enfants de 5e 20 ans plus tôt. On peut noter ici que l'orientation baissière de la compétence langagière et mathématique des jeunes générations n'est pas spécifique à la France. Elle touche aussi d'autres pays, porteurs de systèmes scolaires fort différents du nôtre. Les États-Unis en sont l'exemple le mieux documenté [29,361,362].

Bien sûr, toutes ces données n'empêchent pas nos maîtres pipeaulogues de se montrer sereins. Ainsi, par exemple, l'inénarrable Michael Stora « ne partage [-t-il] pas le pessimisme généralisé sur l'avenir de l'écrit et de la lecture. Nous n'avons jamais autant écrit qu'à l'heure actuelle, par SMS, sur les chats, les blogs [...] En outre, on assiste à une véritable mise en scène de l'écrit, avec la possibilité de choisir des polices de caractères différentes, d'intervenir sur la forme des lettres, sur leurs couleurs... » [40]. Quel progrès formidable ! Vive les nouvelles technologies ! Nos gosses vont désormais pouvoir étaler leur cyber-sabir en 3-D et en polychromie ! D'ailleurs, pour ceux qui ne le sauraient pas, ce cyber-sabir porte un nom. C'est, nous dit la sociologue Nathalie Brion, « ce qu'on appelle la novlangue mondiale. [...] Cette langue qui est la langue d'Internet, qui est la langue des SMS, qui est une langue qui se défie complètement des règles orthographiques, qui est une langue de dialogue pour échanger, quelle que soit la langue. Et finalement ça sert à tout le monde et ça sert aux gamins parce que ça leur apprend à parler un anglais qui n'est pas parfait mais qui est compréhensible, un français qui est truffé de fautes mais qui est compréhensible, et d'échanger les uns avec les autres, et au final c'est aussi important » [363]. L'analyse rejoint grossièrement celle de Clara Dupont-Monod. Franchement, nous dit cette journaliste, « est-ce que c'est parce qu'on n'est pas bon en orthographe qu'on n'est pas armé pour la vie ? Moi je ne pense pas [...] C'est un peu aberrant d'aller pleurer sur la forme, alors que sur le fond, il me semble que ça suit » [364]. À l'évidence, ce genre de discours pacifiant et miséricordieux plaît beaucoup dans l'univers feutré des bobos-humanistes [365]. De nos jours, le « Jeune » est intouchable, certifié prodigieux par sa seule condition. Il est une véritable vache sacrée, un parangon de créativité, un phœnix de l'anticonformisme [81]. Comme le souligne Pascal Bruckner, nul n'ose plus dire désormais « de nos petits sauvageons qu'ils sont mal dégrossis. Leurs moindres niaiseries sont vénérées comme un trésor de profondeur, un abîme de poésie spontanée, leurs griffonnages font l'objet d'un culte réservé aux chefs-d'œuvre. (Et l'on connaît ces mille réformes pédagogiques destinées, non à éduquer l'enfant, ô sacrilège, et encore moins à le guider mais à promouvoir sa libre expression, son "génie") » [161]. Faut-il se féliciter de cette incroyable mansuétude ? Vraiment, je ne le pense pas. Sur le fond, si notre « formidable jeunesse » devait m'évoquer un sentiment quelconque, ce serait plus de l'inquiétude que de l'admiration. En effet, à célébrer mystiquement l'enfant pour lui épargner la peine d'avoir à se construire, on lui rend un bien mauvais service. Le langage, par exemple, s'avère extraordinairement difficile à maîtriser dans ses subtilités les plus intimes. Pourtant, il est l'ultime rempart de notre intelligence. Il est aussi le premier facteur de notre insertion sociale et par voie de conséquence la première avenue de notre exclusion potentielle. Quand un gamin perd l'usage des mots, ce sont tous les champs de sa vie professionnelle, communicationnelle et cognitive qui se trouvent menacés.

Le monde professionnel, par exemple, n'affiche aucune pitié pour les handicapés de l'orthographe. Les fautes se payent comptant, même (et surtout) lorsqu'elles sont anodines. Ainsi, quand je reçois une lettre de motivation farcie d'erreurs, je la jette au panier sans état d'âme aucun. Les « Cher Monsieur, je vous envoit si-joint mon CV » ou autres « je me permets de vous réécrire en vous sollicitant de bien vouloir m'accepter comme stagiaire » m'inspirent une confiance limitée. Plusieurs articles de presse ont récemment montré que je n'étais pas seul dans ce cas. Les entreprises sont, elles aussi, passablement allergiques aux dysorthographies de leurs personnels [366-373]. Ce n'est pas étonnant si l'on considère qu'un salarié nuit gravement, lorsqu'il ne maîtrise pas le code écrit, non seulement à son plan de carrière, mais aussi à la crédibilité de sa société. Quand la directrice pédagogique d'un établissement privé d'enseignement supérieur à distance m'envoie un courrier de quelques lignes pour me parler de « ces enseignements dont on sait qu'il demande des efforts certains », j'avoue que cela ne me dit rien de bon. D'une manière plus générale, quand un cadre transmet à ses clients des courriels, notes ou projets bourrés de fautes, cela fait mauvais genre et peut causer la perte d'un marché, d'un appel d'offres ou d'une affaire. De même, quand une agence de communication doit expédier au pilon 450 000 exemplaires d'une plaquette publicitaire en raison de l'incompétence orthographique de certains employés, cela s'avère un peu gênant, pour ne pas dire coûteux. Plus prosaïquement, quand un commercial tout frais émoulu de son école privée passe de la directive verbale « s'ils en prennent plus de 300, tu leur fais 5 % » à la proposition écrite « en deçà de 300 unités, remise de 5 % », cela n'est pas sans conséquence et il ne faut pas s'étonner de voir le Pôle emploi enrichir son cheptel d'un jeune chômeur supplémentaire. Cela étant, il est heureux que la menace ne frappe pas nos ministres, sans quoi Luc Chatel, fraîchement nommé à l'Éducation nationale, aurait eu quelques soucis à se faire. Lors de la rentrée scolaire 2009, notre homme transmit en effet aux médias un dossier de presse truffé de « dizaines de fautes d'orthographe »[374]. « Accords oubliés, conjugaison piétinée, erreurs de syntaxe », rien ne fut épargné au lecteur, selon les termes mêmes d'un grand hebdomadaire national[375]. Une errance qui, avouons-le, ne rassure guère sur la compétence et le sérieux de nos élites éducatives.

Au plan communicationnel maintenant, il ne faudrait peut-être pas oublier que l'orthographe sert précisément à assurer la lisibilité des messages émis par le locuteur. Si chacun se met, demain, à écrire comme il veut, c'est toute notre capacité à échanger du sens qui sera démembrée. Juste un petit exemple pour mes amis thuriféraires de l'orthographe à la carte[365] : « Pouxremwa ç a demi. La maire hait Dinieu. L reçanbble à la bonasse du porc. Elle addor les queues deçon village praicekotant que les sein de france. Des cons lui parlent, aile raipon qu'elle m la graisse et jouis sur maurain. Elle aime s'avaler et grimper sure les vos qui la breve en oscène. » De quoi occuper quelques moines exégètes pendant une ou deux heures (pour la « traduction »[i]). Cela étant dit, je suis d'accord, l'orthographe ne fait pas tout. Pour échanger, il faut en premier lieu posséder des mots et une syntaxe. Or, la « novlangue mondiale » si chère à Nathalie Brion est totalement étrangère à ces attributs (cf. *supra*). Que peut-on bien échanger avec un tel sabir ? Quelques banalités sans doute dans le genre « bonjour », « bye-bye », « ça va »,

---

[i] « Pour moi, c'est admis. La mère est digne. Elle ressemble à la bonace [terme désignant une mer parfaitement calme] du port. Elle adore les queux [cuisiniers] de son village presque autant que les saints de France. Dès qu'on lui parle, elle répond qu'elle aime la Grèce et Jouy-sur-Morin [une commune de Seine-et-Marne]. Elle aime sa vallée et grimper sur les vaux qui l'abreuvent en eaux saines. »

« j'kiffe », « j'suis mdr » (mort de rire), « cool », « grave cher », ou « j'suis du neuf cube » (comprendre Seine-Saint-Denis [93]). Mais quid, au-delà de ce néant sémantique ? Il en va de la communication comme de mes vieux legos : moins les pièces sont nombreuses et plus la construction reste rudimentaire. Or, les compétences grammaticales et lexicales de nos enfants se sont, nous venons de le voir, dramatiquement affaissées depuis deux décennies pour atteindre aujourd'hui un niveau alarmant. Rappelons quand même que près de 40 % des écoliers de CM2 ne savent pas conjuguer le verbe du premier groupe *tomber* dans la phrase « le soir tombait » [352], que 45 % des élèves de seconde sont incapables d'exprimer à la troisième personne du pluriel des verbes initialement conjugués au passé simple à la troisième personne du singulier (il ouvrit => ils ouvrirent ; il laissa => ils laissèrent) [345], que 85 % de ces mêmes élèves sont inaptes à trouver le sujet du verbe *travailler* dans la phrase « devant les rangées des machines où travaillaient un grand nombre d'hommes » [345], que 60 % de ces élèves (toujours eux) ne savent pas définir une « chaîne » de montage [345], que 25 % des étudiants en lettres (!) ne maîtrisent pas le terme *xénophobie* [333,334], que 97 % des élèves d'un CE2 d'Évry ne connaissent pas le mot *louche* [376], que 98 % d'un groupe de 50 étudiants issus de milieux très favorisés et visant des diplômes de commerciaux ou d'ingénieurs ignorent totalement le sens de l'expression « les religions du Livre » [81], que 19 aspirants psychologues sur 26 ne savent pas ce qu'est un « manant » [377] et que ma baby-sitter bachelière de 18 ans est incapable de résoudre des problèmes d'arithmétique de cours moyen parce qu'elle ne sait pas ce qu'est « une dette également répartie » et qu'elle ne parvient pas à déterminer si le prix d'une commande tient compte ou non d'une réduction dans l'expression « la facture ne s'élève qu'à 321 €

car la libraire a consenti une réduction de 43 € »[i]. À ce stade de délabrement linguistique, ce n'est plus de faiblesse lexicale qu'il convient de parler, mais quasiment d'asthénie communicante. Lorsque la langue se trouve aussi profondément touchée, elle perd inévitablement sa puissance de transfert pour ne devenir qu'une simple chambre d'enregistrement des expériences communes [54,379-381]. Comme le souligne Alain Bentolila avec son usuelle clairvoyance, « plus on connaît quelqu'un, plus on a de choses en commun avec lui et moins on aura besoin de mots pour communiquer ensemble. [...] Lorsque l'on doit s'adresser à des gens que l'on ne connaît pas, lorsque ces gens ne savent pas à l'avance ce que l'on va leur dire, cela devient alors un tout autre défi » [54]. L'histoire d'un « jeune Black » convoqué au tribunal d'instance pour un vol de CD, illustre remarquablement ce propos [54]. Incapable de trouver ses mots et de comprendre l'altier verbiage du procureur, notre justiciable finit par sauter sur le représentant du ministère public pour exprimer à coups de poings ce qu'il n'avait pu dire à coups de mots. Tous ceux qui ont vécu à l'étranger ont, je pense, un jour ou l'autre, ressenti cette violence intérieure, cette frustration de ne pouvoir exprimer la pensée. Avec mon anglais « de base », je peux m'autoriser une communication « de base ». Rien de plus. Dès qu'il faut débattre, argumenter, étayer, dépasser l'évidence pour discuter de choses abstraites et d'émotions obscures, je souffre

---

[i] Les problèmes étaient les suivants [378] : (i) « M. Genay est criblé de dettes ; il doit en tout 298 € dont : 121 € au boucher, 54 € au charcutier et 23 € au teinturier, le reste de sa dette étant également réparti entre le garagiste et l'épicier. Combien doit-il à chacun de ces deux derniers commerçants ? » (ii) « Un instituteur a acheté 28 livres de lecture. La facture ne s'élève qu'à 321 € car la libraire a consenti une réduction de 43 €. Combien valait l'ensemble des livres ? Quel est le prix marqué d'un livre ? »

le martyre. Sans mots pour le dire, il n'y a rien à communiquer, ni rien à partager.

Cela étant dit, mon principal problème avec l'anglais n'est pas vraiment communicationnel. Il est cognitif ! Car en amont de leur pouvoir translatif, les mots possèdent une évidente fonction générative. Ils servent à penser [65,382,383] ! Dès lors, avant de chanter les louanges de la « nouvelle novlangue mondiale », peut-être devrions-nous relire *1984* et remonter aux sources du concept [384]. Selon les termes mêmes de son fondateur, George Orwell, « en dehors du désir de supprimer les mots dont le sens n'était pas orthodoxe, l'appauvrissement du vocabulaire était considéré comme une fin en soi et on ne laissait subsister aucun mot dont on pouvait se passer. La novlangue était destinée, non à étendre, mais à diminuer le domaine de la pensée, et la réduction au minimum du choix des mots aidait indirectement à atteindre ce but » [384]. À échéance de ce processus de paupérisation lexicale ne devait subsister qu'un peuple de veaux asservis, un troupeau de crétins amorphes, perméables à toutes les manipulations et incapables d'émettre la moindre pensée critique ! Il y a 70 ans, Victor Klemperer a pu observer toute la pertinence de l'approche, en analysant précisément le processus d'appropriation de la langue allemande par les propagandistes du IIIe Reich [385]. Selon les conclusions de ce professeur juif de l'université de Dresde : « Le nazisme s'insinua dans la chair et le sang du grand nombre à travers des expressions isolées, des tournures, des formes syntaxiques qui s'imposaient à des millions d'exemplaires et qui furent adoptées de façon mécanique et inconsciente [...] [Le IIIe Reich a] assujetti la langue à son terrible système, gagné avec la langue son moyen de propagation le plus puissant, le plus public et le plus secret. » On retrouve la même idée chez Umberto Eco, fin connaisseur du totalitarisme mussolinien : « Tous les textes scolaires nazis ou fascistes se fondaient sur un lexique pauvre et une syntaxe élémentaire, afin de limiter les instruments de raisonnement complexes et critiques. » [386] Huxley aussi nous l'avait dit : « Apprendre la liberté (et l'amour et l'intelligence qui en sont à la fois les conditions et les résultats) c'est entre autres choses apprendre à se servir du langage. » [387] Lorsque les mots se seront vidés de leur substance, « la plupart des hommes et des femmes en arriveront à aimer leur servitude sans jamais songer à la révolution » [387]. En ce sens, préserver la richesse de la langue, c'est défendre notre humanité et notre capacité à réfléchir le monde qui nous entoure. Je sais qu'il est d'usage de louer la folle créativité sémantique des jeunes générations. Imaginez : « ouf » pour « fou », « relou » pour « lourd », « à donf » pour « à fond », « bad-tripper » pour « s'inquiéter » et « grave » pour à peu près toute la gamme des émotions ou jugements possibles. « C'est trop rampant » m'a asséné il y a peu une baby-sitter potentielle de 17 ans après avoir appris qu'il n'y avait pas de télévision chez moi. Pourquoi « rampant » ? « Ben parce que c'est rampant, vous voyez quoi, c'est grave quoi, pas glop. » Pas glop ? « Ça va vous m'cherchez là j'parle français ou quoi ? »[i] Apparemment, lorsque l'inventivité linguistique atteint de tels sommets, elle se comprend d'elle-même et perd jusqu'au besoin de se voir définie ! Peut-être faudrait-il cependant comparer les talents : « frappe chirurgicale » pour « bombardement » ; « dégâts collatéraux » pour « bavures », « pertes civiles », « morts innocentes » ; « SDF » pour « exclu », « vagabond », « mendiant », « clochard » ; « émergent » pour « sous-développé », « miséreux » ;

[i] « Pas glop » reprend, je suppose, le vocabulaire binaire « glop-glop » = bien, « pas glop » = pas bien, de mon ami Pifou, héros de la bande dessinée de mon enfance *Pif et Hercule*.

« flexicurité » pour « évolution », « précarité », « chômage » ; « assouplir » pour « fluidifier », « redéployer », « restructurer », « ajuster », « licencier » ; « décideur » pour « employeur », « chef d'entreprise », « patron », etc. Par sa capacité à formater en profondeur notre vision du monde [80,388,389], cette novlangue-là est autrement plus efficace que sa consœur « jeuniste ». Qui peut croire, entre autres exemples, que des expressions comme « frappes chirurgicales » ou « dégâts collatéraux » n'édulcorent pas profondément notre perception des effets de la guerre ? Plus la compétence lexicale de nos gosses s'érodera et plus ceux-ci auront de mal à décrypter ce type de manipulations dont les mondes publicitaire et politique sont extraordinairement friands. Comme l'a récemment écrit Christian Delporte au cœur d'un remarquable ouvrage dédié à la langue de bois, « les mots ont une fonction capitale : leur acceptation est la clé qui ouvre tous les verrous de la pensée. On commence par les répandre, on en banalise l'emploi ; bientôt les consciences conquises, ils commanderont toute raison » [389].

À la lumière des éléments qui viennent d'être évoqués, on aurait raisonnablement pu penser que chacun s'accorderait à reconnaître la nécessité de refonder le rapport de nos jeunes au savoir et à la langue. En d'autres termes, on aurait pu croire que le corps social dépasserait rapidement la question du diagnostic pour aborder enfin le sujet des options curatives. Fol espoir tant le clan des pipeaulogues semble accroché à son florissant business de la « bonne parole ». En fait, pour nos amis le niveau baisse… mais monte. Le concept peut sembler compliqué de prime abord, mais les explications récentes de Clara Dupont-Monod devraient nous permettre de l'appréhender sans trop de problèmes. D'après cette journaliste, se focaliser sur quelques fautes d'orthographe « c'est ne pas voir aussi ce qu'ont gagné, sans doute, les adolescents à côté. [...] À ce moment-là, si vraiment on doit faire de la comparaison avec le passé, ils sont beaucoup plus débrouillards, notamment avec les nouvelles technologies, ils sont bien plus curieux grâce à Internet, il y a une espèce d'agilité, il y a une vivacité » [364]. En accord avec ce genre d'hypothèses, nombre d'observateurs ont affirmé dernièrement que le cerveau des nouvelles générations avait changé [390], qu'il était aujourd'hui plus adapté au « *multitasking* » et plus apte à sélectionner, analyser, trier et synthétiser de larges flux d'informations [231]. La fable est fort aimable. Malheureusement, elle est aussi terriblement trompeuse. Ainsi, par exemple, concernant le maniement des outils informatiques, la supériorité technologique de la « Google Génération » s'avère pour le moins relative. Selon les conclusions d'une solide étude récemment commanditée par la British Library, les « vieux » ont très largement rattrapé leur cyber-retard. Cela n'a pas été bien difficile dans la mesure où « la majorité des jeunes gens tend à utiliser des applications bien plus simples et bien moins de fonctionnalités que la plupart d'entre nous le pensent » [391]. En fait, le régime Internet de nos ados n'est pas fondamentalement différent de celui de leurs aînés [217] et il se résume principalement à envoyer des e-mails, jouer à des jeux en ligne, chatter *via* les messageries instantanées, télécharger et écouter de la musique ou des vidéos, visiter des sites marchands, sportifs ou de divertissement [222,392,393]. Pas de quoi casser trois pattes à un canard. En fait, comme l'explique Jean-Michel Fourgous au sein d'un rapport parlementaire récent, « les études montrent que [les jeunes] n'ont qu'une maîtrise superficielle de ces outils [numériques] » [394]. Si encore ce constat ne concernait que le domaine « technique », cela serait un moindre mal.

Malheureusement, tel n'est pas le cas. Il touche aussi le champ cognitif. Ainsi, pour nombre de (vrais) spécialistes, l'aptitude de la nouvelle génération à trouver de l'information sur la Toile est passablement limitée [395]. Croire que les jeunes sont experts en ce domaine serait même selon l'étude de la British Library un « mythe dangereux » [391]. Les net-boomers ont du mal à formuler leurs demandes, à trier les résultats obtenus et à hiérarchiser les sources. Que l'information provienne d'un journal scientifique majeur comme *Science*, d'un quotidien reconnu comme le *New York Times*, d'un hebdomadaire aux références généralement rigoureuses comme *Télérama*, d'une encyclopédie communautaire ouverte aux quatre vents comme Wikipédia, d'un blog incertain, ou d'un site totalement nébuleux, ne fait guère de différence. Pour être adoptée, une « information » se doit simplement d'être accessible, c'est-à-dire de figurer parmi les trois ou quatre premiers liens retournés par le moteur de recherche (généralement Google ou Yahoo). Les réponses postérieures sont simplement ignorées, ce qui facilite effectivement le travail de synthèse. Le plus navrant c'est que ce genre d'aberrations commence à envahir nos organes de presse les plus réputés. Ce matin, par exemple, je suis tombé, en parcourant *Le Figaro*, sur un article de Delphine Minoui. Cette jeune femme, sans doute talentueuse, traitait de l'assassinat « mystérieux » d'un universitaire iranien et expliquait qu'une piste plausible renvoyait aux propos anti-gouvernementaux récents de la victime. À l'appui de cette thèse, écrivait la journaliste, « un Iranien se présentant comme l'un de ses étudiants confirme, également, sur son blog personnel (ehsan63.blogs-pot.com) les affinités qu'entretenait son professeur avec la contestation iranienne. Il y relate le souvenir du grand rassemblement du 15 juin dernier où, malgré les appels des leaders de l'opposition à ne pas descendre dans la rue, Massoud Ali Mahammadi [la victime] avait incité ses élèves à manifester [...] » [396]. Si ce genre de rumeur, écrite par un inconnu non identifié et non identifiable sur un blog impossible à tracer est une information digne de figurer dans un quotidien national de premier ordre, alors il va falloir donner le prix Pulitzer à ma concierge pour sa couverture de la guerre d'Irak. Remarquez, nos amis politiques ne sont pas en reste comme le montre une superbe envolée lyrique de Ségolène Royal citant en exemple, sur sa page Facebook, un personnage historique, opposant courageux au capitalisme négrier. Le seul problème, c'est que ce héros n'a jamais existé ailleurs que dans l'esprit incertain d'un contributeur de l'(autoproclamée) encyclopédie libre Wikipédia [397].

Cela étant dit, les difficultés des net-boomers ne s'arrêtent malheureusement pas, je l'ai déjà évoqué, à un souci de hiérarchisation des flux d'informations. Elles concernent aussi d'autres éléments importants de la recherche documentaire, comme la sélection de mots clés pertinents et l'utilisation d'opérateurs booléens adaptés (ET, OR, OU, ()). Prenez Noël, par exemple, étudiant en thèse féru de « nouvelles technologies », connecté permanent à Internet *via* son iPod et tous les wi-fi de la terre. Pour chercher, sur une base de données médicales [398], les articles publiés par Angela Sirigu entre 2004 et 2005, le jeune homme s'y reprit à quatre fois sans jamais réussir à obtenir autre chose qu'un embarras poli du moteur de recherche[i]. Le plus

[i] La bonne formulation était : Sirigu A [auteur] ET (2004 [date de publication] OU 2005 [date de publication]). 11 résultats étaient alors obtenus. Notre ami Noël essaya tour à tour : Sirigu A 2004 2005, pour 4 résultats ; Sirigu A [auteur] ET 2004 [date de publication] ET 2005 [date de publication], pour 1 résultat ; Sirigu A [auteur] ET 2004 [date de publication] OU 2005 [date de publication], pour

ennuyeux dans cette affaire, c'est que Noël n'est pas un cas unique parmi les rejetons (*a priori* les plus éduqués) de la « Google Génération ». Une étude menée récemment sur les jeunes qui accèdent à l'enseignement supérieur en Belgique a livré des résultats tout à fait effarants quant à la capacité des étudiants du Plat Pays à extraire de l'information du Net. Il apparaît ainsi, pour ne prendre qu'un exemple, que seul un quart des sondés a su répondre correctement à la question : « Pour repérer un grand nombre de documents sur mon sujet, je peux inclure des synonymes (mots qui ont le même sens [*sic* !]) dans ma recherche. Pour réunir ces synonymes j'utilise (une seule réponse possible) : "et", "sauf", "ou", "+", "ne sait pas", "autre (svp, préciser)". » Selon les termes des rapporteurs de l'étude, « il est inquiétant de se rendre compte que cette notion [les opérateurs booléens], basique pour la recherche documentaire, soit si mal appréhendée [...] L'utilisation d'Internet ne semble pas favoriser les compétences informationnelles des étudiants » [399]. On retrouve le même constat dans un texte du collectif Sauver les lettres. Aux dires des auteurs, « en 1re S, un grand nombre d'élèves ne connaissent pas la différence entre "or" et "donc" » [345]. Pas facile dans ces conditions de structurer un raisonnement ou une recherche.

La prétendue capacité des jeunes adultes à acquérir et synthétiser, grâce au Net, de larges flux d'informations est donc un bien triste mirage. Cette conclusion semble d'autant plus incontournable que le mythe du « *geek* »[i] est largement basé sur le folklore, déjà évoqué, du « *multitasking* ». Les nouvelles technologies

---

692 570 résultats ; Sirigu A [auteur] ET 2004 [date de publication] OU Sirigu A [auteur] ET 2005 [date de publication] pour 4 résultats.

[i] Anglicisme désignant une sorte de génie azimuté de l'Internet et des nouvelles technologies.

auraient, nous dit-on, enseigné à leurs adeptes l'art de faire plus d'une chose à la fois. En 10 ans, nos jeunes seraient ainsi devenus de véritables experts du traitement parallèle. Une jolie fable qui, malheureusement, ne tient pas debout, comme l'ont enfin admis récemment plusieurs articles de presse [400-405]. Regarder la télévision, tout en faisant un devoir d'algèbre et en maintenant ouvertes trois fenêtres de discussion sur MSN, aucun humain n'en est capable [406-408]. Tout ce que sait faire le cerveau dans ces situations, c'est passer d'une activité à l'autre, séquentiellement. Cependant, chaque transition coûte des erreurs et du temps [409-414]. Par ailleurs, une bonne partie des ressources cérébrales est happée, non par la réalisation de la tâche, mais par la gestion du processus de « *multitasking* » [415,416]. Une étude de neuro-imagerie a même souligné que les mécanismes d'apprentissage et de mémorisation étaient altérés, au niveau neuronal le plus basique, lorsqu'un sujet devait jongler entre deux tâches simples [417]. Au plan comportemental, les « multitaskeurs » développent, sur le long terme, de sérieux troubles de l'attention, une grande distractibilité et, de manière assez inattendue, une moindre capacité à jongler entre plusieurs tâches cognitives [418]. Des travaux spécifiques ont démontré que la réalisation de devoirs scolaires était largement dégradée, tant au niveau du temps passé que du degré d'exactitude, chez des élèves de 14 ans lorsque ceux-ci œuvraient avec une télévision allumée en arrière-plan [419-422].

Ainsi, la proportion des enfants, adolescents et jeunes adultes en difficulté avec les savoirs académiques (orthographe, lecture, calcul) n'a cessé de croître en 20 ans. Cette évolution n'a nullement été compensée, comme le veut la fable, par une maîtrise experte des outils numériques ou l'avènement d'une pensée multitâche gavée de compétences calculatoires et informationnelles hors norme. Face à ce constat d'ensemble, nombre de spécialistes ont dénoncé les carences d'un système scolaire soumis depuis deux (voire trois) décennies à d'invraisemblables expérimentations pédagogistes [54,65,78,81,322-326] et politiques [327,328]. Sans remettre en cause cette hypothèse, plusieurs voix se sont cependant élevées récemment pour évoquer aussi l'implication possible d'un autre facteur potentiel : la télévision [25,29,54,65,81]. Il semble plus que temps d'explorer en détail le bien-fondé de cette proposition.

Une entrave majeure à la réussite scolaire

Le SAT-Verbal[i] est un test standardisé de compétence langagière que passent la plupart des étudiants américains avant leur entrée dans l'enseignement supérieur. Entre 1965 et 1980, les résultats obtenus à ce test s'effondrèrent brutalement. Pour expliquer cet étrange phénomène, diverses hypothèses furent avancées : moindre financement du système scolaire, incompétence croissante des enseignants, arrivée en masse d'étudiants issus des minorités noires et hispaniques, complexification de l'épreuve, etc. Aucune de ces propositions ne se révéla satisfaisante [362]. En fait, il fallut attendre Marie Winn et la réédition récente de son ouvrage *The Plug-in Drug* [« La drogue à brancher »] pour entrevoir une possible solution au problème [29]. Cet auteur observa que l'effondrement du SAT-Verbal reproduisait, à une nécessaire période d'incubation près, la courbe de pénétration de la télévision sur le territoire américain. Cette concomitance est aisément

---

[i] SAT : Scholastic Aptitude Test, devenu depuis peu le SAT Reasoning Test.

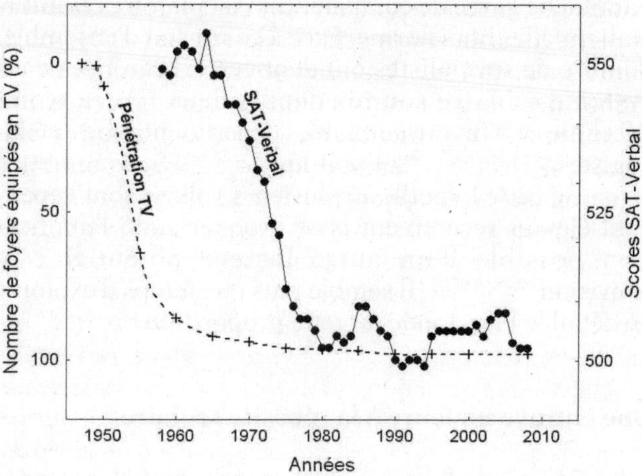

Figure 1 : Évolution comparée du niveau de pénétration audiovisuelle (échelle verticale de gauche inversée – c.-à-d. croissante vers le bas –, courbe pointillée) et du score SAT-Verbal (échelle verticale de droite, courbe continue) en fonction du temps (axe horizontal). On peut noter que les deux courbes évoluent parallèlement avec un décalage temporel d'à peu près 17-18 ans, ce qui correspond au temps nécessaire pour que les enfants qui ont grandi avec la télévision se présentent à l'examen SAT[i].

visible sur la figure ci-dessus (figure 1). Comme on peut le voir sur cette dernière, le décrochement langagier a commencé 17-18 ans après le début du processus d'universalisation du poste. Cette latence représente précisément le délai nécessaire aux enfants nés avec la télévision pour arriver à l'examen SAT.

---

[i] Données de pénétration : Effect of Televised Violence on Aggression [423] ; données SAT : Digest of Education Statistics 2008 [424].

Bien sûr, isochronisme ne vaut pas preuve et accuser la petite lucarne sur la seule base des éléments précédents serait un peu cavalier. Disons donc, pour ne fâcher personne, que ces éléments ne représentent qu'une mise en bouche graphique. Le gros des évidences se trouve ailleurs, dans le champ des sciences expérimentales. On peut trouver une première illustration de cette affirmation dans un énorme travail dont les racines remontent à l'année 1973 [425]. Il existait à cette date une ville canadienne de moyenne importance, nommée NoTel. Cette ville, située au fond d'une vallée, ne pouvait recevoir la télévision. Un groupe de 13 chercheurs apprirent incidemment que l'implantation d'une antenne relais était envisagée pour mettre fin, sous 12 mois, à cette incongruité. Une large étude fut alors mise en œuvre pour mesurer l'influence de la télévision sur des champs aussi divers que l'apprentissage de la lecture, l'agressivité, la créativité, les loisirs, etc. Adultes et enfants furent testés juste avant (Avant-TV) et deux ans après (Après-TV) l'arrivée du poste. Les tests prirent une forme à la fois longitudinale (les mêmes sujets furent évalués Avant-TV et Après-TV) et instantanée (des sujets différents mais comparables, par exemple des enfants de CE1, furent testés Avant-TV et Après-TV). Afin d'assurer une portée optimale aux données recueillies, le travail fut étendu à deux villes « témoins » dont les caractéristiques sociologiques et démographiques étaient les mêmes que celles de NoTel. L'une de ces villes, UniTel, captait une seule chaîne (Canadian Broadcasting Corporation – CBC). L'autre, MultiTel, en recevait quatre (CBC plus trois chaînes commerciales américaines majeures – ABC, CBS, NBC). La compétence scolaire fut estimée dans sa dimension écrite la plus simple, à partir d'une tâche de décodage symbolique [426]. Les sujets devaient alors lire des mots (comme *red*), phrases (comme *the car is red*) et non-mots (comme *sked*) présentés pendant une durée variable, comprise entre 10 et 2 000 millisecondes. Les résultats initiaux (Avant-TV) montrèrent qu'à leur arrivée en CE1, après une année d'apprentissage de la lecture, les enfants de NoTel surpassaient significativement leurs compères de MultiTel et UniTel. Cette différence était toujours présente deux ans plus tard (Après-TV), lors de l'entrée en CM1. Les enfants MultiTel et UniTel présentaient alors des performances moyennes légèrement inférieures à celles qui avaient été enregistrées, au CE1, par les enfants NoTel ! Cette observation corrobore d'autres données montrant que les déficits précoces d'apprentissage du code écrit sont bien difficiles à effacer [350,427,428]. Elle montre aussi que l'introduction tardive de la télévision ne dégrade pas l'aptitude acquise à décoder les signes du langage. De façon intéressante, lorsqu'une nouvelle cohorte d'écoliers de CE1 fut testée en phase Après-TV, les trois villes affichèrent des résultats parfaitement équivalents. Il avait suffi de deux ans pour que NoTel perde son avantage originel. Difficile face à ces données de nier le rôle causal de la télévision.

Alors que s'achevait la campagne NoTel, cinq études épidémiologiques majeures virent le jour aux États-Unis. Des centaines de milliers d'enfants furent testés, du CM1 au master (bac + 4). La conclusion de l'ensemble de ces travaux fut sans appel : « Le temps passé par les enfants et adolescents américains à regarder la télévision est associé négativement avec leurs performances scolaires [...] La qualité des mesures, la taille et l'exhaustivité des échantillons, ainsi que la cohérence des résultats rend cette conclusion irréfutable. » [429] Considérons, par exemple, pour illustrer cette affirmation, les données relatives à l'expression écrite[i]. Celles-ci montrèrent, pour des enfants de 6e (12 ans), que le taux de réussite à un test standard chutait de près de 8 % lorsque la consommation télévisuelle journalière passait de 1 heure et moins à 4 heures et plus. Pour des lycéens de terminale (18 ans), on obtenait, sur les mêmes bases d'exposition, un décrochage sensiblement supérieur, de l'ordre de 13 %. Les évaluations conduites en mathématiques et lecture révélèrent des tendances similaires. Ce tableau général s'avéra toutefois très sensible aux influences socio-économiques [429]. En effet, il fut démontré que l'action délétère du petit écran croissait avec l'aisance sociale et le niveau d'étude parental. En d'autres termes, plus l'enfant venait d'un milieu favorisé (ou éduqué) et plus la corrélation négative entre télévision et performances scolaires s'intensifiait. Des tendances légèrement positives furent même observées, dans certains cas, pour les foyers les plus modestes, en dessous de 4 heures d'usage quotidien. La courbe TV/performances apparaissait alors comme un U inversé très aplati. Les résultats obtenus, par des collégiens de 12 ans, à un test standard de lecture, illustrent ces affirmations[ii]. Chez les rejetons des milieux les plus aisés, il fut montré que le taux de réussite chutait de façon monotone en fonction du degré d'exposition, jusqu'à atteindre un maximum de 8 % lorsque étaient comparés petits (< 1 h/jour) et gros (= 4 h/jour) usagers. À l'inverse, chez les sujets les plus défavorisés, il fut établi que les niveaux d'accomplissement restaient stables tant que l'exposition journalière n'atteignait pas 4 heures. Au-delà de ce seuil, la courbe commençait à s'affaisser

[i] California Assessment Program, 1980, 282 000 enfants de 12 ans ; 227 000 de 18 ans [429].
[ii] *Ibid.*

pour atteindre un déficit plafond de 2 % (< 1 h/jour *versus* = 4 h/jour). Pour expliquer ces données, on peut suggérer que la télévision altère le développement cognitif des enfants en substituant des pratiques fonctionnellement pauvres à des expériences intellectuellement formatrices. Dans la mesure où ces dernières sont plus accessibles aux sujets socialement favorisés, il apparaît normal que ceux-ci soient les plus touchés. En d'autres termes, « le rôle de la télévision dépend de ce qui est déplacé. Quand elle apporte à l'expérience de l'enfant des stimuli et informations éducativement équivalents ou supérieurs à ceux de l'environnement, son effet est positif ou nul. Quand elle échoue à égaler l'environnement son effet est négatif » [429].

Depuis leur recueil, il y a près de 30 ans, les données précédentes ont été largement confirmées [430-434]. Cette remarquable stabilité aurait pu fournir les bases d'un solide consensus. Il n'en fut rien, bien au contraire. À la profusion des évidences répondit le foisonnement des polémiques. Trois points furent particulièrement débattus : (1) les effets observés ne concernent que les émissions récréatives, pas les programmes dédiés dits éducatifs ; (2) le lien entre télévision et performance scolaire n'est pas causal, il traduit simplement le fait que les enfants en échec scolaire ont plus tendance à regarder la télévision que les autres ; (3) les effets observés sont tellement faibles qu'ils peuvent sans risque être négligés. Des allégations distractives dont il n'est guère difficile de réfuter la pertinence.

Commençons par l'objection de contenu. Celle-ci pêche à deux niveaux. Premièrement, les enfants concentrent l'écrasante majorité de leur temps audiovisuel sur les émissions récréatives [435]. Ils ne s'exposent aux programmes dits éducatifs qu'à titre marginal. Difficile d'imaginer dès lors que ces programmes puissent avoir une influence notable sur le développement intellectuel. Deuxièmement, même si l'on admet de façon axiomatique que certaines productions possèdent un potentiel formateur, on peut s'interroger sur la capacité de ces productions à toucher un large public. Il est déjà difficile à un instituteur de cours préparatoire de nourrir avec fruit l'intelligence de 25 gosses de 6 ans issus de milieux grossièrement homogènes, alors imaginez combien il peut être impossible à une émission singulière de fertiliser notablement la cervelle de plusieurs millions de gamins d'âges variables et d'origines sociales disparates. Le formatage « par le bas » des contenus dessine seul un compromis acceptable en vertu du sacro-saint principe de plus petite intelligence commune [435]. En accord avec cette assertion, il est largement admis que l'effet positif des émissions dites « éducatives » se concentre (quand il point) sur les enfants les moins favorisés socialement [433,436]. Les rejetons de classes moyennes et supérieures ne gagnent rien au jeu, sinon sans doute un intense gaspillage de temps, d'intelligence et d'argent. Comme le dit Manon, 6 ans, fan de Dora et grande consommatrice de produits dérivés (dont chaussures, trousse, tee-shirt, robe, barrettes, cartable, trottinette, poupée, DVD, gourde, casquette, yoghourts... et autres sans doute) : « Maman, j'ai tout bien répondu à Dora. »

Au-delà du problème des contenus, surgit la dure épreuve de causalité. Celle-ci propose un renversement factoriel. Ce ne serait pas la télévision qui ferait baisser les performances scolaires, mais bien l'existence de difficultés scolaires qui pousserait l'enfant vers la télévision. L'argument est caduc pour au moins quatre raisons. Premièrement, l'étude NoTel et les données SAT montrent clairement que l'association TV/performances chemine, au moins partiellement, depuis la télévision vers le champ scolaire (cf. *supra*).

Deuxièmement, lorsque le temps d'exposition audiovisuelle est réduit, les performances scolaires et cognitives des élèves s'améliorent prestement, aussi bien pour des enfants de cours préparatoire [437] que pour des adolescents du secondaire [438]. Troisièmement, des explications comportementales [439] et biologiques évidentes relient causalement l'usage du poste à l'altération des performances académiques. Au plan biologique, par exemple, il apparaît que la télévision agit négativement sur le temps et la qualité du sommeil [440-443], ce qui a pour effet de perturber le fonctionnement cognitif [444] et donc en bout de chaîne la production scolaire [445]. Quand l'exposition audiovisuelle est réduite expérimentalement, le sommeil se régularise [440,446], ce qui induit une normalisation du fonctionnement cognitif [444] et ultimement une optimisation de la performance académique [445]. Quatrièmement, des recherches longitudinales ont permis d'établir l'existence d'effets lointains peu compatibles avec les thèses de causalités inverses. Précisons pour éviter toute ambiguïté que ces recherches reposent sur des procédures statistiques relativement complexes permettant d'identifier l'influence du facteur audiovisuel, indépendamment de la contribution d'autres covariables potentiellement agissantes (âge, sexe, statut socio-économique, QI, nombre de frères et sœurs, niveau d'éducation des parents, niveau scolaire au début de l'étude, etc.)[i]. En d'autres termes, grâce à des traitements numériques adaptés, le rôle du facteur audiovisuel peut être isolé et, en quelque sorte, extrait de l'influence des autres facteurs causaux. Ce type d'approche a récemment permis de montrer qu'une forte consommation audiovisuelle en fin de maternelle

[i] Voir note p. 24.

prédisait des difficultés en lecture à l'entrée en CM2 [447]. Cette conclusion rejoint les résultats d'une autre étude ayant établi l'existence d'une relation significative entre le nombre d'heures passées devant le poste avant 3 ans et la réussite à des tests standardisés de lecture et de mémoire à 6-7 ans [233]. La même relation négative a été identifiée entre le niveau d'exposition télévisuelle enregistré à 29 mois et les aptitudes mathématiques démontrées à 10 ans [448]. Dans un autre travail particulièrement impressionnant, près de 1 000 individus furent suivis sur une durée de 21 ans [96]. Il fut alors montré que l'amplitude de la consommation télévisuelle infantile (5-11 ans) était significativement associée à la probabilité d'obtention d'un titre universitaire à l'âge adulte. Un travail comparable mené sur près de 700 familles montra une relation similaire entre consommation télévisuelle adolescente (14 ans) et probabilité de posséder un diplôme post-baccalauréat à 33 ans [438]. Là encore, les substrats biologiques plausibles ne manquent pas pour expliquer ces phénomènes. Par exemple, il est établi que l'usage de la télévision altère lourdement le déploiement du langage [128,129,131,133], le développement de l'intelligence formelle [406,449] et le temps consacré au travail scolaire [192,199,438,450]. Un ensemble de handicaps qui aboutit *de facto* à borner l'horizon académique. Nous aurons l'occasion de revenir en détail sur ces points.

Après les questions de contenu et de causalité, vient le sujet des amplitudes. L'hypothèse alors défendue est assez simple : il existe bien un lien causal significatif entre consommation audiovisuelle et performance scolaire, mais celui-ci est tellement faible qu'il frise le ridicule [430,434,451]. Pour fréquent qu'il soit, ce propos n'en est pas moins lourdement fallacieux. Sa principale insuffisance renvoie à la notion même de « faiblesse ». En effet, peut-on dire qu'une influence est faible lorsque des enfants de 8 ans n'ayant pas de télévision dans leur chambre présentent, par rapport à leurs congénères équipés, après prise en compte d'un grand nombre de covariables potentielles (niveau d'éducation des parents, langue parlée à la maison, sexe, âge de l'enfant, etc.), des performances supérieures de 21 % en lecture, 26 % en compétence verbale et 34 % en mathématiques [200] ? Ce dernier chiffre signifie, pour rester concret, que les moyennes sur 20 de 2 enfants identiques en tous points s'établiront à 9 et 12 selon qu'une télévision sera ou non présente dans leur chambre. Cet effet rejoint les conclusions d'un travail récent ayant permis de montrer, après prise en compte là aussi d'un large spectre de covariables potentielles, que chaque heure de télévision supplémentaire consommée à 2,5 ans se traduisait par une chute de 6 % des compétences mathématiques de l'enfant à 10 ans [448]. Toujours sur le même sujet, peut-on soutenir qu'un effet est marginal lorsque l'addition ou la soustraction quotidienne d'une heure de télévision peut, après contrôle pour une large matrice de covariables sociodémographiques, psychologiques et personnelles, multiplier ou diviser par 2 les risques d'échec scolaire ? Pour démontrer ce point, une étude a récemment analysé les résultats académiques de collégiens de 16 ans [438]. Parmi les participants qui présentaient à 14 ans une consommation raisonnable (< 2 h/jour), ceux qui avaient en 2 ans réduit de 1 heure leur temps d'usage avaient aussi réduit de 50 % leurs chances de se retrouver en échec scolaire (redoublement, notes dans la gamme des E-F, sortie du système académique). Sans surprise, les sujets qui avaient amplifié de 1 heure leur temps d'usage avaient enregistré, pour leur part, un doublement du facteur de risque. Dans un registre similaire, peut-on affirmer que seuls les psychopathes en mal de reconnaissance médiatique s'inquiètent de la question audiovisuelle, quand il est démontré, après ajustement pour le QI et le sexe, que chaque heure de télévision consommée quotidiennement, en semaine, lorsque l'enfant est à l'école primaire, accroît de 43 % la probabilité de voir ce dernier quitter un jour le système scolaire sans la moindre qualification [96] ? Lorsque sont pris en compte, outre le sexe et le QI, le statut socio-économique de la famille et l'existence potentielle de troubles précoces du comportement chez l'enfant, cette valeur de probabilité diminue légèrement, tout en restant faramineuse (34 %). Sur le fond, si toutes ces valeurs se révèlent aussi imposantes (et infiniment plus importantes que celles obtenues dans les larges études épidémiologiques décrites au début de la présente section), c'est parce que l'approche longitudinale qui les a engendrées permet, en suivant obstinément un même groupe d'individus sur une longue période de vie, de cumuler les effets délétères du poste. Cet attribut cumulatif échappe par définition aux travaux classiques dont la démarche consiste essentiellement à mesurer le lien entre exposition audiovisuelle et performance scolaire à un instant donné (par exemple à 15 ans). En ne considérant qu'un petit bout de l'équation, ces travaux, largement cités en support de la thèse d'innocuité du poste, minimisent dangereusement les effets délétères de la télévision[i]. Les estimations

---

[i] Pour que l'influence des usages précoces (≤ 5-10 ans) se répercute parfaitement sur la performance scolaire des enfants de 12, 15 ou 18 ans, il faudrait que la consommation audiovisuelle précoce conditionne intégralement les usages ultérieurs. Or, ce n'est pas le cas. Le lien entre expositions initiales et tardives est significatif (cf. chapitre II), mais pas plénier. Sa force reste, pour une part, soumise aux aléas de l'existence. Par exemple, il apparaît probable que la consommation audiovisuelle d'un adolescent s'orientera à la hausse si celui-ci voit soudain atterrir dans sa chambre l'ancienne télévision familiale. De même, il est vraisemblable que certains enfants soumis

longitudinales sont infiniment plus fiables. Malheureusement, elles restent rares. Il est en effet coûteux et compliqué de suivre, sans les perdre, plusieurs centaines d'individus pendant près d'un quart de siècle !

Ainsi, il existe incontestablement un lien causal fort entre exposition télévisuelle et performances scolaires. Sur le fond, cela n'est guère surprenant tant il semble établi que la télévision altère en profondeur plusieurs piliers de la réussite académique. Diligence, intelligence, lecture, langage, attention et imagination ne sortent pas indemnes du courant cathodique. Celui-ci s'avère d'autant plus vigoureux qu'il procède, comme nous allons le voir, selon des voies multiples et additives. Le poste est un voleur de temps. Il est aussi une cause d'isolement social, une source de paresse intellectuelle, un agent de stérilité cognitive et un vecteur de déstructuration psychique. À l'heure où les parents dépensent des sommes faramineuses en cours de soutien pour assurer la réussite scolaire de leurs gamins [452-456], on peut s'étonner de l'impunité accordée à Dame Télévision. Étrange schizophrénie qui exige une éducation d'excellence et livre nos enfants aux contenus médiatiques les plus débilitants.

---

très tôt à une forte exposition cathodique verront leur usage se réduire ultérieurement si une passion pour le tennis, le foot ou le théâtre vient éclairer leur existence. Cela signifie qu'une fraction des gros consommateurs précoces pourra se transformer en consommateurs moyens à 15 ans et qu'à l'inverse une fraction des consommateurs précoces moyens pourra se transformer en gros ou petits consommateurs à 15 ans. Ce brassage partiel conduira à égarer, au cours du temps, une partie de l'influence des expositions audiovisuelles initiales. Cela se traduira mécaniquement, pour des études ponctuelles menées à 12, 15 ou 18 ans, par une sous-évaluation importante des effets de la télévision sur les résultats scolaires.

Effort, intelligence, lecture, langage, attention, imagination. Tous sont frappés

L'autodiscipline, conçue comme capacité à faire passer le nécessaire avant l'agréable, constitue un facteur central de la réussite académique [457]. Cette réalité, assurément triviale, se retrouve notamment dans le champ des devoirs [458-460]. Or, en ce domaine, la télévision a tendance à corroder sérieusement l'ardeur de nos enfants. Les premières études furent réalisées dans les années cinquante. À cette époque, le petit écran entamait seulement son œuvre colonisatrice et les chercheurs pouvaient encore construire des groupes expérimentaux identiques quant à leurs caractéristiques sociodémographiques, mais différents du point de vue de leur équipement audiovisuel. Cette démarche permettait de mesurer l'impact de la télévision « toutes choses étant maintenues égales par ailleurs »[i] et donc de se prononcer sans ambiguïté sur l'orientation des chaînes causales. Les données montrèrent que le petit écran détournait à son profit une part substantielle du temps normalement consacré à la réalisation des devoirs [461,462]. Une étude réalisée à Boston sur des 4-17 ans révéla, par exemple, que 54 % des écoliers vivant dans un foyer équipé s'étaient abstenus de tout travail le jour précédant leur rencontre avec l'expérimentateur. Le pourcentage n'était que de 43 % pour les élèves vivant dans des familles sans poste. En semaine, le temps moyen consacré quotidiennement aux devoirs chutait de 20 % lorsque la télévision était accessible (41 minutes *versus* 51 minutes). Le pourcentage affichait 80 % les jours de week-end (7 minutes *versus* 34 minutes) [463]. Des valeurs exorbitantes, surtout si l'on

[i] Selon la formule canoniquement utilisée par les statisticiens.

considère que l'offre audiovisuelle se limitait à deux chaînes généralistes au moment de l'étude. Des valeurs que la multiplication des offres et des canaux n'a pas contribué à éroder. Au contraire. Aujourd'hui, après un demi-siècle de recherches, l'action délétère du poste sur les devoirs ne fait plus guère de doute [132,192,199,245,438,450,464]. Selon la dernière étude en date, chaque heure consacrée, en semaine, à la télévision, dépouille le temps consacré aux devoirs de 14 % (4-6 ans) à 18 % (9-12 ans) [132]. Si l'on considère que la moyenne d'exposition quotidienne au poste se situe juste au-dessus des 2 heures pour les 4-14 ans [146], cela implique une amputation nette de 28 % à 36 %. Forte de ce constat, Christine a revu à la baisse ses prétentions « d'institutrice de la vieille école ». Notre enseignante dissocie désormais devoirs obligatoires (pas plus de 8-10 minutes par jour) et exercices facultatifs (de 15 à 20 minutes). « Avant, aime-t-elle à expliquer, je ne distinguais jamais, je donnais les devoirs et basta, mais maintenant les parents se plaignent de plus en plus agressivement. Ils me disent que c'est trop, que les enfants n'ont pas le temps de faire leurs devoirs, que la charge de travail est trop lourde et que les textes officiels interdisent de toute façon les devoirs – c'est leur grand truc ça les textes officiels. Alors depuis 3 ans, je donne une bricole pour la forme et le reste sous l'annotation "facultatif". Seuls 4 ou 5 élèves font tout de manière régulière. Les autres n'ont "pas eu le temps", ce qui ne les empêche pas de passer la récréation à parler de toutes les émissions débiles qu'ils ont ingurgitées la veille à la télé. C'est vraiment un désastre. L'an passé, une collègue a essayé de remplacer une partie des devoirs par une dizaine de minutes de lecture. Elle donnait deux soirs par semaine un petit texte ludique aux enfants. De retour en classe, ceux-ci ne l'avaient évidemment pas lu. Ils étaient par contre incollables sur les ultimes rebondissements de *Secret Story* et le dernier épisode des *Experts*. »

Cette dernière observation n'est malheureusement guère surprenante. Elle ne fait que refléter la progressive supplantation, depuis 40 ans, du livre par le poste. Selon les termes d'une analyse publiée en 2007 par le très officiel Département des études de la prospective et des statistiques (DEPS), « l'analyse rétrospective [...] menée sur une dizaine de pratiques culturelles et médiatiques confirme la nature générationnelle de la plupart des évolutions constatées depuis le début des années soixante-dix : qu'il s'agisse de la progression de la culture de l'écran, de la généralisation de l'écoute de musique enregistrée ou de la baisse de la lecture de quotidiens ou de livres, à chaque fois les changements ont été initiés par une génération nouvelle, avant d'être poursuivis et amplifiés par les suivantes »[465]. Les chiffres montrent notamment que la proportion d'individus de 15 à 24 ans lisant régulièrement le journal ou consommant 20 livres par an a fléchi de près de 50 % en un quart de siècle (livres : 33 % à 17 % ; journaux : 30 % à 18 %). Sur la même période, le nombre de spectateurs consacrant au moins 3 heures par jour à la télé s'est envolé de plus d'un tiers (24 % à 32 %). Ces transformations ont touché tous les groupes sociaux, avec toutefois une prédilection pour les milieux favorisés qui voient s'éroder lentement leur appétence historique pour l'écrit. Des résultats en tous points similaires ont été obtenus aux États-Unis[12].

Au-delà de ces évidences statistiques, l'action délétère de la télévision sur la lecture a été largement validée par la recherche académique. Celle-ci a permis de montrer que si l'on connecte une ville au poste, l'ensemble de la population voit son temps de lecture s'effondrer dans des proportions considérables, frisant souvent les 50 %[462,463,466]. Cette tendance affecte jusqu'au fonctionnement des bibliothèques qui subissent, suite à l'arrivée du petit écran, une diminution drastique de fréquentation, avec pour conséquence un affaissement de plus de 20 % du nombre de livres empruntés par an et par habitant [467]. Cette réduction s'applique dans des proportions similaires aux livres généraux et de jeunesse. Toutefois, si des mesures coercitives sont prises pour limiter la consommation audiovisuelle des enfants, le temps consacré à la lecture remonte prestement [29,437,468]. Ce résultat se retrouve pleinement dans plusieurs études récentes montrant que plus un enfant regarde la télévision et moins il lit [185,199,243,245,246,447,450,464,469]. Un travail réalisé par l'équipe d'Elizabeth Vandewater illustre joliment ce point sur la base d'un protocole expérimental plutôt astucieux [470]. Les auteurs se sont en effet intéressés, non aux temps d'exposition individuels, mais aux foyers dans lesquels la télé est presque toujours allumée, indépendamment du fait que quelqu'un la regarde ou non. Le poste représente alors, selon les adultes, une « compagnie », une « présence », comme si le silence était source d'une intolérable angoisse. Ainsi, nous confie par exemple cette maman d'un enfant de moins de 3 ans : « Je la laisse tout le temps allumée. J'ai besoin du bruit. » [185] Pour cette autre femme, mère elle aussi d'un rejeton d'âge préscolaire, « [la télévision] marche tout le temps, principalement parce que mon mari aime l'allumer et s'en aller. Elle est juste allumée. C'est du bruit de fond » [185]. Un bruit pour le moins répandu, puisqu'il colonise près de 40 % des demeures [470]. En d'autres termes, dans 4 foyers sur 10, le poste est quasiment toujours actif, ne serait-ce qu'en arrière-plan, ce qui n'est guère surprenant lorsque l'on sait, par exemple, que 44 % des Français de plus de 15 ans déclarent allumer la télé immédiatement lorsqu'ils rentrent chez eux [471]. Les enfants subissent alors un bombardement constant de sons et d'images. Cela n'est pas sans conséquence sur la lecture. Il apparaît en effet, après prise en compte d'un grand nombre de covariables sociodémographiques, psychologiques et personnelles (éducation des parents, revenus, structure familiale, ethnicité, etc.), que les gamins soumis à l'omniprésence audiovisuelle ont 3 fois plus de chances de ne pas savoir lire à la sortie du cours préparatoire [470] ! Ce déficit se comprend aisément si l'on considère qu'un flux cathodique permanent multiplie quasiment par 2 la consommation audiovisuelle journalière des enfants de 5-6 ans (52 minutes *versus* 94 minutes), tout en diminuant de presque 30 % leur temps de lecture (49 minutes *versus* 35 minutes). Un sacré handicap à l'âge où l'on apprend à lire ! Un handicap d'autant plus important qu'il est précédé d'un lourd déficit de familiarisation. En effet, lorsque le poste sature de sa présence l'espace familial, les enfants de 3-4 ans passent chaque jour substantiellement moins de temps avec des livres (43 minutes *versus* 34 minutes), non seulement par eux-mêmes mais aussi en compagnie de leurs parents [470,472]. Or ce rapport précoce à l'écrit joue un rôle primordial dans l'apprentissage de la lecture [473].

Cela étant dit, reconnaissons qu'il faudrait à nos enfants un cerveau passablement dérangé pour préférer le livre au poste, au moins durant les premières années de formation. En effet, la lecture demande un effort intellectuel bien plus intense que la télévision. Plusieurs études ont notamment montré que l'écrit imposait par rapport à cette dernière une taxation accrue des ressources cérébrales [474-476], avec pour conséquence un sentiment exacerbé de pénibilité [29,169,477]. Un sondage effectué, aux États-Unis, auprès de 500 élèves du primaire, a d'ailleurs révélé que ces derniers préféraient tous la télévision à la lecture, quelle que soit la nature des programmes proposés [29]. Ce plébiscite, proprement stalinien, démontre à quel point la lecture peut, pour nos enfants, paraître rébarbative et déplaisante. Il faut dire, et tous les spécialistes s'accordent à le reconnaître, que le chemin qui mène au livre n'a rien d'une sinécure [29,54,65,81,324]. Charlotte pourrait en témoigner du haut de ses 9 ans. La demoiselle est très bonne élève et, au sens le plus mécaniste du terme, excellente lectrice. Aucun signe n'échappe à sa sagacité. Cependant, même les livres les plus simples de la fameuse Bibliothèque rose restent, pour son jeune esprit, un challenge redoutable. *Fantômette contre le géant* en est un bon exemple [478]. Ce texte, théoriquement destiné aux 8-9 ans, renvoie bien souvent Charlotte au dictionnaire. Quand la définition fournie par ce dernier s'avère compréhensible, tout va bien. Dans le cas contraire, il faut remonter la pelote des mots et/ou solliciter les lumières parentales. En bout de chaîne, la compréhension du plus petit des paragraphes peut parfois nécessiter 20 à 30 minutes d'un labeur acharné. Cela n'a rien de scandaleux, si l'on admet que l'écrit est un espace spécifique dont il faut apprivoiser la syntaxe et le lexique. Même un modeste *Fantômette* regorge d'expressions déroutantes et bien peu familières de l'univers oral : « amateur de missel », « quintessence de leurs effluves subtils », « chasseurs néophytes », « cynocéphales au faciès prognathe », « cailloux qui parsèment les abords des ruines », « articles ahurissants », « remplit une timbale », « cours de grammaire assez soporifique », « niveler le terre-plein », « bestioles aériennes, dont seul un entomologiste aurait pu dire le nom », « campagnard entre deux âges », « conférence sur la manière de manier la houe », « joueurs éclopés », « Gargantua, qui se battait contre Picrochole », etc. [478]. Des exemples qui montrent bien, je crois, que s'il faut énormément de mots pour lire [479], il faut aussi lire énormément pour acquérir plus que les termes du quotidien [65]. Cela étant dit, il convient sans doute de préciser ici clairement que toutes les lectures ne sauraient se valoir d'un strict point de vue éducatif. Je trouve incroyablement fallacieux l'argument selon lequel il ne serait pas grave que les enfants lisent moins de livres qu'avant, parce qu'ils se rattrapent largement sur les bandes dessinées, les magazines people, les blogs et les mangas [480]. C'est à se demander si les tenants de cette incroyable théorie compensatoire ont déjà lu *Voici*, *Closer*, le blog de ma nièce, *DragonBall* ou *Naruto*. Prenez *Voici*, par exemple. Pour les besoins du présent ouvrage, j'ai décidé d'acheter l'exemplaire de la semaine [481]. Je ne m'attendais pas à de la grande littérature, mais je ne pensais pas non plus devoir affronter un tel Waterloo grammatical ! En fait je n'ai parcouru qu'une simple page [481]. Cela s'est révélé amplement suffisant à mon édification. J'ai débuté par le petit encart, à droite. Un certain Jonathan expliquait, philosophe, que « se marier implique seulement de vivre sous le même toi [adieu mon t] ». « Au pire, ajoutait le jeune homme, je reprendrais [s compris] un job alimentaire. » Dans l'article adjacent, sa consœur Émilie affirmait avoir « les même [au singulier c'est tellement plus raisonnable] délires » que son copain Léo. Peu de chose au regard de Romain, Cindy et Angie qui « auraient, eux, pris pas mal de bons [au pluriel c'est tellement meilleur] temps » dans les toilettes. De toute façon, Émilie savait que son ex était désormais avec Vanessa. « J'étais morte de rire en voyant les photos de tous les deux au milieu des feuilles mortes. » Avec ce genre d'histoire, cette rigueur syntaxique et ce nec plus ultra orthographique, nos ados sont incontestablement en de bonnes mains. Une issue côté mangas ? Pour le savoir, je me suis rendu chez Decitre à Lyon. Le jugement d'une vendeuse, aussi charmante qu'enthousiaste, se révéla sans appel : « *Naruto* ! C'est la bible, vous allez vous régaler. » En guise de régalade, j'ai surtout rencontré les affres d'un ineffable ennui. Heureusement, Charlotte se montra beaucoup plus enthousiaste. Elle avala l'histoire avec voracité. Il faut dire que son voyage au pays de Naruto s'opéra sans dictionnaire ni secours extérieur. Une prouesse que l'on peut aisément expliquer à l'aide d'un petit passage sélectionné au bon vouloir du Sieur Hasard[i] : « Fwam. Shuuuf. Tchak. Slash. Svaf. Hung. Shrap. Ce n'est qu'une illusion ! Je peux surmonter la douleur !... ! Slap. Slap. Slap. Zrax. Zrax. Zrax. Gwaaaah !!! Hung !!! Stak. La dernière fois je n'ai pas pu en finir avec toi... Gatch. Wooo ! Stack. J'avais confiance en toi... Pourquoi n'as-tu pas arrêté Sasuke ? Zouip. Wooop !!! Wooo. Je comptais pourtant sur toi... Tu m'as profondément déçu... Tu n'as même pas été fichu de protéger ton ami... Toujours toi qui as droit au bonheur... Kshik. C'est toujours toi qui profites de tout... Hh... Hh... Hh... Hh... Hng... Hh... Hh... Hh... !... Je... Ça va Naruto ? Il ne se limite pas au Dôjutsu... Tu as subi une attaque de Genjutsu[ii]... Mais c'est fini... Bon, on va passer aux choses sérieuses ! Tiens-toi prêt Naruto !. » [482] Difficile de prétendre que ce genre de texte peut nourrir le langage et remplacer les cynocéphales au faciès prognathe ou autres amateurs de missel de cette brave Fantômette ! Lire *Naruto* est sans aucun doute digne, louable et respectable. Il est possible que ce type d'œuvre nourrisse l'imaginaire et l'onirisme du chaland. Il n'en reste pas moins que *Naruto* et ses affidés ne feront jamais d'un enfant un lecteur aguerri.

---

[i] Totalité du texte compris entre les pages 119 et 125 [482].

[ii] Charlotte ne sembla pas déstabilisée par ces mots (*Dôjutsu, Genjutsu*). C'est comme du taekwondo, m'a-t-elle dit.

D'ailleurs, au point où nous en sommes, peut-être serait-il bon de dire un mot de ces vigoureux élans post-soixante-huitards selon lesquels il ne faudrait surtout pas brusquer nos malheureuses têtes blondes afin d'éviter d'irréversibles traumatismes. « Ne les obligez pas à lire » implorait, par exemple, il y a peu de temps, un dossier du mensuel *Psychologies magazine* [480]. Selon les termes de ce dossier, « Françoise Dolto la première estimait qu'il n'était pas essentiel de lire avant l'âge adulte ». Par ailleurs, « certains enfants détestent la lecture parce qu'ils gardent un souvenir pénible de son apprentissage ». Il est vrai, je l'admets, que sans apprentissage, le souvenir ne risque pas d'être bien douloureux. Cela étant dit, espérer qu'un enfant avalera de lui-même la potion saumâtre qui fait d'un déchiffreur un lecteur me semble légèrement optimiste, surtout si la télévision s'agite dans la maison. À l'évidence, il est bien plus engageant, aux âges où l'on apprend à lire, de s'avachir devant *Secret Story* que de suer sur *Fantômette*. Or, sans apprentissage précoce, il n'existe pas d'avenir possible au cœur du monde écrit. En contradiction avec les affirmations prêtées à Mme Dolto, un récent rapport de l'Insee a ainsi montré que « la pratique de la lecture à l'âge adulte trouve ses racines dans l'enfance. Le fait d'avoir lu ne serait-ce qu'occasionnellement pendant l'enfance augmente fortement la probabilité de lire à l'âge adulte. En outre, plus la pratique était régulière, plus il est probable d'en avoir conservé le goût. Lorsque de surcroît les parents discutaient avec l'enfant de ses lectures, ce dernier est quasi assuré de devenir un adulte lecteur » [483]. On oblige les enfants à manger proprement, à prendre des douches régulièrement, à suivre en public certaines règles de comportement, à se lever le matin pour aller à l'école, à faire du sport le mercredi, à ne pas traverser au feu rouge, mais on ne pourrait les astreindre à lire un peu ? En quoi diantre serait-il scandaleux de voler ne serait-ce que 30 minutes quotidiennes à la télé pour l'octroyer au livre ? 30 minutes, cela ne représente même pas le quart du temps de cerveau offert chaque jour par nos enfants à TF1, M6, France 2 et affidés [435]. Pourtant l'idée a du mal à passer. « T'es quand même sérieusement facho » m'a, par exemple, affirmé Annie, juste avant que sa fille de 17 ans ne m'assène un irrévocable : « Putain, t'es grave dans la préhistoire. » Une affirmation somme toute assez proche des positions de Serge Tisseron se félicitant de « l'abandon des méthodes coercitives » et déclarant lyriquement que « ceux qui n'ont pas une relation privilégiée au verbal et à l'acoustique ne se trouvent plus obligés, comme par le passé, d'apprendre de force dans la peur et les larmes [*sic*]. Ils se détournent donc de ces formes d'apprentissage qui ne leur ont jamais correspondu, et auxquelles ils ne se pliaient jusqu'ici que par crainte d'être punis. C'est pourquoi ceux qui rêvent de rétablir des méthodes plus contraignantes pour apprendre aux enfants la lecture et l'écriture feraient bien d'y réfléchir à deux fois. Les temps ont changé ! Les enfants qui ont une relation privilégiée aux images ne sont plus prêts aujourd'hui à y renoncer aussi facilement que par le passé, dans la mesure où l'environnement audiovisuel les y confirme chaque jour » [34]. Pauvre jeunesse maltraitée, vivant dans la peur et les larmes, geignant sur ses cahiers, assommée d'un labeur surhumain. C'est à se demander comment j'ai pu pendant si longtemps échapper aux tourments de la honte, comment j'ai pu sans broncher supporter l'image infamante de cette pauvre Charlotte enchaînée à ses livres, tel le forçat à sa galère. Malheureuse enfant, livrée ainsi au joug barbare d'immondes Thénardier de la lecture. Sa vie serait tellement plus heureuse et aboutie avec TF1 en mode intraveineux !

Peut-être devrions-nous envisager de rémunérer la demoiselle en deniers sonnants et trébuchants pour donner quelque humanité à sa terrible épreuve. Après tout, la mode n'est-elle pas à payer les élèves pour qu'ils acceptent de se rendre à l'école[i] ? Pour désespérante qu'elle paraisse, cette proposition se révèle, quand on y réfléchit, en parfaite harmonie avec les incidences désastreuses du gavage cathodique que nous faisons subir chaque jour à nos enfants. En effet, la télévision conditionne littéralement ces derniers à l'immédiateté. Il ne faut que quelques instants au plus navrant crétin pour devenir une « star » et occuper la Une des magazines people. Un QI de blaireau suffit à comprendre, sans effort ni délai, 99,9 % des émissions du PAF[ii]. Un déluge d'injonctions publicitaires, largement subliminales, imprègne irrévocablement nos « cerveaux disponibles » d'un modèle de bonheur non différé, basé sur l'accès instantané aux biens les plus divers. Les termes d'un rapport rédigé, pour le ministère de la Santé, par le Collectif interassociatif enfance et média (CIEM) sont à ce titre édifiants. Après avoir stigmatisé l'incapacité du corps social à prendre « la mesure du rôle des médias dans le développement des jeunes et la construction de leur identité », les auteurs concluent sans détour que la télévision « fonctionne sur des valeurs souvent opposées à celles de l'école : promotion de la réussite spectaculaire sans efforts, promotion de l'exposition de l'intimité, fonctionnement dans

---

[i] En France, on peut remporter des voyages, des heures de conduite ou des places pour aller voir un match de foot. Aux États-Unis, c'est plus direct. Dans certains collèges, un adolescent accomodant peut espérer gagner 50 $ par semaine. Dans le primaire, une dictée sans faute peut valoir jusqu'à 25 $. En Angleterre, c'est jusqu'à 30 £ par semaine de présence [484-487].

[ii] Paysage Audiovisuel Français.

l'instantané et la satisfaction immédiate »[59]. Ces maux, nombre d'enseignants les dénoncent ouvertement à travers la ferme stigmatisation d'une génération qui aurait perdu le goût et le pouvoir d'apprendre[488,489]. Les jeunes, nous dit par exemple Natacha Polony, « ne sont pas prêts [...] à accepter avec humilité le temps nécessaire à l'apprentissage, temps qui n'est généralement pas celui de la jouissance et de l'épanouissement »[81]. « Ce qui fait de la télévision l'ennemi public (ou privé) numéro 1 de l'éducation, poursuit Alain Bentolila, c'est qu'elle parvient à dissuader les enfants et leurs parents de toute velléité de curiosité et de conquête en rendant ce qui n'est pas déjà vu et connu indigne de leur ambition intellectuelle. »[54] « L'habitude de "zapper" sur la télécommande, renchérit Véronique Bouzou, de regarder passivement des émissions qui ne requièrent aucune qualité intellectuelle s'est faite au détriment des leçons à apprendre ou des devoirs à faire à la maison. De plus en plus d'adolescents ne parviennent pas à rester concentrés plus de quelques minutes sur un texte écrit ni sur un quelconque raisonnement. »[41] « On nous dresse à vouloir tout, tout de suite et sans effort, précise pour sa part Sébastien Clerc. C'est ce qu'on peut appeler le syndrome du zapping, car la télévision est (avec la console de jeux et Internet) l'organe de propagande de base pour cette frénésie [...] On en reste à la jouissance immédiate, le plaisir différé n'intéresse plus. Ainsi habituée à ne plus perdre de temps avec une information qui ne soit pas frappante ou très excitante, une partie de notre jeunesse se rend de moins en moins disponible pour l'acquisition lente et progressive de connaissances abstraites [...] Seule l'éducation peut faire entendre qu'une certaine dose de déplaisir peut conduire à un plaisir plus grand que ceux immédiatement accessibles. Cette prise de conscience fondamentale passe, qu'on le veuille ou non, par la contrainte. »[490] « Pour le dire simplement, résume Jean-Philippe Testefort, ce dont témoignent ces difficultés, et qui est ici en jeu, c'est le faible goût des élèves pour le savoir »[491]. De façon intéressante, ces affirmations recoupent les résultats d'une étude récente ayant permis d'établir, après prise en compte d'un large spectre de covariables sociodémographiques, psychologiques et personnelles, que plus un enfant regardait la télévision avant 3 ans et moins il s'impliquait dans son travail scolaire à 10 ans, en termes de participation, d'efforts ou de curiosité[448]. Cette conclusion est compatible avec un solide corpus expérimental montrant que le petit écran accroît l'impulsivité comportementale et cognitive des enfants, tout en diminuant leur propension à la persévérance, leur appétence pour les tâches intellectuellement exigeantes et leurs capacités de concentration[29,58,65,437,450,492-494]. Ce dernier point a été particulièrement bien étudié. Il fut alors montré, par exemple, que les élèves les plus téléphages étaient invariablement identifiés comme les plus impulsifs et inattentifs par le corps enseignant[495,496]. De la même manière, il fut établi qu'une consommation cathodique précoce altérait profondément le développement des fonctions attentionnelles[497,498]. Une recherche longitudinale publiée dans la revue de l'Association américaine de pédiatrie s'avère, de ce point de vue, particulièrement intéressante[499]. Plutôt que de considérer la consommation audiovisuelle des enfants de manière syncrétique, les auteurs distinguèrent entre les programmes récréatifs à contenus faiblement (*Babe, Les Razmoket, Les Pierrafeu*) *versus* fortement (par exemple *Le Roi lion*, *Vidéo gag*, ou *Scooby-Doo*) violents. Les résultats montrèrent que chaque heure de programme non violent avalé quotidiennement avant 3 ans augmentait de près de 75 % la probabilité d'occurrence de troubles attentionnels à 8 ans, après prise en compte d'un large spectre de covariables sociodémographiques, psychologiques et personnelles (âge, sexe, place dans la fratrie, lieu de résidence, éducation des parents, stimulation cognitive précoce, etc.). Lorsque l'enfant était confronté à des contenus violents, le niveau de risque était carrément multiplié par 2,2 ! D'autres travaux confirmèrent et étendirent ces résultats à des sujets plus âgés, sans distinguer cependant, dans ce cas, entre contenus de différentes natures. Une étude révéla, par exemple, que chaque heure passée devant le poste entre 5 et 11 ans augmentait de près de 50 % la probabilité d'apparition de troubles de l'attention à 13 ans, après prise en compte d'un grand nombre de covariables potentielles, dont l'existence d'éventuels déficits attentionnels initiaux [234]. Ce dernier point est extrêmement important. Il garantit, en effet, que l'impact rapporté est indépendant des influences antérieures. En d'autres termes, l'atteinte observée à 13 ans ne tient pas compte des désordres hérités de la première enfance. Pour faire simple, on pourrait dire que les impacts précoces (< 3 ans) et tardifs (5-11 ans) ne se recouvrent pas, mais se cumulent. Ce principe additif s'applique d'ailleurs aussi, malheureusement, aux influences adolescentes. Selon un travail récent, chaque heure passée devant le poste à 14 ans augmente de 44 % la probabilité d'apparition de troubles de l'attention à 16 ans, après prise en compte, parmi un large spectre de covariables, des éventuels déficits attentionnels initiaux [438]. Pour ceux qui auraient tendance à juger véniels ces effets, peut-être est-il intéressant de rappeler que les fonctions d'apprentissage et de mémorisation dépendent directement de l'attention [500-503]. Lorsque cette dernière est atteinte, c'est tout le fonctionnement cognitif qui s'avère compromis. Il est ainsi établi, pour ne prendre qu'un exemple, que l'existence de troubles attentionnels à 16 ans multiplie par presque 4 les risques d'échec scolaire, après prise en compte d'un grand nombre de covariables potentielles (âge, sexe, statut socio-économique, consommation audiovisuelle, etc.) [438]. Un chiffre relativement éloigné, convenons-en, du champ homéopathique !

Depuis plus de 40 ans, nombre d'auteurs ont souligné le rôle central des formats audiovisuels rapides dans l'émergence de troubles attentionnels chez l'enfant et l'adolescent [65,305,504,505]. D'un point de vue théorique, cette idée prend appui sur un large corpus expérimental montrant qu'il existe deux systèmes attentionnels distincts, portés par des circuits neuronaux différents et sollicités de manière soit automatique-exogène soit volontaire-endogène [503,506-508]. L'exposition audiovisuelle aboutirait à hypertrophier le premier de ces systèmes, au détriment du second. Deux processus complémentaires seraient alors mis en jeu. Premièrement, en étant soumis à une succession frénétique de séquences lapidaires, le cerveau en développement s'habituerait à modifier continuellement ses focalisations cognitives et engagements intellectuels. Deuxièmement, en se trouvant confronté à une cascade ininterrompue de stimuli racoleurs, l'esprit naissant apprendrait à se reposer sur les sollicitations perceptives externes pour relancer sa vigilance et maintenir son intérêt. Le bien-fondé de ces hypothèses a récemment été confirmé par Bermejo Berros, au sein d'un remarquable travail expérimental réalisé chez des enfants de 6 à 10 ans, en référence à la série *Dragon-Ball Z* [264]. Celle-ci fut sélectionnée, non pour son intérêt fictionnel, mais pour sa capacité à concentrer (si je puis dire) toutes les ficelles captatives du métier : variations sonores, flashes visuels, changements de plans, multiplication des angles de vues, sons aigus, enchevêtrement rapide des séquences narratives, etc. Après avoir analysé en détail le niveau d'attention et de compréhension des enfants à plusieurs épisodes de la série, Bermejo Berros montre clairement l'incroyable pouvoir de sidération de cette dernière et il conclut au rôle dévastateur de ce genre de programmes sur l'organisation de la pensée. Selon les termes mêmes de ce chercheur, « étant donné [que l'enfant] n'a pas compris les relations internes entres les éléments de l'intrigue du récit qu'il a vu à la télévision, et qu'il ne sait pas non plus situer dans le temps et dans l'espace les faits qui surviennent, ni leurs causes, il s'habitue à "penser horizontalement". Cela veut dire qu'il se limite à un raisonnement par contiguïté et par analogie et lorsque les enfants ne comprennent pas la structure verticale du récit, ils finissent par donner une plus grande importance, non pas aux faits qui structurent l'intrigue, mais aux traits formels qui ont une saillance perceptive, même s'ils ne sont pas importants pour cette intrigue [...] Leur pensée, avec une telle influence, finit par s'alimenter uniquement de ce qui est immédiat, rapide. [...] Ils construisent ainsi un monde de pensée de l'immédiateté, dépendant de la perception et de l'émotion pures, qui leur servira de peu, par exemple, dans de nombreuses tâches scolaires qui requièrent précisément de dépasser la perception et d'utiliser la pensée verticale. En définitive, les séries [comme *DragonBall Z*], de plus en plus présentes dans la télévision actuelle, conduisent à disloquer la pensée de l'enfant dans la mesure où elles ne contribuent pas à construire de façon adéquate ses structures de connaissances et sa pensée narrative. Elles le font de façon fragmentaire et désarticulée » [264]. Pour ne rien arranger, on peut craindre que ce processus de dislocation n'agisse pas de manière unidirectionnelle. En effet, il est probable que l'influence de la télévision résonne avec le délaissement, déjà évoqué, de certaines pratiques intellectuellement structurantes, dont la lecture, le jeu ou les devoirs [29,132,461,463,509]. Plus la pensée se disloque sous l'effet du petit écran et plus ces activités s'appauvrissent. Dans le même temps cependant, plus ces activités s'appauvrissent et plus la structuration de la pensée est remise en cause [65,406,510-513]. Un terrible cercle vicieux dont il semble bien difficile de s'extraire.

Pendant longtemps, les incidences délétères du poste sur l'attention n'ont pu être expliquées au-delà des éléments précédents. Ce goulot étiologique a finalement sauté au début des années deux mille, lorsqu'un groupe de chercheurs ont entrepris d'étudier l'influence de la télévision sur les activités spontanées du jeune enfant [130,514]. Un dispositif expérimental assez simple fut alors employé. Des sujets de 1 à 3 ans étaient placés dans une pièce avec des jouets et une télévision. Celle-ci pouvait être soit éteinte, soit allumée. Dans ce dernier cas, un programme de divertissement tous publics était présenté (*Jeopardy*). Les résultats montrèrent que le poste perturbait sérieusement l'activité spontanée des enfants. Ceux-ci regardaient très peu l'écran (moins de 5 % du temps), mais chaque coup d'œil entraînait un abandon de la conduite en cours. Au final, les enfants soumis à une présence audiovisuelle d'arrière-plan changeaient de jouets plus fréquemment, présentaient des schèmes ludiques moins riches, affichaient des plages de jeux raccourcies et se révélaient moins concentrés durant ces plages. De façon intéressante, nombre de travaux ont montré que ce genre d'altérations prédisait une évolution peu favorable du QI à long terme [515,516] et se retrouvait couramment chez les enfants souffrant de retards cognitifs [500,517-519]. Il n'est dès lors pas totalement incongru de suggérer que la présence fréquente d'une télévision d'arrière-plan[i] puisse désorganiser le déploiement intellectuel en frelatant certaines activités constitutives de ce déploiement. Pour assurer une bonne compréhension de ce point, sans doute n'est-il pas inutile de dire quelques mots sur la nature des conduites spontanées du jeune enfant [519-521].

Avant 12 mois, le bébé se contente généralement d'explorer physiquement les objets. Il les touche, les regarde, les manipule. Au cours de cette première année, l'attention devient progressivement plus soutenue et les phases d'interactions gagnent en complexité. Plusieurs objets peuvent alors être utilisés de concert et empilés ou alignés. Entre 12 et 24 mois, les manipulations initiales donnent naissance à des activités fonctionnelles d'utilisation. L'enfant joue alors à coiffer sa poupée, à la coucher ou à lui donner le biberon. Avec le temps, ces scénarios se coordonnent entre eux, pour donner naissance à des conduites clairement anticipatrices. L'enfant fait par exemple semblant de sortir une casserole, de la remplir de lait, de la faire chauffer, de verser le résultat dans un biberon et donner ce dernier à Miss Barbie. À l'ultime stade surviennent les représentations symboliques. L'enfant devient un chat ou un avion pendant que la boîte d'allumettes se transforme en fer à repasser ou en voiture de course. Bien sûr, il arrive fréquemment que les adultes interviennent pour enrichir ces conduites. Dans ce cadre, Papa peut, par exemple, demander qui conduit la voiture, poussant alors sa progéniture à placer une gomme sur la boîte d'allumettes pour figurer un indispensable chauffeur.

À l'évidence, nombre de parents ne mesurent pas distinctement combien les compétences élaborées à

---

[i] Rappelons comme discuté plus haut que dans 40 % des foyers, le poste est constamment allumé.

travers ces activités précoces sont essentielles au déploiement des fonctions cognitives dites « supérieures » [511,513,521-523]. On sait aujourd'hui, par exemple, qu'il existe une relation forte, premièrement, entre le degré d'évolution des activités ludiques spontanées et certains aspects du développement langagier [510,519,524-528] et deuxièmement, entre l'intelligence évaluée par les tests de QI et l'aptitude langagière [529]. Dès lors, perturber le jeu du jeune enfant ne peut, en bout de chaîne, que pénaliser l'intelligence. À titre d'illustration concrète, imaginons Bébé au milieu de son parc. À 8 mois, pris d'une irrépressible pulsion, notre bonhomme s'attaque soudain au cube qui traînait près de lui. Il le manipule quelques secondes, puis entend une éructation sonore et tourne la tête vers la télé. Le cube est alors « oublié ». Quand l'enfant revient au jeu, il attrape une girafe, puis s'interrompt de nouveau en réponse à un flash lumineux. Voilà la girafe perdue, elle aussi. À terme, ces interruptions incessantes empêchent la mise en place de focalisations attentionnelles endogènes soutenues et prolongées. Ce déficit initial affecte, bien sûr, les stades ultérieurs du développement. Ainsi, lorsque l'enfant ne peut soutenir son attention, il a forcément du mal à coordonner plusieurs tâches au sein de scénarios complexes. Ses jeux perdent alors en richesse et en diversité. Cette altération s'avère d'autant plus marquée que l'influence délétère de la télévision se propage bien au-delà des premiers âges. Imaginons, pour nous en convaincre, que Paul décide de nourrir sa Barbie. Le jeune homme attrapera une casserole, la posera sur le feu, sortira le lait… et s'interrompra pour localiser l'origine de l'exclamation produite par le poste. Cette coupure signera la fin des opérations antérieures. Lorsque Paul reviendra à ses moutons, il se lancera dans une nouvelle séquence, qui ne manquera pas, à son tour, d'être rapidement suspendue. C'est alors la mémoire de travail, conçue comme capacité à sélectionner, conserver et traiter plusieurs informations nécessaires à la réalisation d'une tâche complexe, qui sera touchée. Cette mémoire est impliquée dans nombre de processus mentaux dont le langage, la lecture, le calcul et le raisonnement [530,531]. Comme si tout cela ne suffisait encore pas, il s'avère que la télévision affecte aussi l'attention que les parents portent à l'enfant. Lorsque le poste est allumé, les adultes sont moins enclins à interagir avec leurs rejetons et donc à enrichir les schèmes ludiques et langagiers de ces derniers [133,134,532]. Par ailleurs, plusieurs études ont montré chez l'animal [533] et l'homme [534,535] qu'un bruit ambiant arythmique pouvait lourdement perturber le développement cérébral.

Au cours des dernières années, la multiplication des programmes destinés aux tout-petits a sérieusement exacerbé les craintes qui viennent d'être évoquées. En effet, ces programmes amplifient fortement, grâce à leur redoutable potentiel captateur, le pouvoir délétère de la télévision. Lorsque Bébé regarde des émissions qui lui sont directement destinées, il ne se contente pas de brefs coups d'œil. Il s'accroche à l'image de manière soutenue. Plusieurs études ont ainsi montré que des sujets de 2 ans et moins pouvaient passer plus de 70 % de leur temps à fixer l'écran, en présence de contenus *ad hoc* [130]. Ce chiffre, proche des valeurs observées chez l'adulte [536], surpasse très largement ce que la communauté scientifique considérait plausible il y a seulement quelques années [130,314,537,538]. Encore une « compétence infantile » que la tribu des vendeurs de cerveaux a su identifier et exploiter sans la moindre vergogne. En formatant habilement ses contenus, la télévision des nouveau-nés a réussi, au sens premier du terme, à asservir l'enfant sur la base d'un véritable rapt attentionnel. Scotché au poste, notre jeune téléphage suspend, bien malgré lui, le cours de son développement au profit d'une infâme et corrosive bouillie cathodique. Et à l'évidence, cette bouillie n'est pas en voie de dissipation. Depuis les années quatre-vingt-dix, la proportion d'enfants de moins de 1 an exposés quotidiennement à la télévision a quasiment quadruplé pour atteindre aujourd'hui les 60 % [185,194]. 40 % des nouveau-nés de 3 mois regardent la télé ! La durée de consommation quotidienne avoisine alors 1 heure, dont 30 minutes de programmes éducatifs, 10 minutes de vidéos pour bébés, 10 minutes de programmes jeunesse récréatifs et 10 minutes de contenus adultes [269]. À 24 mois, la proportion de spectateurs s'élève à 90 % et le temps journalier de visionnage monte à 1 h 40 dont 55 minutes de programmes éducatifs, 30 de programmes jeunesse récréatifs, 5 petites minutes de vidéos pour bébés et toujours 10 minutes de contenus adultes. Au-delà de 24 mois, le pourcentage de consommateurs se stabilise alors que le temps d'exposition continue d'augmenter lentement pour finalement atteindre un peu plus de 2 heures à 3 ans [185i]. Précisons, pour être complet, que ces valeurs sont vraisemblablement sous-estimées pour au moins deux raisons renvoyant, premièrement, à une minimisation chronique du temps d'exposition des enfants gardés par une nourrice [540] et deuxièmement, à une absence de prise en compte des consommations d'arrière-plan. Bien sûr, des durées de 1 à 2 heures peuvent sembler raisonnables de prime abord. Pourtant, dans les faits, ces valeurs sont faramineuses. En effet, les amplitudes d'exposition ne doivent pas être rapportées au temps quotidien total, mais au temps utile, c'est-à-dire au temps effectivement affecté à l'ontogénèse, après soustraction des activités physiologiques

---

[i] Pour des estimations de consommation similaires entre 0 et 35 mois, voir aussi : [539].

(couches, repas, bains, sommeil – un enfant de 6 mois-1 an dort aisément 16 heures par jour [145])[i]. Une étude a récemment abordé cette question de manière détaillée [132]. Les auteurs ont alors mesuré l'influence de la télévision sur diverses activités identifiées comme importantes pour le développement du langage, de l'intelligence ou de la motricité. Les résultats se révélèrent pour le moins impressionnants. Entre 0 et 2 ans, chaque heure quotidienne passée devant la télévision ampute la durée des interactions parents-enfants de 16 %, la durée des échanges entre enfants de la fratrie de 31 % et le temps consacré aux jeux créatifs (dessins, coloriage, poupée, petites voitures, utilisation de jouets, etc.) de 10 %.

À l'évidence, les éléments précédents ne plaisent guère aux vendeurs de cerveaux. Pour éviter toute menace sur leur lucratif business, ces derniers ont donc développé une remarquable mythologie psychogénétique dont le message tient en quelques mots simples : la télévision n'est ni bonne ni mauvaise, son influence dépend des contenus ; lorsque ceux-ci sont adaptés, ils soutiennent efficacement le développement intellectuel de l'enfant[ii]. Considérez, par exemple, BabyFirst. Cette chaîne qui, selon les propres termes de ses concepteurs, « veille sur l'épanouissement de votre bébé », nous explique à travers son site Internet que « dès les premières heures de sa vie, jeunes enfants possède déjà quelques milliards de neurones. Seulement, ceux-ci ne lui sont, au départ, que d'une mince utilité puisque la plupart ne sont pas connectés. En réalité, pour parfaire ces connexions, le cerveau du petit d'homme doit être stimulé. Stimulé par des sons, par des couleurs.

[i] Voir note ii p. 31.

[ii] Pour une analyse détaillée de ce genre de discours, voir [125].

Parce que son environnement quotidien n'est pas toujours suffisamment riche pour l'éveiller et participer naturellement à son développement, la télévision peut représenter pour lui une formidable source d'action positive »[i]. Si l'on veut bien faire abstraction de la théorie (fort divertissante) du neurone non connecté, ce paragraphe est plutôt adroit. Il entretient en effet une savante confusion en mélangeant, sous le terme générique de *stimulation*, deux réalités fort disparates. *Stimuler* peut vouloir dire « soumettre à une excitation, à l'action d'un stimulus » [542]. Cependant, cela peut signifier aussi « mettre quelqu'un ou quelque chose dans les conditions propres à le faire agir ou réagir ; susciter ou renforcer un mouvement » [542]. L'ontogénèse implique spécifiquement ce second sens. La télévision n'offre que le premier, et encore, de façon fort partielle. Une fâcheuse limitation que nos amis de BabyFirst contournent avec talent en faisant de certains stimuli spécifiques (sons, couleurs) les éléments essentiels du développement infantile. À l'aune de cette prémisse, il devient assez simple d'expliquer que l'enfant n'est pas toujours stimulé de manière optimale par son environnement et que la télévision constitue un outil efficace d'enrichissement du milieu. Bien sûr, il n'existe aucune connexion logique entre ces propositions. Le poste ne peut être érigé à l'état de tuteur compétent au seul motif que certains enfants ne jouissent pas d'un cadre de développement optimal. Pourtant, les artificieux de BabyFirst ne se privent pas de lier les deux idées en utilisant habilement la locution conjonctive causale *parce que*. L'objet de ce sophisme est manifeste : offrir de la crédibilité à une thèse fallacieuse en associant celle-ci à une affirmation indiscutable. La ficelle n'est pas mince,

[i] Texte original, non corrigé [541].

mais elle suffit à tromper nombre de parents peu familiers des subtilités de l'ontogénèse. Les éléments suivants devraient résoudre une partie du problème en montrant que la télévision représente, pour les tout-petits, un espace de développement outrageusement débilitant, et ce quelle que soit la nature des contenus considérés.

Afin d'établir l'inévitable vacuité éducative de la télévision, il est absolument nécessaire de faire un petit détour par la physiologie cérébrale. La promenade ne devrait toutefois pas être trop pénible, tant ce champ d'étude est riche de données formidables. L'ontogénèse est un prodige qui depuis 100 ans n'a jamais cessé d'émerveiller les spécialistes. Comme chacun le sait, tout commence lorsque Monsieur Spermatozoïde rencontre Mademoiselle Ovule. Après un petit brassage d'ADN, Bébé se voit attribuer un capital génétique, c'est-à-dire, en dernière analyse, un espace potentiel de développement. Pendant longtemps, l'expression de ce potentiel a été associée à des facteurs essentiellement endogènes. L'idée voulait alors que l'intelligence constitue un trait héritable, génétiquement déterminé. Au cœur de cette vision se trouvait un psychologue anglais nommé Cyril Burt. Durant sa carrière, ce professeur d'université étudia plusieurs dizaines de paires de vrais jumeaux (homozygotes), séparés dès leur naissance et élevés dans des milieux profondément différents. Il montra que le QI de ces jumeaux était très fortement corrélé, indépendamment des conditions de développement. En d'autres termes, génies et crétins allaient toujours par paires, l'éducation n'y changeait rien. Cela plut beaucoup à la reine d'Angleterre, qui anoblit Burt, et aux politiciens libéraux qui se jetèrent sur l'aubaine pour « réformer » le système éducatif et éviter que trop d'argent ne soit dilapidé à éduquer une armée de pauvres génétiquement débiles [543]. Malheureusement, Burt n'était qu'un vil escroc. Il avait tout inventé. Jumeaux, collaborateurs, voyages, statistiques, rien de tout cela n'était vrai [544-548]. Cette fraude fut reconnue d'autant plus aisément que la neurophysiologie animale avait commencé, depuis quelques années déjà, à secouer très sérieusement les fabulations de notre aigrefin du QI. La première banderille fut portée par Donald Hebb à la fin des années quarante [549]. Cet éminent chercheur avait rapporté chez lui quelques bébés rats. Une fois devenus adultes, ceux-ci se révélèrent infiniment plus agiles et futés que leurs homologues de laboratoire. Cette observation informelle fut suivie de dizaines d'études rigoureusement contrôlées chez le rongeur, le chat et le primate. Les animaux étaient alors élevés dans différentes conditions environnementales : (1) Carencée – certains éléments sensoriels ou sociaux étaient absents ou présentés en quantité limitée (par exemple, les animaux étaient élevés dans le noir pendant des durées variables, à des stades différents de leur existence) ; (2) Standard – chaque cage abritait un seul sujet et quelques rares objets immuables (comme une roue pour les rongeurs) ; (3) Enrichie – chaque cage abritait plusieurs sujets et un grand nombre d'objets attrayants changés régulièrement (comme des balles, objets de couleur, échelles pour les rongeurs). La condition carencée valut un prix Nobel à David Hubel et Torsten Wiesel. Elle démontra que le cerveau ne se développait pas normalement lorsque l'animal ne recevait pas les stimulations sensorielles nécessaires, à certaines périodes critiques de son développement. Les déficits alors constitués s'avéraient, en grande partie, irréversibles [550,551]. La situation enrichie manifesta un pattern inverse [552-556]. Les sujets élevés à plusieurs dans des conditions stimulantes se révélèrent, à l'âge adulte, plus intelligents, plus habiles, plus sociables et moins sensibles au stress que leurs homologues des milieux standards. Un corrélat direct de cette supériorité fut observé au niveau neurophysiologique le plus intime. Les animaux de la condition enrichie présentaient en effet, lors de leur autopsie, un cerveau plus lourd et plus gros, un cortex plus épais, un plus grand nombre de neurones, un plus grand nombre de connexions par neurone (synapses) et une plus large vascularisation intracérébrale. L'amplitude des différences était parfois vertigineuse. Ainsi, par exemple, concernant le nombre de synapses par neurone, des augmentations de 20 à 25 % furent communément rapportées [557,558]. À l'échelle humaine, cela représente plusieurs milliers de milliards de liaisons intercellulaires supplémentaires [552].

Il serait bien sûr éthiquement inacceptable d'étendre à l'homme les manipulations expérimentales qui viennent d'être décrites chez l'animal. Cela étant dit, il n'est pas rare que les aléas de l'existence se révèlent infiniment plus âpres que la main du chercheur. Lorsque cela arrive, il apparaît que l'homme est bien, en termes physiologiques, un mammifère comme les autres. Les études d'adoption sont à ce titre révélatrices [554,559]. Elles se basent sur un protocole assez simple : examiner le développement émotionnel et cognitif d'enfants adoptés à différents âges et comparer les performances de ces enfants aux accomplissements d'autres sujets n'ayant pas trouvé de famille adoptante (enfants non adoptés) ou ayant toujours vécu avec leurs parents (enfants contrôles). L'hypothèse implicite, largement vérifiée expérimentalement [559], veut alors que l'adoption fasse passer les enfants d'un milieu institutionnel ou familial peu stimulant à un environnement enrichi, porteur de larges opportunités de jouer, d'explorer le monde et d'interagir avec les adultes. Toutes les études menées dans ce contexte ont abouti à des conclusions similaires : les individus non adoptés présentent, même s'ils n'ont subi aucune atteinte sanitaire ou nutritionnelle, un développement affectif sévèrement perturbé et un QI très inférieur en comparaison d'enfants contrôles ou de sujets adoptés. Pour ces derniers, l'ampleur des séquelles conservées à long terme est proportionnelle au niveau de carence du milieu originel (les « enfants sauvages » [560] ou privés d'accès au langage [561] étant des cas extrêmes), aux caractéristiques socio-économiques de la famille d'accueil [562] et à l'âge d'adoption. Concernant ce troisième point, une recherche récente a montré sur près de 18 000 sujets examinés dans 62 études, que les individus adoptés avant 1 an ne conservaient, par rapport à une population contrôle, que peu (voire pas) de déficits identifiables à long terme. À l'inverse, les adoptions réalisées durant la seconde année ou au-delà étaient prédictives de troubles persistants de la réussite scolaire, des fonctions d'apprentissage et du langage [559]. Ces données rejoignent les superbes observations de quelques études longitudinales montrant que la qualité de l'environnement scolaire précoce transforme profondément le devenir des individus [563-565]. Dans l'une de ces études, 123 enfants de 3 ans issus d'un milieu très défavorisé furent aléatoirement répartis en deux groupes expérimentaux d'égale quotité [566]. Une soixantaine d'heureux élus se retrouvèrent alors scolarisés, durant 2 ans, dans une maternelle de très haut standing. Les autres restèrent dans l'indigente école de leur quartier. Au terme de l'étude, tous les enfants furent replacés dans leur milieu originel, puis évalués à périodes régulières. Les résultats montrèrent que les sujets du groupe expérimental surclassaient leurs homologues contrôles dans les domaines cognitif, affectif, professionnel et social. Ces différences étaient encore visibles 40 ans après la fin du programme. À cette date, les enfants ayant bénéficié précocement, pendant 2 ans (!), d'une éducation enrichie, présentaient une plus grande réussite scolaire

(65 % de bacheliers contre 45 %), un taux de chômage inférieur (24 % contre 38 %), un salaire médian mensuel plus rondouillet (1 856 $ contre 1 308 $), un moindre niveau de condamnation à de la prison ferme (28 % contre 52 %) et un recours plus parcimonieux aux médiations familiales (13 % contre 24 %), médicaments psychotropes (17 % contre 43 %) ou drogues diverses (marijuana/haschisch 48 % contre 71 % ; héroïne 0 % contre 9 %).

Pas facile au vu de ces données d'infirmer le rôle fondateur joué par l'environnement précoce sur la construction des compétences affectives, sociales et cognitives de l'individu. Contrairement à ce qu'affirme la fable du mérite, si chère à nos « élites » [543], le travail ne fait pas tout. Un enfant qui grandit dans un milieu sub-optimal ne pourra jamais exprimer son plein potentiel. Au sens premier, il deviendra un adulte sous-développé, à l'image des chatons carencés de Hubel et Wiesel, des rats « standards » de Hebb et des enfants pauvres de nos ghettos urbains. Une liste bien sûr non exhaustive, à laquelle il serait temps d'ajouter, je crois, tous les zappeurs en herbe. En effet, la télévision constitue du point de vue ontogénétique un temps stérile, parfaitement inutile. Elle n'enseigne rien, ne câble rien et, en dernière analyse, ne sollicite aucune des compétences fondamentales que le cerveau en formation doit construire. Cette assertion renvoie indéniablement à une évidence que tous les spécialistes du développement s'accordent à considérer comme acquise : l'encéphale ne s'organise pas en observant le réel, mais en agissant sur lui [65,528,567-569]. Dans son superbe ouvrage intitulé *De l'acte à la pensée*, Henry Wallon montre par exemple clairement que « l'intelligence, instrument de connaissance, sort de l'action et y retourne » [523]. Une idée que l'on retrouve aussi au cœur de l'œuvre de Jean Piaget. Comme le résume

Jean-Marie Dolle, grand spécialiste du sujet, « Piaget fonde la psychologie sur l'adaptation de l'homme au milieu et crée de ce fait l'épistémologie de l'interaction sujet-milieu. Ce qui signifie que, toute connaissance étant le produit d'interactions entre un sujet et son milieu, la connaissance provient de l'activité du sujet et, particulièrement, de sa capacité à extraire de l'élément du milieu ou objet ses propriétés. Mais connaître en ce sens comporte, d'une part, ce qui est comme tiré de l'objet lui-même, ses qualités propres saisissables par l'activité perceptive, et, d'autre part, ce que le sujet y introduit en le transformant » [570]. Dès lors, une simple observation du réel ne peut être un facteur de développement. Par exemple, contempler *Gribouille*[i] pendant des heures, ne fera pas de Valentine (3 ans) une dessinatrice émérite. Seule une exploration graphique assidue pourra permettre à la demoiselle d'acquérir une main sûre. De même, regarder les programmes spécialisés qui fleurissent sur BabyFirst, BabyTV ou diverses vidéos *ad hoc* n'enseignera jamais l'art du langage à James (16 mois). Seule une communication effective avec un tiers pourra permettre au jeune homme d'acquérir les règles syntaxiques [571,572], de discriminer les sons de sa langue [144,573,574] et d'organiser son appareil phonatoire [573,574]. Aux adultes qui en douteraient, on peut suggérer de se lancer dans l'apprentissage de l'allemand, du vélo, du ski ou du tennis, *via* la télé, en regardant Angela Merkel prononcer un discours devant le Bundestag, Eddy Merckx s'échapper sur les pentes du Ventoux, Patrick Ortlieb descendre la face de Bellevarde ou Rafael Nadal gifler un solide coup droit. Nos aspirants experts constateront alors rapidement que leur démarche est vaine pour la simple raison qu'ils ne

[i] Un programme de feue *L'Île aux enfants* où l'on voyait un petit bonhomme dessiner habilement divers personnages ou objets.

possèdent aucune des structures cognitives, sensorielles et motrices nécessaires à la réalisation des habiletés visées[i]. Prenez Nadal, par exemple. Pour reproduire (même de très loin) son coup droit, il vous faudra disposer notamment : d'une vigueur physique exceptionnelle (faire avancer la balle en lui imprimant une telle puissance de rotation demande une force titanesque), d'une représentation chirurgicalement précise de l'organisation de votre corps dans l'espace (où est ma main que je ne vois pas par rapport à la balle, comment mon tamis est-il orienté), d'une exceptionnelle dissociation segmentaire (quand j'ouvre le bras il ne faut pas que j'entraîne en rotation l'ensemble du corps), d'une lecture extrêmement précoce de la trajectoire de balle (où et comment va-t-elle rebondir, dans quelle zone aura lieu l'impact), d'une parfaite coordination balle-raquette (quand dois-je débuter le mouvement de frappe pour arriver dans la zone d'impact avec une précision temporelle inférieure à quelques dizaines de millisecondes), d'un modèle prédictif rigoureusement exact de la dynamique corporelle (en fonction de sa vitesse et de sa trajectoire, la raquette modifie le mouvement du bras et l'équilibre du corps ; si je n'anticipe pas ces effets, mon coup a toutes les chances d'atterrir dans les gradins). Aucune de ces compétences ne peut s'apprendre par observation [567]. Cela n'empêche évidemment pas les vendeurs de cerveaux de nous expliquer que l'écran représente une fantastique opportunité de développement sensori-moteur et linguistique parce que l'homme est, dès sa plus tendre enfance, un virtuose de l'imitation. On apprend ainsi, par exemple, en consultant le site Internet de BabyFirst, que « le

---

[i] Ce qui n'empêche pas nombre de professeurs de tennis ou de ski de continuer à se montrer pour espérer enseigner. (Voir pour une discussion [567].)

jeune enfant apprend surtout en mimant. Maman lui sourit et le voilà soudain qui tente de reproduire ce léger plissement de lèvres... en grimaçant. Aussi, le petit écran, diffuseur d'images, représente-t-il pour lui, une source permanente d'apprentissage au sens le plus large du terme. Tout ce qui est bon à imiter, il l'imite ! » [541]. Encore une fois, la chaîne se moque de nous en jouant d'un habile amalgame sémantique. Le fait qu'un jeune enfant soit capable de copier un comportement qu'il maîtrise déjà (comme tirer la langue), ne veut pas dire qu'il sera capable de reproduire une conduite nouvelle. De même, le fait qu'il puisse artificiellement répéter un son/mot isolé ne veut pas dire qu'il apprend à parler (ou alors mon perroquet est plus humain que je ne le pensais).

Au plan expérimental, plusieurs travaux de psychologie animale ont établi la validité des considérations précédentes en montrant qu'un sujet naïf ne pouvait tirer profit d'un milieu enrichi, de façon indirecte, en observant l'activité de ses congénères « comme à la télé » [575,576]. Typiquement, deux conditions furent considérées. La première utilisait une petite loge individuelle transparente, placée dans une large cage « enrichie » hébergeant plusieurs animaux et un grand nombre d'objets chatoyants. La seconde recourait à des cages standards abritant un seul animal et quelques pauvres objets immuables. La condition « loge » produisait invariablement des rats blafards, aux cerveaux et comportements atrophiés par rapport aux animaux enrichis et, dans une moindre mesure, standards. Cette observation fut magnifiquement généralisée par Held et Hein à partir d'un protocole de restriction sensorielle [577]. Des chatons étaient alors élevés dans l'obscurité, pendant les quatre premières semaines de leur existence. À partir de cette date, ils se retrouvaient placés, par paires, 3 heures par jour, dans un manège circulaire. L'un des animaux (« Meneur ») se déplaçait alors autour du manège en entraînant une petite nacelle dans laquelle était installé son compère (« Spectateur »). En fin d'expérience, « Meneur » présentait un comportement quasi normal, à la différence de « Spectateur ». Ce dernier se comportait littéralement comme un chat aveugle. Il butait contre les obstacles, ne parvenait pas à placer ses pattes correctement quand on le posait sur un angle de table, ne présentait pas de réflexe de clignement pupillaire lorsque l'on approchait un doigt de son œil, et était incapable de localiser les objets de son environnement. Ce dernier déficit conduisait le pauvre animal, lorsqu'il était placé en hauteur, à se jeter dans le vide sans tenir compte de la profondeur du sol. Goethe avait donc raison : « au commencement était l'action » [70] !

Chez l'homme, les données précédentes ont été largement validées à travers la mise en évidence de ce que les chercheurs nomment un « déficit vidéo » [130]. Derrière cette docte expression se cache une idée assez simple : si vous mettez l'enfant devant une télé, il pourra parfois apprendre quelque chose, mais ce quelque chose sera toujours notablement inférieur à ce qu'il aurait appris d'une interaction effective avec son environnement. Par exemple, prenez une poupée portant un gant accroché à sa main *via* un morceau de velcro et cachez à l'intérieur de ce gant un grelot. Mettez-vous face à un enfant de 12 ou 15 mois, détachez le gant, secouez-le pour faire teinter le grelot, remettez-le en place et posez la poupée au sol. L'enfant se saisit alors généralement de cette dernière puis il tente d'enlever le gant et de faire teinter le grelot. De manière surprenante, si vous réalisez la même démonstration par le biais d'une télévision, Bébé regarde mais ensuite il ne fait rien. Quand l'expérimentateur place la poupée au sol, juste après la vidéo, l'enfant n'essaye ni d'enlever le gant ni de faire teinter le grelot. Il se comporte comme un sujet totalement naïf qui n'aurait jamais vu la poupée [578]. Ce déficit vidéo reste largement présent chez des enfants âgés de 18, 24 ou même 30 mois [578,579]. Il se retrouve aussi dans d'autres types de tâches cognitives impliquant, par exemple, de retrouver un objet que l'expérimentateur vient de cacher. Si l'enfant peut voir l'action se dérouler directement devant lui, ou dans une pièce voisine *via* une fenêtre, tout se passe bien. Par contre, si l'observation s'opère indirectement *via* une télé, les choses se corsent sérieusement et notre Sherlock Holmes en herbe ne tire pratiquement aucun bénéfice des informations qui lui sont délivrées [580-582]. De manière intéressante, ces carences ne s'estompent nullement en présence d'une instruction verbale. Ce fait a été mis en évidence récemment sur la base d'un protocole plutôt astucieux impliquant des sujets de 2 ans [582]. Au début de l'étude, l'expérimentateur est dans la pièce où un objet cible va être caché. L'enfant se voit alors présenter une poupée de Snoopy et quatre cachettes potentielles. Celles-ci sont nommées. Snoopy est alors caché devant l'enfant et aisément retrouvé par ce dernier. Ensuite, l'expérimentateur vérifie que l'enfant identifie correctement les différentes cachettes en lui demandant de cacher Snoopy à tel ou tel endroit. Cela fait, tout le monde passe dans une pièce voisine. L'expérimentateur dit alors à l'enfant, « je vais aller cacher Snoopy dans sa pièce et après je reviendrai et je te dirai où le trouver. Alors, tu pourras aller trouver Snoopy. Je reviens tout de suite ». Pendant que l'expérimentateur cache Snoopy, un assistant renforce la consigne : « Maintenant [prénom] cache Snoopy. Je me demande bien où il le cache. » Après quelques instants, l'expérimentateur peut soit revenir, soit aller se placer devant une caméra vidéo reliée à un écran positionné devant l'enfant. Les mêmes paroles sont alors énoncées à destination de ce dernier : « J'ai mis Snoopy [lieu]. Snoopy se cache [lieu]. Peux-tu le trouver ? Rappelle-toi il est [lieu]. » Dans la condition directe, l'enfant retrouve l'objet convoité plus de 3 fois sur 5. Dans la situation écran, bien que notre jeune spectateur regarde l'image et écoute la bande-son, cette proportion tombe à 1 sur 5, ce qui nous amène grossièrement au seuil de chance (c'est-à-dire à la performance d'un enfant qui chercherait l'objet totalement au hasard).

De manière intéressante, l'existence d'un déficit vidéo ne se limite pas aux activités de manipulation et de recherche qui viennent d'être évoquées. Ce phénomène touche aussi le fonds de commerce des chaînes spécialisées et autres organismes producteurs de vidéos dédiées : le langage. Pourtant, en ce domaine, les vendeurs de cerveaux ne sont guère avares de discours laudatifs [125]. « Des programmes de télévision éducatifs adaptés à l'âge ont été associés à des améliorations significatives du vocabulaire parlé d'un jeune enfant » nous explique par exemple BabyFirst [583], en accord avec les affirmations de la chaîne BabyTV dont les programmes « créés avec l'aide de spécialistes de l'enfance [...] s'occupent d'associer un objet présenté visuellement et son nom prononcé – une balle apparaît à l'écran, et le narrateur dit "balle". C'est la première étape de l'élaboration du vocabulaire du petit enfant » [584]. Même son de cloche chez Brainy Baby dont le DVD *Left Brain* (cerveau gauche) « enseigne à votre enfant [dès 6 mois] des éléments de langage et de logique » [125]. Baby Einstein n'est pas en reste. Le produit *Baby Shakespeare* recommandé dès 1 an propose ainsi, modestement, d'« enrichir le vocabulaire de l'enfant à travers la beauté de la poésie, de la musique et de la nature » [125]. Tout un programme, auquel il n'est sans doute pas facile de résister lorsque l'on est parent. J'ai pu m'en rendre compte il y a peu, à l'occasion des fêtes de Noël, au sein d'un grand centre commercial de la région lyonnaise. Une femme tenait dans sa main un DVD de la collection Baby Einstein. C'est bien pour apprendre, insistait la fâcheuse afin de gagner l'aval d'un grand gaillard dubitatif, visiblement refroidi par le prix du produit. S'ensuivit une discussion pour le moins animée qui se termina sur un définitif « t'en as vraiment rien à foutre de ta fille, toi à part ton foot et ta PlayStation, y a rien qui t'intéresse ». Visiblement touché, l'homme baissa la tête, grogna pour la forme et embarqua le DVD. Triste dénouement quand on sait que toutes les études académiques récentes ont souligné le caractère au mieux inutile et au pire délétère de ce genre de programmes. Ainsi, par exemple, il a été montré que les jeunes enfants ne parvenaient pas, même au niveau phonique le plus basique, à tirer profit des discours cathodiques. À la base de ce résultat, se trouve l'observation selon laquelle l'être humain perd très tôt ses capacités à discriminer les sons qui n'appartiennent pas au répertoire de sa langue [585]. Pour un adulte japonais, différencier auditivement *mali* de *mari* est quasiment impossible. Pour Robert, mon ami américain, une *rue* et une *roue* s'entendent de la même façon. Pour moi, les mots anglais *bitch* et *beach* renvoient à une seule et unique réalité. Face à ces carences, Patricia Kuhl et ses collègues se sont dit que la télévision pourrait peut-être se révéler utile. Pour tester l'hypothèse, ces chercheurs de l'université de Washington ont exposé des petits Américains de 9 mois au langage mandarin, à raison de 12 sessions de 25 minutes réparties sur 4 semaines [144]. Dans une condition expérimentale, un locuteur de souche se présentait physiquement devant les enfants. Dans l'autre, ce même locuteur apparaissait sur une vidéo. Pas besoin d'être grand clerc pour deviner que cette seconde situation n'eut, contrairement à la première, aucun effet protecteur. Alors que les sujets du groupe « réel » avaient, au terme de l'expérience, conservé une excellente capacité discriminative, ceux du groupe vidéo n'avaient tiré aucun profit de leur exposition. Ils étaient, après 12 sessions, aussi sourds au mandarin que des enfants totalement naïfs. D'autres travaux ont généralisé cette infirmité pédagogique au domaine lexical en montrant que les vidéos pour jeunes enfants sont, en pratique, totalement inutiles [586,587]. Un récent travail de l'équipe de Judy Deloache semble, à ce sujet, particulièrement intéressant [588]. 72 enfants de 12 à 18 mois furent répartis en 4 groupes de 18 unités. (1) « Vidéo » : les enfants étaient placés face à une vidéo commerciale « éducative » largement diffusée et censée développer le langage. Cette vidéo de 39 minutes montrait une maison et son jardin à travers différentes scènes. 25 objets étaient alors clairement nommés parallèlement à leur apparition (arbre, table, chaise, etc.). Pour faciliter l'encodage lexical, chaque objet était présenté et nommé 3 fois au cours de la projection. (2) « Vidéo-Parents » : les enfants voyaient la vidéo précitée avec leurs parents. Ces derniers étaient invités à intervenir durant la projection pour relancer l'attention de l'enfant en lui montrant, par exemple, les objets, et en répétant leurs noms. (3) « Réel » : les parents se voyaient confier une liste des 25 mots traités dans la vidéo avec pour objectif d'enseigner ces mots à leurs enfants au cours des interactions quotidiennes. (4) « Contrôle » : les enfants vivaient normalement et étaient simplement évalués en fin d'expérience. Les deux groupes vidéo furent soumis à un régime d'au moins 5 projections par semaine pendant 4 semaines. Au terme de cette imprégnation, la connaissance des mots cibles, par les enfants, fut testée. Les résultats montrèrent que les sujets du groupe Réel avaient appris significativement plus de mots (53 %) que ceux des

3 autres groupes qui présentaient tous, pour leur part, des niveaux de performances statistiquement similaires (32 %). Ainsi, et selon la formulation des auteurs de l'étude, « les enfants exposés de manière extensive à une vidéo infantile populaire pendant un mois entier, seuls ou avec leurs parents, n'apprirent pas un nouveau mot de plus que les enfants qui n'avaient été exposés à aucune vidéo ». Cette conclusion relativise sérieusement les observations d'un travail antérieur, fréquemment cité, et qui avait permis de montrer, à très court terme, un effet positif de certains contenus audiovisuels sur l'apprentissage lexical [589]. Dans ce travail, portant sur des sujets de 15 à 24 mois, les auteurs comparèrent l'acquisition d'un mot cible dans plusieurs conditions expérimentales, dont 3 nous intéressent plus particulièrement ici. (1) « Réel » : l'enfant était interpellé par l'expérimentateur sur le mode « regarde, j'ai des jouets ». Ceux-ci étaient alors sortis d'un tiroir et posés sur la table. Ensuite, lorsque l'enfant portait son regard sur l'objet cible, ce dernier était soulevé et nommé. Cette concomitance visuo-verbale, fréquemment observée lors des interactions naturelles précoces entre la mère et son enfant, est supposée favoriser l'apprentissage lexical [136,585]. (2) « Vidéo-Expérimentateur » : un écran vidéo était placé devant l'enfant. Un petit film était alors projeté. On voyait l'expérimentateur interpeller l'enfant en disant « regarde, j'ai des jouets ». Ensuite, à 5 reprises, l'objet cible était soulevé et nommé, exactement comme dans la condition précédente (sauf que, dans ce cas, il n'existait évidemment aucune prise en compte de la focalisation attentionnelle de l'enfant). (3) « Vidéo-Éducative » : l'enfant voyait un épisode de *Teletubbies* dans lequel un objet émergeait du sol à 5 reprises et était alors nommé par une bande-son intégrée à la vidéo. 30 secondes après le terme de chaque condition, l'apprentissage du mot

cible (unique) était testé. Pour les enfants les plus jeunes (15-21 mois), 52 % de l'échantillon apprit le mot cible dans la condition Réel contre 40 % dans la condition Vidéo-Expérimentateur et 23 % dans la condition Vidéo-Éducative. Les plus grands (22-24 mois) firent un peu mieux, mais conservèrent toujours un large déficit vidéo avec des niveaux d'apprentissage atteignant respectivement 93 %, 55 % et 62 % pour les conditions Réel, Vidéo-Expérimentateur et Vidéo-Éducative. Cette faiblesse didactique des conditions audiovisuelles était d'autant plus frappante que tout avait été mis en place, par les auteurs de l'étude, pour maximiser la probabilité de restitution du mot cible. Bien sûr, face à un tel résultat, il est possible de souligner uniquement le côté « positif » des choses, en arguant de l'existence d'un apprentissage lexical significatif *via* la télévision. Il est facile d'imaginer combien ce genre d'affirmation peut être utile pour convaincre les parents et alimenter les affaires. Après tout, pourquoi faudrait-il s'embêter à préciser que l'acquisition langagière ne persiste pas à long terme et s'avère infiniment plus rapide et populeuse lorsque les enfants sont tenus à l'écart du poste et mis en situation d'interagir directement avec leur entourage ? Pour ceux qui douteraient encore de cette dernière affirmation, les récents travaux de l'équipe de Frederick Zimmerman devraient se révéler édifiants [128]. Ces auteurs ont recherché, à partir d'un large échantillon expérimental (n > 1 000) l'existence d'un lien statistique entre développement lexical et consommation de vidéos spécialisées éducatives. Après prise en compte d'un grand nombre de covariables sociodémographiques, psychologiques et personnelles (âge, revenu familial, éducation des parents, fratrie, ethnicité, etc.), ce lien se révéla opérant et significativement négatif. Une heure d'écran « pédagogique » consommée quotidiennement entre 8 et 16 mois coûtait aux enfants pratiquement 10 % de leur lexique ! Une heure c'est, rappelons-le, la moyenne d'exposition journalière des sujets de cet âge ayant accès à une télévision [269]. Pour des individus de 2 à 4 ans, la dose est au minimum doublée [185]. Sans surprise, une étude récente menée sur cette tranche d'âge (15-48 mois) a montré, toujours après prise en compte d'un grand nombre de covariables potentielles, que 2 heures de télévision quotidienne aboutissaient à multiplier par 3 la probabilité de voir apparaître des retards de développement du langage. Chez les sujets qui avaient commencé à fixer la mire avant 1 an, le risque était multiplié par 6 [129]. Lorsque les enfants étaient laissés seuls face au poste, c'est au-delà de 8 qu'il convenait de placer le curseur. Précisons toutefois que les contenus concernés étaient alors issus d'émissions « tous publics » et pas de programmes spécifiquement labellisés « jeunesse » ou « éducatifs ». Précisons aussi que d'autres données de Mayeux et Naigles ont permis d'étendre ces observations au champ grammatical, en montrant, chez des enfants de 3-4 ans, l'existence d'une corrélation négative entre le degré de réussite à certains tests d'aptitude syntaxique et l'amplitude de la consommation audiovisuelle [572]. Globalement, tous ces résultats sont compatibles avec les conclusions d'un travail plus ancien, réalisé à partir du cas exceptionnel de deux frères de 2 et 4 ans, suivis pendant 6 ans et dont les parents étaient sourds [571]. La mère, qui assumait la quasi-exclusivité du processus éducatif, ne parlait pas et n'employait qu'*exceptionnellement*, avec ses enfants, le langage des signes. Lorsque les auteurs de l'étude lui demandèrent pourquoi elle n'utilisait pas plus ce dernier, au moins avec le plus grand de ses fils, elle parut surprise et répliqua « il peut entendre ». Au moment où ils furent examinés par des spécialistes, les deux enfants n'avaient eu accès au langage qu'à travers la télévision et, pour l'aîné, quelques interactions avec d'autres enfants de son immeuble, lors de jeux en extérieur. Les évaluations montrèrent que le cadet ne parlait pas du tout. L'aîné avait des problèmes articulatoires importants. Il possédait quelques mots, mais beaucoup moins que ses pairs. Il ne parlait pas spontanément et émettait rarement, quand il était interrogé, des énoncés de plus d'un ou deux termes. Il présentait par ailleurs une absence totale de compétence syntaxique et, plus généralement, grammaticale. Ce genre de faiblesse caractérise aussi, il peut être intéressant de le souligner, les apprentissages opérés, pour les langues étrangères, par des sujets plus âgés, à l'aide de sous-titrages. Dans ce domaine, les études ont montré que les spectateurs parvenaient à apprendre quelques mots [590], mais échouaient lamentablement à acquérir la moindre compétence syntaxique [591].

En résumé, les éléments précédents montrent clairement que la télévision est une enseignante bien peu efficace en matière de langage. Son aptitude didactique exclut totalement les espaces phonologique et syntaxique. Elle se limite, dans le meilleur des cas, au champ lexical et à l'enseignement de quelques mots épars que l'enfant aurait pu apprendre infiniment plus vite et en bien plus grand nombre à travers de vrais échanges interpersonnels [65,572]. En pratique, plus un jeune humain gaspille son temps à regarder la télévision, plus il exprime des retards importants du développement linguistique et plus son lexique s'avère pauvre. Ces atteintes sont d'autant plus alarmantes que les dommages langagiers précoces sont à la fois préjudiciables au devenir des enfants [592,593] et extrêmement difficiles à combler. Ce dernier point a encore été souligné récemment au sein d'un remarquable travail de synthèse, rédigé par Ghislaine Dehaene-Lambertz et deux de ses collègues. Selon les conclusions de ces spécialistes internationalement reconnus du développement linguistique, « le niveau de maîtrise d'une langue dépend crucialement de son âge d'acquisition et contrairement aux affirmations des études plus anciennes, la décroissance des capacités d'apprentissage est constatée très tôt, dès les premières années de la vie »[594]. Comme si cela ne suffisait pas, on peut craindre aussi que des déficits langagiers précocement acquis ne s'approfondissent mécaniquement à long terme, à travers l'émergence de difficultés d'accès au monde écrit. En effet, ce dernier semble nécessaire à l'apprentissage intime de la langue, au-delà des usages quotidiens les plus utilitaires[65].

La télévision est donc lourdement préjudiciable au développement linguistique. Sans vouloir être rabat-joie, il faut quand même préciser que cette conclusion tient plus du truisme prévisible que de la sidérale surprise. En effet, il manque et manquera toujours au poste un attribut professoral fondateur : l'interactivité. Pas celle qui saigne les cohortes décérébrées des soirs de *Star Ac'* à coups d'appels téléphoniques surtaxés, mais celle qui pousse le réel à changer le cours de ses opérations lorsque l'enfant agit. Essayons un instant, pour comprendre le problème, de nous mettre à la place d'un jeune spectateur. Lorsqu'il appelle, *Fred et Fiona*[i] ne répondent pas. Lorsqu'il sourit, *Bloop et Boucle*[ii] restent de marbre. Lorsqu'il interpelle les *Wordies*[iii],

---

[i] Une série qui « transmet le concept, comme quoi tout ce qui nous entoure a sa propre place » (BabyFirst[595]).

[ii] Une série grâce à laquelle « les jeunes téléspectateurs apprennent à utiliser leur imagination et en même temps pénètrent dans des mondes nouveaux » (BabyFirst[596]).

[iii] « Une série simple qui développe le vocabulaire des tout-petits de façon imaginative et créative » (BabyFirst[597]).

ceux-ci ne lèvent pas une paupière. Lorsqu'il babille, les autres bébés (dans la télé)[i] ne bronchent pas. Lorsqu'il essaye de reproduire un son ou une action, *L'Ami Jacques*[ii] ne s'interrompt jamais pour écouter, reprendre, aider, étayer ou encourager. Franchement, il ne doit pas être très facile d'apprendre à communiquer dans ces conditions, en subissant la froide indifférence d'un locuteur à la fois sourd et aveugle. Évidemment, avec Maman, les choses sont fondamentalement différentes. Dès que l'enfant agit, elle réagit. Par exemple, lorsque Bébé émet des sons, Maman les imite (durant la première année post-natale, plus de 90 % des actes d'imitations verbales sont initiés par la mère !) [136]. Lorsqu'il regarde ou montre des objets, Maman les nomme et les lui tend [136,585]. Lorsqu'il révèle une amélioration de ses facultés de compréhension, Maman ajuste le rythme et la complexité des énoncés formulés [136,585]. Lorsqu'il détourne la bouche pour indiquer qu'il n'a plus faim, fait une grimace pour signifier combien sa purée de brocolis est infâme, agrippe sa peluche pour attester qu'il n'est pas disposé à la lâcher, ou tape dans ses mains parce qu'il a vu le chat passer sur le balcon, Maman s'adapte et répond avec des mots et des mouvements [136,140,141,585,600]. Plus tard, au-delà de 18-24 mois, lorsque le petit homme commence à parler, Maman l'encourage, le sollicite et reprend fréquemment ses énoncés pour les reformuler, voire les corriger [136,601]. Toutes ces conduites sont absolument indispensables

---

[i] *Les Bébés*, un programme qui montre à Bébé d'autres bébés et « favorise la socialisation. Les tout-petits jouent avec d'autres enfants [*sic* !], se familiarisent avec des petits animaux et câlinent leur maman et leur papa » (BabyFirst [598]).

[ii] *L'Ami Jacques* « est un mime très actif [qui] [...] montre aux jeunes téléspectateurs tout ce qu'on peut dire sans jamais émettre un son » (BabyFirst [599]).

au plein développement linguistique [135-141,143,571,600]. Or, encore une fois, leur expression est impossible au sein de l'univers audiovisuel. La télévision n'opine pas de la tête pour accompagner positivement une action de l'enfant. Elle n'adapte pas ses propos aux expressions d'incompréhension que ce dernier peut produire. Elle ne nomme pas les objets qu'il regarde. Elle n'imite pas les mots qu'il articule. Elle ne corrige pas les énoncés qu'il formule. Elle ne répond pas aux vocalises qu'il développe. En fin de compte, tous ces manques contribuent à faire du poste, non seulement une pathétique baudruche pédagogique, mais aussi, plus largement, un puissant destructeur linguistique. Concernant ce point, il apparaît notamment que la télévision ne se contente pas d'agir, par défaut, en déversant sur nos enfants sa vile incompétence. Elle opère aussi de façon plus profonde en mutilant la sociabilité intrafamiliale. Quand le poste est allumé, que ce soit au premier ou second plan, l'enfant entend moins de mots, il s'exprime de façon plus parcimonieuse et plus brève et il prend part à un nombre plus limité d'échanges bilatéraux [131-133,142,602]. Or, le nombre de mots entendus et prononcés avant 3 ans est un indicateur majeur des performances linguistiques et cognitives à venir [142,143,603]. En d'autres termes, moins de mots aux stades précoces du développement, cela signifie en bout de chaîne, pour l'enfant, moins de langage et moins d'intelligence. Bien sûr, on peut se rassurer en affirmant, comme mon amie Marie, que quelques paroles de plus ou de moins cela ne peut pas être aussi terrible. Ce n'est pas faux. Toutefois, nous ne parlons pas ici de « quelques paroles », mais bien d'une véritable poussée d'aphasie. Loin d'être bénin, l'effet télévision s'avère absolument colossal. Par exemple, un enfant de moins de 4 ans entend chaque jour, en moyenne, 13 500 mots. Si la télévision reste allumée 4 heures dans le foyer, ce chiffre tombe aux alentours de 10 000 mots, soit une chute de 25 %, quantitativement équivalente à la totalité des mots prononcés quotidiennement par le père en présence de son enfant [133]. En d'autres termes, 4 heures de télévision reviennent à rayer de la carte l'équivalent de la contribution linguistique paternelle ! À 3 ans, cette amputation représentera un déficit net cumulé de près de 4 millions de mots. Et vraiment, 4 heures, cela ne représente pas un volume d'exposition abracadabrantesque lorsque l'on ajoute aux consultations de premier ordre les fonctionnements d'arrière-plan[i]. Dans la situation « premier ordre », il est simple d'imaginer un mécanisme opératoire reposant sur une difficulté à soutenir un dialogue en présence d'un film, d'une série ou d'un divertissement. Dans la condition « arrière-plan », il est tout aussi aisé de supposer l'existence d'un processus indirect agissant selon des règles similaires à celles déjà évoquées au sujet du jeu. À chaque pic sonore ou visuel, l'attention est happée et le flux des échanges interpersonnels se trouve interrompu.

On pourrait penser, au vu des éléments précédents, que le débat est maintenant tranché : la télévision est une véritable plaie développementale dont il est sage de protéger nos enfants. Attention, intelligence, langage, lecture, goût de l'effort, habileté sensori-motrice, rien de tout cela ne résiste au courant cathodique. Pourtant, nombre de pseudo-spécialistes continuent d'affirmer avec obstination qu'il ne faut pas détourner nos rejetons de l'écran parce que les images représentent un élément central de l'activité cognitive humaine. Elles

---

[i] Rappelons encore une fois que dans près de 40 % des foyers, la télévision est allumée en permanence et que la consommation quotidienne moyenne par foyer se monte à près de 5 heures quarante minutes [146].

seraient ainsi « le support naturel de notre imaginaire, de nos rêves, de nos souvenirs, de nos fantasmes »[40]. Elles s'avéreraient « bienfaisantes »[34] et s'affirmeraient comme « l'équivalent pour notre esprit de la nourriture pour notre corps »[34]. Ultimement, elles constitueraient « un moyen de connaissance et l'ensemble de l'imagerie médicale montre l'importance prise dans notre société par l'image comme moyen de connaître et de comprendre »[34]. Je dois dire que j'aime tout particulièrement cette dernière citation de Serge Tisseron tant elle est représentative des amalgames douteux dont nous abreuve la coterie des thuriféraires médiatiques. Franchement, en toute objectivité, quel rapport peut-il bien y avoir entre une IRM anatomique et la télévision ? Ce n'est pas parce que la première est utile au diagnostic thérapeutique que la seconde est profitable au développement intellectuel ! Ce genre de confusions, savamment entretenues, relève d'une véritable escroquerie logique. À l'évidence, parler d'image n'a aucun sens si l'on ne précise pas de quelle image on parle. En particulier, il est impensable de ne pas distinguer entre les images endogènes créées par l'activité cognitive, onirique, ou fantasmatique du sujet, et les images exogènes imposées par le monde extérieur[25,29,65,289]. Cette ségrégation conceptuelle, les sciences expérimentales l'ont établie depuis des décennies. On la retrouve, par exemple, au cœur de la définition du concept d'imagination, tel qu'il fut proposé en 1951 par Henri Piéron au sein de son incontournable *Vocabulaire de la psychologie* : « Imagination : processus de pensée consistant en une évocation d'images mnémoniques (imagination reproductrice) ou en une construction d'images (imagination créatrice) »[604]. La lecture et l'imagerie médicale (pour reprendre notre superbe exemple précédent) appartiennent à cette seconde catégorie créatrice, alors que le petit écran relève principalement du premier groupe reproductif. En ce sens, il est tentant de plagier quelque peu une splendide citation d'Alain Bentolila pour affirmer que si « nous habitons un livre ; la télé, elle, nous habite »[i]. Prenons juste un exemple. *Harry Potter* est un superbe texte. En le lisant, chaque gamin crée ses propres images d'Harry, Hermione ou Hagrid. Il y a alors autant de représentations différentes que de lecteurs effectifs et d'instances d'évocations. Cela n'est clairement pas le cas avec la version filmique. Pour celle-ci, en effet, Harry, Hermione, Hagrid et les autres ont au sens propre « visage humain ». Ils sont de façon univoque incarnés sous les traits d'acteurs particuliers, présentant des caractéristiques morphologiques précises. Une fois que vous avez vu le film, Harry cesse à jamais d'être un possible indéfini. Il devient une réalité personnifiée. Il a une physionomie, une stature, une intonation vocale et de petites lunettes rondes. Tout cela s'impose au spectateur et contraint profondément le champ imaginaire. Comme l'indique Jerry Mander qui, en tant que publicitaire, passa plus de 15 ans de sa vie professionnelle à essayer d'ancrer des images dans le cerveau de nos enfants : « [Si vous avez lu le livre], Marjorie Morningstar était une image dans votre esprit avant que vous ne voyiez le film. Ensuite vous avez vu le film avec Natalie Wood jouant Marjorie. Après avoir vu Natalie Wood dans le rôle, avez-vous pu retrouver l'image que vous aviez construite ? Marjorie devint Natalie Wood à ce moment-là [...] [De même], Moïse c'est Charlton Heston. Buffalo Bill c'est Paul Newman. McMurphy c'est Jack Nicholson [...] Laissez-moi vous poser la question à l'envers. Si vous avez vu le film *Autant en emporte le vent*, avant de lire le livre, avez-vous réussi à développer votre propre image de Rhett

---

[i] Citation originale : « Nous habitons un livre ; le virtuel, lui, nous habite. »[54]

Butler ? Ou celui-ci est-il resté Clark Gable ? Avez-vous vu Natalie Wood avant de lire Marjorie Morningstar ? Si oui, avez-vous réussi à effacer Natalie pour construire votre propre Marjorie ? J'en doute beaucoup. » [289] J'avoue que moi aussi, surtout lorsque je repense à la dernière fête scolaire de ma fille Valentine. Un enfant de 7 ou 8 ans avait gagné une sorte de baguette magique à la pêche aux canards. Ravi, notre jeune homme avait immédiatement lancé, à l'intention de l'un de ses camarades : « Viens, moi j'fais Harry Potter. » La réponse fusa dans la seconde : « Ouais ouais, super, y a qu'à prendre mes lunettes, elles sont rondes » ; comme si la version filmique avait magnifié cet attribut formel, somme toute secondaire, au point de le rendre indispensable. La suite se déroula sur les cases d'une marelle. « Harry » avait placé plusieurs de ses camarades sur différentes cellules disponibles pour reproduire la partie d'échecs avec pièces vivantes du premier épisode filmé de la série[i]. Il n'y avait là nulle créativité, juste un banal processus de reproduction. Si l'on en croit Jane Healy qui a largement travaillé sur le sujet à la fin des années quatre-vingt, ce phénomène ne semble ni nouveau, ni isolé. En effet, selon cet auteur, « l'un des propos les plus inquiétants remontant des interviews avec les enseignants de maternelle renvoie au fait que les enfants, aujourd'hui, ne construisent plus leurs propres "scripts" pour jouer. Au lieu de créer spontanément des cadres et actions ouverts ("tu es un père et je suis une maman" ; "tu es un méchant, je suis un gentil"), ils rejouent ceux qu'ils ont déjà vus, jusqu'à même répéter le dialogue ("tu es Bill Cosby dans celui où...", "on est les frères Mario quand ils chassent le...") » [65].

[i] *Harry Potter à l'école des sorciers.*

Malheureusement, la thèse d'une action castratrice de la télévision sur l'imaginaire enfantin trouve un large écho dans la littérature scientifique. L'évidence la plus directe fut fournie par une étude canadienne dont le protocole, précédemment détaillé, impliquait trois villes sociologiquement similaires, mais différentes quant à leur accès audiovisuel. NoTel ne recevait aucune chaîne, OneTel en captait une et MultiTel quatre. Le domaine de la créativité fut abordé chez des sujets de 9 et 12 ans, à partir d'un protocole standard dit « d'utilisations alternatives » [605]. La tâche consiste alors à imaginer, sans limite de temps, les différents usages possibles de cinq objets (un magazine, un couteau, une chaussure, un bouton ou une clé). Les résultats montrèrent que les enfants de NoTel surpassaient largement ceux des deux autres villes. En moyenne, l'absence de télévision se traduisait par une augmentation de 40 % du nombre des usages possibles mentionnés. Lorsque l'expérience fut reproduite, sur des sujets d'âge similaire, 2 ans après l'arrivée de la petite lucarne dans les foyers NoTel, plus aucune différence ne fut observée entre les différentes villes. Il n'avait pas fallu bien longtemps au poste pour assécher l'imaginaire et la créativité des enfants de NoTel. D'un point de vue fonctionnel, deux mécanismes complémentaires peuvent être envisagés pour expliquer ce désastre. Premièrement, la télévision diminue drastiquement le temps que les enfants consacrent aux activités ludiques susceptibles de stimuler la créativité et l'imagination [29,132,461,463,509]. Deuxièmement, le média audiovisuel ne sollicite que faiblement les espaces imaginaires et créatifs. Ce second point a été mis en évidence à partir d'un protocole assez simple, consistant à présenter la même histoire à des écoliers du primaire, selon différents formats : (i) film (ou dessin animé) (ii) raconté verbalement et/ou (iii) raconté par écrit [509]. Suite à la présentation, les sujets doivent soit restituer l'histoire, soit lui inventer une fin. Il apparaît alors, pour reprendre les termes de Caroline Meline qui mena une étude princeps sur le sujet, que « la pensée créative des enfants est plus stimulée ou moins inhibée par les médias sonores et écrits que par les médias audiovisuels » [606]. Le cas des histoires incomplètes le souligne particulièrement bien en montrant que les fins inventées par les enfants sont moins variées, moins inattendues et moins riches lexicalement pour la condition film que pour les situations racontées [607-609]. Bettelheim avait raison : « La télévision capture l'imagination mais ne l'affranchit pas. Un bon livre stimule et libère immédiatement l'esprit. » [610]

Récemment, une étude menée par deux médecins allemands a permis de généraliser les données précédentes du champ imaginaire à l'espace plus général des représentations symboliques [449]. Pour cette étude, près de 2 000 élèves de 5-6 ans furent soumis à une version remaniée de la célèbre épreuve du bonhomme [611]. Cette version requérait simplement des participants qu'ils dessinent un bonhomme. Le résultat obtenu était alors coté sur 13, à partir d'éléments physiques objectivement quantifiables (présence de cheveux, 1 point ; oreilles exprimées sous forme de points, demi-cercles ou cercles, 1 point ; jambes représentées par un contour plutôt qu'un trait, 1 point ; etc.). Les analyses montrèrent que la richesse du dessin chutait progressivement en fonction de l'exposition audiovisuelle. Les petits utilisateurs (30 minutes et moins) culminaient à 10 points, pendant que les gros consommateurs (3 heures et plus) plafonnaient à 6. Les téléphages moyens (2 heures) s'établissaient autour de 8,5. Le sens qualitatif de ces variations chiffrées s'appréhende aisément à partir des dessins suivants, présentés comme typiques par les auteurs de l'étude (figure 2)[i]. En regardant la figure, j'ai tendance à penser à tous ces gosses abandonnés avec confiance aux bons soins de TéléNourrice. Les discours laudateurs des psycho-pipeaulogues de l'image paraissent d'un coup infiniment moins drôles.

Moins de 60 minutes de télé par jour

Plus de 180 minutes de télé par jour

Figure 2

Pour conclure

Ainsi, cette charmante petite lucarne, qui semble tellement inoffensive aux parents, est pour les jeunes enfants un véritable désastre ontogénétique. Si vous voulez que votre progéniture exprime pleinement son potentiel de développement, ne la laissez surtout pas

[i] Cette figure est extraite de la figure 1 du travail originel de Winterstein et Jungwirth [449]. Figure reproduite avec la permission de l'éditeur.

grandir à côté d'une télé, que celle-ci soit activement regardée ou simplement allumée en arrière-plan. Encore une fois, la petite lucarne ne rend pas les enfants patemment débiles ou visiblement crétins, mais elle empêche assurément le déploiement optimal des fonctions cérébrales. Tous les champs sont touchés, de l'intelligence à l'imagination, en passant par le langage, la lecture, l'attention et la motricité. Au bout du chemin, c'est l'ensemble du devenir intellectuel, culturel, scolaire et professionnel de l'enfant qui se trouve irrévocablement compromis. Pour ceux qui l'auraient oublié, rappelons juste, en guise de conclusion, que chaque heure de télévision consommée en semaine alors que l'enfant est à l'école primaire augmente de plus d'un tiers la probabilité de voir ce dernier quitter le système scolaire sans aucun diplôme [96]. En termes appliqués, cela veut dire que si l'on prend aujourd'hui, collectivement, des mesures pour diviser par deux la consommation audiovisuelle des écoliers du primaire (légèrement supérieure à 2 heures par jour [146]), ce n'est plus 65 (niveau actuel [339]) mais 74 % d'une classe d'âge qui obtiendra le bac dans 10 ans. Une hausse miraculeuse qui interviendra « naturellement », sans qu'il soit nécessaire de bidouiller les épreuves, de soudoyer les jurys d'admission, de recruter des milliers d'enseignants ou de dépenser des sommes pharaoniques chez Acadomia !

Chapitre III
La télé menace la santé

« Regarder la télé… tue ! »
(Danièle Ohayon, journaliste [612])

« Les médias doivent être reconnus comme un problème majeur de santé publique. »

(Christakis & Zimmerman, Center for Child Health, Behavior and Development, université de Washington [4])

« Réduire le temps passé à regarder la télévision devrait être une priorité sanitaire pour la population. »

(Hancox *et al.*, école de médecine de Dunedin, Nouvelle-Zélande [196])

Imaginez une substance récréative dont l'ingestion accroîtrait considérablement la prévalence de l'obésité, du tabagisme, de l'alcoolisme, des troubles du sommeil, des actes suicidaires, des conduites sexuelles à risques et des désordres du comportement alimentaire (anorexie/boulimie). Envisageriez-vous d'ouvrir les portes de votre foyer à cette substance ? Accepteriez-vous que vos enfants soient soumis à son influence ? J'en doute fort. Si je ne me trompe pas sur ce point, alors il devient clair qu'une écrasante majorité de spectateurs assidus et parents dévoués ne mesurent pas pleinement le degré de toxicité du petit écran. En effet, des dizaines d'études montrent avec une terrifiante régularité qu'entre ce dernier et la substance récréative évoquée plus haut, nulle différence ne peut être établie. La télévision n'est pas un loisir anodin. Elle constitue un problème sanitaire majeur [4]. Bien sûr, les pipeaulogues de toutes obédiences diront que le propos est très exagéré et que la télévision n'a jamais tué personne. Ils clameront doctement que « si c'est en termes de "dangers" qu'on raisonne, l'alcool et le tabac sont autrement plus inquiétants que les images par le nombre de morts et d'invalides qu'on peut leur attribuer » [34]. Un lobbying remarquable qui oublie juste de préciser que ces chères « images » représentent l'un des sergents recruteurs favoris des armées obèses, alcooliques et nicotinées. Tentons juste un petit calcul pour illustrer ce point. Aux États-Unis, on estime que le tabac cause 435 000 décès par an [613]. Une étude longitudinale, dont nous reparlerons plus bas, a montré que 17 % des fumeurs adultes avaient succombé aux sirènes de la cigarette parce qu'ils avaient regardé la télévision plus de 2 heures par jour entre 5 et 15 ans [196]. En couplant nos deux mesures, on peut donc suggérer que la télévision tue près de 75 000 Américains chaque année, par sa seule capacité à faire de l'enfant un fumeur. Ajoutons à cela les influences post-adolescentes et les décès dus à l'obésité, à l'alcool, aux stupéfiants ou aux conduites sexuelles à risques et il apparaîtra sans doute que raisonner en termes de « dangers » n'est finalement pas aussi stupide que cela lorsque l'on parle des « images ». Une étude australienne, publiée dans l'une des revues médicales internationales les plus cotées, l'a d'ailleurs récemment confirmé en intégrant la sédentarité au spectre des influences létales de la télévision. Un ample échantillon regroupant près de 9 000 adultes de 25 ans et plus fut étudié [614]. Après prise en compte d'un large ensemble de facteurs sociaux et individuels (âge, sexe, éducation, tour de taille, régime alimentaire, statut tabagique, consommation d'alcool, hypertension, exercice physique, etc.), il apparut que le risque de décès augmentait de près de 10 % pour chaque heure de télévision consommée quotidiennement. Les chances (si je puis dire) de mourir d'une maladie cardio-vasculaire grimpaient de presque 15 % ! Forts de ces données, les auteurs de l'étude réalisèrent de nouvelles analyses afin de définir, par rapport à une consommation audiovisuelle « modérée » (moins de 2 heures par jour), l'accroissement du risque de décès associé à des consommations moyennes (entre 2 et 4 heures) et fortes (plus de 4 heures). Résultat global : 13 % de risques de décès supplémentaires pour un usage moyen et 46 % pour une exposition forte. Résultat pour les seules atteintes cardio-vasculaires : 19 % et 80 %. En d'autres termes, un individu qui fixe la mire 4 heures par jour multiplie par presque 2 ses chances de mourir d'une maladie cardio-vasculaire, en comparaison d'un congénère dont l'exposition reste inférieure à 2 heures quotidiennes ! Cette influence lourdement négative de la télévision sur les pathologies cardiaques a récemment été confirmée par trois autres études épidémiologiques de grande ampleur [615-617]. Peut-être devrions-nous finalement, pour la télé, plagier les stratégies sanitaires antitabac et écrire en bas des écrans : « Regarder la télé tue » ou encore « Rester assis face au poste nuit gravement à votre santé ».

En résumé, la télévision est loin d'être un loisir anodin, en termes sanitaires. Le potentiel morbide de cette funeste machine est considérable. Pour favoriser l'appréhension optimale de ce point, le présent chapitre est divisé en cinq grandes parties traitant successivement de l'obésité, du tabagisme, de l'alcoolisme, de la sexualité et du sommeil. Cette liste n'est évidemment pas exhaustive. Elle rend compte, toutefois, des principaux domaines d'inquiétude de la communauté scientifique.

Manger plus, bouger moins

Adrien a 8 ans. Il souffre d'un très large surpoids. Sa mère, Jacqueline, a longtemps refusé d'admettre le problème. Quand elle a finalement accepté d'ouvrir les yeux, sous la pression du médecin de famille, ce fut pour évoquer des facteurs génétiques. « Regardez son père, m'a-t-elle dit, Adrien sera toujours bien portant et puis s'il est heureux comme ça pourquoi est-ce que j'irais l'embêter ? » Il est vrai que le jeune homme semble comblé, à défaut d'être disert. La télévision représente, sans discussion possible, son loisir favori. Il possède un home cinéma dans sa chambre et une collection de films à faire pâlir d'envie n'importe quelle médiathèque de quartier. Dernière acquisition en date, *Le Seigneur des anneaux*[i]. Selon ses propres termes, Adrien « adore. C'est mieux que même *Spider-Man* ».

Par rapport aux questions qui nous occupent ici, cet exemple est signifiant pour au moins deux raisons. Premièrement, il confirme la difficulté d'une majorité de

---

[i] Lorsque j'ai demandé à la mère d'Adrien si ce film [que je suis allé voir au cinéma] n'était pas un peu « violent » et « compliqué » pour un gosse de 8 ans, elle m'a répondu que non, que ce film était tous publics, et que de toute façon Adrien était très en avance pour son âge. Comme j'ai eu un peu de mal à croire qu'une telle épopée puisse être autorisée aux enfants les plus jeunes, je suis passé à la Fnac. La mère d'Adrien avait raison. Sur chacun des trois disques du coffret collector trônait une pastille verte stipulant « tous publics ». Suis-je donc le seul que cela interpelle ?

parents à admettre l'obésité de leurs enfants [618-620] et à reconnaître que les excès de poids sont souvent davantage liés à des options de vie qu'à des facteurs innés [621]. Deuxièmement, il esquisse une possible relation entre les pratiques audiovisuelles de l'enfance et l'épidémie d'embonpoint qui frappe depuis quelques années nos sociétés occidentales. Près de 1,7 milliard d'humains se trouvent aujourd'hui en surpoids [622]. Aux États-Unis, 68 % des adultes (> 20 ans) [623] et 32 % des enfants (2-19 ans) [624] sont touchés. En France, ces proportions ne sont encore « que » de 49 % (adultes 18-74 ans) et 18 % (enfants 3-17 ans) [625]. Plusieurs études épidémiologiques ont montré que les excès pondéraux représentaient un danger majeur pour la santé (diabète, accidents vasculaires cérébraux, maladies coronaires, cancers, atteintes articulaires, etc.) [163,626-628]. Le surpoids serait responsable de 300 000 morts annuelles à l'échelle des États-Unis [629] ou de feu l'Europe des 15[i]. En France, il serait à l'origine de près de 6 % de l'ensemble des décès [630], soit à peu près 30 000 dépouilles par an [631]. En termes de coûts pour la collectivité, le surpoids tend désormais à dépasser le tabac et l'alcoolisme [632]. Aux États-Unis, les dépenses de santé attribuables à l'obésité représentaient 117 milliards de dollars en l'an 2000 [633], soit 147 milliards de dollars en 2010 si l'on tient compte de l'inflation [634]. Cela représente un budget d'à peu près 500 dollars par an et par habitant (soit 400 euros)[ii].

[i] Allemagne, Angleterre, Autriche, Belgique, Danemark, Espagne, Finlande, France, Grèce, Hollande, Irlande, Italie, Luxembourg, Portugal, Suède [630].

[ii] À ce jour (3 septembre 2010), les États-Unis comptent 310 millions d'habitants [635] et le taux de change est à 1,28 $ pour 1 € [636].

Depuis 25 ans, un nombre impressionnant de travaux se sont intéressés aux effets de la consommation audiovisuelle sur l'obésité [3,637-642]. Dans leur écrasante majorité, ces travaux ont montré, après prise en compte d'un grand nombre de covariables sociodémographiques, psychologiques et personnelles, que plus un individu regardait le petit écran et plus il avait de chances d'être pansu [94,643-654]. Ainsi, par exemple, une première étude publiée en 1985 sur des adolescents de 12 à 17 ans permit d'établir que chaque heure quotidienne de télévision aboutissait à augmenter de 2 % le nombre des obèses [655]. Une décennie plus tard, un autre travail confirma ce point, chez des sujets de 10 à 15 ans, en montrant que les gros consommateurs cathodiques (> 5 h/jour) présentaient 5 fois plus de risques de souffrir de surpoids que les usagers raisonnables (< 2 h/jour) [656]. Des données compatibles furent récemment rapportées dans une recherche impliquant des lycéens de 15 à 18 ans et montrant que le simple fait de passer plus de 2 heures par jour devant le poste augmentait de 55 % les risques de surpoids [657]. De manière fort intéressante, une substantielle majoration de ce dernier pourcentage fut observée chez des enfants d'âge préscolaire, en accord avec l'idée selon laquelle l'action délétère du poste est d'autant plus marquée que le spectateur est jeune. À 36 mois, le risque de surpoids est multiplié par 2,6 lorsque l'exposition audiovisuelle journalière dépasse les 2 heures [658].

À l'évidence, les éléments précédents posent un problème d'ordonnancement causal. En effet, il est tout à fait possible d'affirmer que l'exposition télévisuelle n'est pas une cause, mais une conséquence de l'obésité. Dans ce cas, l'enfant ne serait pas gros parce qu'il regarde la télé, mais il regarderait la télé parce qu'il est gros. Deux lignes d'évidences permettent de réfuter cette hypothèse. Premièrement, lorsque des mesures expérimentales sont prises pour diminuer la consommation cathodique des enfants, le niveau de surpoids s'abaisse rapidement [645,659-661]. Deuxièmement, quand un sujet a été abandonné enfant aux affres de la télé, il reste plus exposé au risque pondéral une fois devenu adulte et ce quelle que soit l'évolution de sa consommation audiovisuelle. Cela a été clairement démontré par une équipe néo-zélandaise dans le cadre d'une étude longitudinale de longue haleine [662]. Plus de 1 000 individus furent alors suivis de 5 à 32 ans. Les analyses statistiques révélèrent, selon les termes mêmes des auteurs, que « l'exposition télévisuelle infantile était un meilleur indicateur de l'indice de masse corporelle[i] et de la condition physique[ii] de l'adulte que l'exposition adulte, et l'exposition télévisuelle restait un indicateur significatif de ces états après ajustement pour le temps de consommation adulte. Après ajustement pour le temps de consommation adulte, les probabilités d'obésité adulte augmentaient d'un facteur 1,25 et celles d'une condition physique médiocre augmentaient d'un facteur 1,4 pour chaque heure de télévision consommée en moyenne en semaine durant l'enfance [5-15 ans] ». En d'autres termes, prenez deux frères dont l'un (F2) regarde la télévision 2 heures par jour entre 5 et 15 ans, alors que l'autre (F1) se contente de la moitié. Débrouillez-vous pour que cette différence s'efface à partir de l'entrée dans l'adolescence, de sorte que nos deux compères passent dès 16 ans le même nombre d'heures face au poste. À 32 ans, F2 aura, par rapport à F1, 25 % de chances supplémentaires d'être

[i] Cet indice est obtenu en divisant le poids par la taille au carré. Il est un marqueur standard du niveau de surpoids.

[ii] Calculée à partir de la consommation maximale d'oxygène (ajustée pour le poids) lors d'un test d'effort.

obèse et 40 % de chances supplémentaires d'être en mauvaise condition physique. Pour ceux que ces chiffres ne chagrineraient pas, les auteurs de l'étude proposent une reformulation de leurs résultats, selon un axe différent. On peut lire alors que « l'association américaine de pédiatrie recommande de limiter le temps d'exposition des enfants à 2 heures par soir. Les enfants qui excédaient cette recommandation avaient 50 % de chances supplémentaires d'être obèses à 32 ans ». Ce lien entre exposition audiovisuelle infantile (et/ou adolescente) et obésité subséquente a été confirmé par plusieurs autres études similaires [196,235,663]. Dans l'une d'entre elles, particulièrement intéressante, les auteurs montrèrent que l'influence à long terme de la télévision sur le poids était principalement liée à l'absorption de programmes commerciaux riches en messages publicitaires [664]. Après prise en compte d'un grand nombre de covariables potentielles, chaque heure passée par des enfants de 6 ans et moins face à de tels programmes fut associée, à échéance de 5 ans, à un accroissement de plus de 10 % de l'indice de masse corporelle. Il est évidemment tentant de rapprocher ce résultat d'une autre observation montrant, après prise en compte d'une large matrice de covariables sociodémographiques, psychologiques et personnelles, que chaque heure de télévision consommée avant 3 ans augmentait de 10 % le volume de *junk-food* (sodas, snacks) ingurgité à 10 ans par l'enfant [448].

En théorie, les influences de long terme qui viennent d'être exposées pourraient reposer sur un double pilier impliquant l'émergence précoce à la fois d'habitudes de vie sédentaires [448] et de préférences alimentaires inadaptées. Concernant ce second point, il est aujourd'hui largement admis que les inclinations gustatives développées durant la première enfance ont tendance à persister à l'âge adulte [16,163,638,665,666]. En d'autres termes, ce que vous mangez pendant les premières années de votre existence conditionne ce que vous aimerez manger pour le reste de votre vie. Une étude comportementale réalisée par une équipe allemande illustre parfaitement ce point [667]. 133 adultes d'une trentaine d'années furent soumis à deux tâches successives. Premièrement, répondre à un questionnaire dans lequel était noyé l'item suivant : « Avez-vous, bébé, été nourri au sein ou au biberon ? » Deuxièmement, goûter deux types de ketchup, l'un normal, l'autre parfumé à la vanille. Les résultats montrèrent que 71 % des sujets allaités au sein préféraient la version normale, alors que 67 % des individus nourris au biberon penchaient pour la variante vanillée. Étrange segmentation qui s'éclaire toutefois parfaitement lorsque l'on sait que la plupart des laits pour bébé étaient aromatisés à la vanille en Allemagne avant les années quatre-vingt-dix.

En dernière analyse, au-delà du double sujet des préférences alimentaires et des habitudes de vie, la question de l'obésité se résume à un vulgaire problème énergétique. Si un individu grossit, c'est simplement parce qu'il ingère plus de calories qu'il n'en brûle [668]. À la lumière de cette réalité, il apparaît nécessaire, pour comprendre l'influence de la télévision sur la masse corporelle, de s'intéresser à la fois au champ des apports alimentaires et au domaine des dépenses physiques. Commençons par ce dernier point. Nombre d'études l'ont abordé de front durant les deux dernières décennies. Il s'avéra alors que la petite lucarne présentait l'inconvénient de ne solliciter que faiblement la machinerie métabolique tout en détournant le corps des activités les plus énergivores. Dans une étude fréquemment citée, par exemple, il fut démontré, chez des enfants de 8 à 12 ans, que la consommation énergétique était significativement moins importante en condition télévisuelle qu'en situation de simple repos [669]. Cela n'est guère surprenant si l'on veut bien considérer que l'usage cathodique réduit profondément le volume des activités motrices spontanées. Lorsqu'un sujet est simplement assis dans un fauteuil, il s'agite, mobilise ses mains, se gratte et se repositionne sans cesse. Devant la télévision, par contraste, il ne bouge presque pas et se retrouve placé dans un état de quasi-atonie [637]. Au bout du compte, ce sont en moyenne 210 kcal qui chaque jour échapperaient, par ce biais, à la chaudière métabolique [669], soit l'équivalent théorique de 9 kilos de graisse par an [670]. Ces kilos ont d'ailleurs d'autant plus de chances d'être effectivement stockés que la petite lucarne diminue aussi significativement le métabolisme de repos, c'est-à-dire le nombre de calories que brûle le corps lorsqu'il ne fait rien. Cela a été montré dans une étude récente, réalisée sur 90 jeunes filles de 7 à 12 ans [671]. Parmi ces dernières, les petites consommatrices (< 1 h/jour) avaient par rapport à leurs consœurs téléphages (> 3 h/jour) un métabolisme de repos augmenté de 17 % (1 400 *versus* 1 200 kcal/jour). Pour impressionnant qu'il soit, ce résultat n'est guère étonnant. En effet, on sait que le métabolisme de repos dépend notamment de la masse musculaire, qui résulte elle-même pour partie de l'activité physique. Or, la télévision diminue substantiellement, aussi bien chez l'adulte que chez l'enfant, le temps consacré aux activités sportives et de plein air [12,63,243,246,672-676]. Dans ce contexte, l'écran ne dépossède pas seulement les spectateurs d'une dépense énergétique aiguë, liée à la pratique d'une activité physique énergivore. Il les prive aussi d'un métabolisme basal plus dispendieux, c'est-à-dire d'une capacité de dissipation calorique accrue tout au long de la journée. Dans ce domaine encore, les expériences précoces semblent déterminantes. En effet, une étude récente a permis de montrer que chaque heure de télévision consommée à 29 mois diminuait de près de 10 % le temps consacré, à 10 ans, aux activités demandant un effort physique [448].

Après le champ des dépenses énergétiques, intéressons-nous à l'espace des prises alimentaires. Il apparaît alors que plus un individu passe de temps face au poste et plus il mange [642,651,652,677,678]. À ce sujet, une étude récente a montré, par exemple, chez des enfants de 12 ans, après prise en compte d'une large matrice de covariables sociodémographiques, psychologiques et personnelles (indice de masse corporelle, prise alimentaire globale, âge, sexe, statut socio-économique, résultats scolaires, etc.), que chaque heure de télévision augmentait la prise alimentaire quotidienne de 167 kcal [679]. Le premier maillon de cette imposante augmentation prend place durant la phase même du visionnage. 90 % des enfants de 3 à 8 ans consomment des aliments solides ou des boissons sucrées quand ils regardent la télé [680]. En moyenne, chez les 8-18 ans, près de 15 % du temps de visionnage est passé la fourchette à la main [229]. La nourriture ingérée comprend alors, par rapport aux repas ou collations pris loin du poste, moins de crudités, de légumes ou de fruits et plus de viande, de charcuterie, de pizzas, d'aliments frits, d'amuse-gueules salés et de douceurs sucrées [239,240,242,681]. Cette différence est d'autant plus alarmante que le sentiment de satiété est retardé lorsqu'un individu mange en mode automatique devant son écran [682,683] ou tout autre stimulus externe perturbateur (comme la lecture, la radio, etc.) [684,685]. Dès lors, quand la petite lucarne est allumée, l'individu s'alimente non seulement moins sainement, mais aussi en plus grande quantité [686,687]. Par exemple, si au lieu de déguster tranquillement votre pizza dans la cuisine, vous choisissez de la manger devant le journal télévisé, vous augmenterez votre prise alimentaire de 260 kcal (36 % de pizza en plus) [688]. Si vous choisissez de remplacer la pizza par des macaronis au fromage, le résultat sera grossièrement similaire avec un excédent de 255 kcal (71 % de pâtes en plus). Si vous buvez de l'eau, votre consommation de boisson ne changera pas. Toutefois, si vous optez pour du soda, elle augmentera légèrement (75 ml, soit 30 kcal). Cumulés sur une année, à raison d'un épisode quotidien, ces surplus caloriques représenteront au final 13 kilos de bonne graisse soit, si l'on préfère (et si j'en crois les indications du tapis roulant de la salle de gym de ma compagne Caroline), 1 h 15 de marche rapide par jour pour une femme de corpulence moyenne (58 kilos).

Pour ne rien arranger, l'action délétère de la télévision sur la satiété ne se limite pas au temps de la prise alimentaire. Il est clairement établi qu'un sujet qui se nourrit en regardant la mire remange plus rapidement après la fin de son repas [689] et en plus grande quantité [683,690]. Ce phénomène trouve son explication la plus crédible dans un certain nombre d'études montrant que le souvenir du repas précédent influence grandement les consommations alimentaires subséquentes [691,692]. Ainsi, par exemple, moins un individu est conscient de ce qu'il a ingéré au déjeuner et plus il a tendance à prendre un goûter copieux à 16 heures [693,694]. Or, il a été prouvé que le cerveau avait plus de mal à mémoriser les éléments qualitatifs et quantitatifs du repas lorsque ce dernier était pris en présence d'une télévision [690].

Indépendamment des facteurs précédents, il s'avère aussi que la télévision nous incite à manger même lorsque nous n'avons pas faim. Comme j'aurai l'occasion de le montrer plus en détail dans le dernier chapitre, le cerveau est un organe à la fois fabuleusement intelligent et désespérément idiot. Il fait toutes sortes de choses de manière parfaitement machinale et automatique, sans informer la conscience des actions entreprises. Par exemple, quand il croise une personne âgée ou des mots tels que *vieux* et *grand-père*, il diminue automatiquement la vitesse de déplacement [567,695,696]. De la même manière, lorsqu'il est confronté à des stimuli alimentaires plaisants, il envoie des signaux d'appétence [697]. Ce dernier processus rend compte de la capacité des publicités audiovisuelles à déclencher chez le spectateur d'abord un désir artificiel de manger et ensuite un comportement effectif de consommation [698-701]. Dans une expérience récente, des enfants de 7 à 11 ans furent exposés, pendant un dessin animé de 14 minutes, à deux coupures publicitaires portant sur des produits neutres (jeux, disques) ou alimentaires (céréales, chips, gâteaux) [702]. Les participants étaient informés qu'ils pouvaient, pendant le visionnage, s'ils le désiraient, grignoter des biscuits apéritifs posés près d'eux. Les enfants ayant vu des publicités alimentaires mangèrent presque 50 % de plus que leurs camarades contrôles. La même tendance fut observée chez des sujets adultes. Une étude subséquente permit d'étendre ces résultats au domaine des sodas [703].

Bien sûr, le pouvoir de la publicité ne se limite pas aux seuls effets d'amorçage qui viennent d'être décrits. Le mal est infiniment plus profond [163,641,704-707]. Partout dans le monde, les géants de l'industrie agroalimentaire sont les premiers annonceurs télévisuels. Leurs dépenses se chiffrent chaque année en milliards d'euros [163,708-710]. Une large partie de cette manne cible directement les enfants [711]. Dans une étude américaine récente, Gantz et ses collègues ont analysé 1 600 heures d'émissions « couvrant tous les genres de programmes regardés par les enfants et pas seulement les programmes jeunesse, puis [ces auteurs] ont combiné une analyse détaillée des contenus publicitaires avec les données d'exposition d'un large échantillon national d'enfants, afin de déterminer combien de publicités les enfants voient effectivement en s'appuyant sur le mélange de programmes qu'ils regardent »[712]. Le résultat de ce travail absolument titanesque se passe de commentaires. Les enfants de 2-7 ans voient chaque année 4 400 spots de publicités alimentaires. Les 8-12 ans sont à 7 600 et les 13-17 ans à 6 000. Au sein des programmes jeunesse, la moitié de la couverture publicitaire est consacrée à des produits alimentaires. Lorsque l'on considère l'ensemble des émissions, les écrans liés à la nourriture restent les plus représentés (~ 26 %). 34 % des publicités alimentaires destinées aux enfants et adolescents concernent les confiseries/biscuits/amuse-gueules (glaces, bonbons, chips, cookies, etc.), 28 % impliquent les céréales, 10 % portent sur les fast-foods. Pour les fruits et légumes, le pourcentage de présentation atteint allègrement les… 0 %. Ces résultats rejoignent les données d'un grand nombre d'autres travaux ayant montré, avec une parfaite unanimité, dans des pays aussi divers que l'Amérique du Nord, la Turquie, l'Allemagne, l'Australie, la Chine, l'Italie, la Grèce, la Suède, le Brésil, l'Espagne, l'Angleterre ou la France, que la publicité ignorait presque totalement les produits frais et sains pour concentrer son énorme force de frappe financière sur les aliments raffinés qu'aime tant l'obésité : céréales, fast-food, sodas, biscuits, confiseries et affidés[247,680,712-724]. Cette focalisation n'est évidemment pas sans conséquence. Elle détériore profondément les préférences alimentaires des jeunes téléspectateurs, au sens où ceux-ci ont tendance à apprécier, réclamer, acheter et manger d'autant plus de *junk-food*[i] qu'ils subissent une exposition publicitaire massive [247,646,657,679,717,725-733]. Par exemple, après prise en compte d'une large matrice de covariables sociodémographiques, psychologiques et personnelles, un écolier qui consomme quotidiennement 2 heures ou plus de télévision a, par rapport aux enfants qui ne dépassent pas ce seuil, plus de chances de consommer journellement les produits phares de nos écrans publicitaires, dont notamment, les boissons sucrées (+ 131 %), les amuse-gueules sucrés ou salés (+ 50 %) et les plats préparés (comme la pizza, la tourte à la viande, etc. ; + 40 %). Il a dans le même temps substantiellement moins de chances de se laisser tenter par les aliments les moins promotionnés et de manger quotidiennement au moins deux portions de fruits (-42 %) et de légumes (-13 %) [674]. Ces tendances restent présentes chez l'adulte [651,677,734] et dans l'ensemble des pays dits développés [735]. Cela n'est guère surprenant. En effet, les dirigeants de Nestlé, Ferrero, McDonald's, Coca-Cola, PepsiCo et autres Danone ne sont ni stupides ni philanthropes. S'ils investissent autant d'argent dans l'espace publicitaire, c'est que la martingale fonctionne à plein. Cette efficacité n'est plus secrète depuis longtemps, comme le démontre une superbe étude publiée il y a plus de 30 ans par Joann Galst et Mary White [736]. Ces auteurs ont travaillé sur un protocole assez simple consistant à superviser une séance de courses au supermarché, alors que les mères étaient accompagnées de leurs enfants (3-11 ans). En une demi-heure, ces derniers émirent une moyenne de 15 requêtes, pour un taux de succès frisant les 50 %. Le nombre de sollicitations se révéla fortement corrélé au nombre d'heures passées devant la télévision. Sans surprise, les produits

---

[i] Une expression désormais passée dans la langue française et qui signifie littéralement « nourriture pourrie, de mauvaise qualité ».

demandés étaient ceux qui faisaient l'objet du matraquage publicitaire le plus intense (céréales, bonbons, boissons sucrées, glaces, yogourts). Chez les jeunes enfants ne sachant pas encore lire, près de 10 % des revendications émises mentionnaient directement, non pas une catégorie de produits (gâteaux), mais un nom de marque. Conclusion des auteurs : « Une relation existe d'une part entre la valeur de renforcement des publicités télévisuelles pour les enfants et la persévérance de ces derniers à tenter d'influencer les achats alimentaires des parents, et d'autre part entre le volume d'exposition à la télévision commerciale et le nombre de tentatives faites pour influencer les achats. » Depuis sa formulation, cette conclusion a été largement validée et généralisée [672,678,680,737-740]. Il est maintenant clairement établi que la publicité a un effet direct sur le chiffre d'affaires des groupes alimentaires et les comportements de consommation des spectateurs [16,218,646,678,739]. Le processus opère à un double niveau, catégoriel et spécifique [706,727]. Le terme *catégoriel* indique que la présentation d'un produit alimentaire donné (céréales X) stimule l'achat de l'ensemble des produits de la même famille (céréales X, Y, Z, etc.). Le terme *spécifique* établit que la marque exposée (céréales X) est toutefois choisie plus fréquemment que ses marques concurrentes, lorsqu'un choix est possible. Par rapport à ce dernier résultat, une étude a par exemple permis de souligner que 2 spots de 30 secondes pour un jus de fruits donné suffisaient à multiplier par 3 la probabilité que l'enfant réclame spécifiquement ce jus de fruits plutôt qu'une autre boisson similaire, mais n'ayant fait l'objet d'aucune publicité [741]. Bien sûr, cet effet de sélectivité est extrêmement sensible à la fréquence des expositions. Cela a été très bien montré pour les grandes marques alimentaires telles que McDonald's ou Coca-Cola. Dans ce cas, le matraquage publicitaire s'avère tellement intense qu'il biaise jusqu'aux perceptions sensorielles les plus primitives des spectateurs. Par exemple, Thomas Robinson et ses collègues ont demandé à de jeunes enfants de 3 à 8 ans de comparer le goût d'aliments divers présentés par paires [742]. Pour chacune de ces paires, le même produit était utilisé mais emballé dans un papier neutre ou McDonald's. Les résultats montrèrent de nettes différences entre les deux conditions. 59 % des enfants déclarèrent préférer les nuggets McDonald's contre 18 % qui se déclaraient favorables aux nuggets anonymes (les 23 % restants ne se prononçant pas). Pour les frites, les scores s'établirent à 77 % et 13 %. Pour les boissons (lait ou jus de pomme) ce fut 61 % *versus* 21 %. Même des carottes furent jugées meilleures par les enfants lorsqu'elles apparaissaient dans un papier de la marque à Ronald (54 % contre 23 %) ! De manière intéressante, l'effet observé s'avéra d'autant plus important que le nombre de télévisions présentes dans le foyer de l'enfant était grand. Des biais similaires s'observent lorsque des sujets sont confrontés à des produits emballés dans des boîtes neutres ou ornées de personnages de dessins animés connus tels que Dora, Scooby-Doo ou Shrek [743]. Par exemple, dans une étude récente, 55 % des enfants dirent préférer le goût de crackers présentés dans un packaging publicitaire, contre 7,5 % qui déclarèrent pencher pour les biscuits anonymes. D'une manière plus générale, 88 % des enfants affirmèrent que si le choix leur était offert, ils prendraient plutôt les crackers à personnages que les autres. Ce type de résultat pose évidemment la question des causalités agissantes. Comment la présence d'un simple logo sur un emballage peut-elle transformer à ce point le goût du consommateur ? La réponse est ma foi aussi simple que désespérante. À force de réitération, le logo ne se contente plus de marquer le paquet. Il finit par étamper aussi le fonctionnement de nos neurones. Cela a été récemment démontré par une équipe de l'université de Baylor au Texas [744]. L'activité cérébrale d'un groupe de 67 sujets adultes fut enregistrée sous deux conditions expérimentales. Dans la première, dite « aveugle », les sujets buvaient successivement deux boissons. L'une était du Coca, l'autre du Pepsi. La tâche consistait à déterminer l'échantillon ayant la plus forte valeur gustative. Les observations comportementales montrèrent que les sujets se répartissaient à parts égales entre ces deux marques. Les enregistrements neurophysiologiques indiquèrent alors que la boisson préférée activait une petite zone liée au sentiment de plaisir en avant du cerveau. Dans la deuxième partie de l'expérience, dite « semi-aveugle », les mêmes tests furent réalisés, à un détail méthodologique près : l'une des boissons était clairement identifiée comme étant du Coca ; la seconde ne portait aucun label et pouvait être soit du Coca, soit du Pepsi. Les résultats comportementaux montrèrent l'existence, dans ce cas, d'un fort biais gustatif en faveur du Coca. Au niveau neurophysiologique, cette préférence majoritaire ne se traduisait plus par l'activation de la zone « du plaisir » précédemment identifiée, mais par le recrutement d'un large réseau d'aires connues pour être impliquées dans la régulation des fonctions mnésiques émotionnelles et affectives. Ainsi, la préférence gustative affirmée par les sujets lorsque la marque Coca-Cola était visible ne dépendait pas d'informations sensorielles pures, mais d'une combinaison de facteurs liés à la mémoire de la marque et à l'activation des sentiments positifs associés à cette mémoire. La publicité avait littéralement inscrit la marque dans les neurones des sujets. On peut noter toutefois, comme nous le verrons ci-dessous, qu'un habile amorçage permet, au moins chez l'enfant, de manipuler cette inscription en amenant certains adeptes de Coca à choisir un Pepsi dans un distributeur[745]. Pour expliquer ce changement, on peut arguer que la préférence de marque est encore labile chez l'enfant en raison d'un trop faible marquage publicitaire. Alternativement, on peut penser aussi que l'effet d'amorçage exerce sur nos choix une pression suffisamment forte pour nous amener à renverser ponctuellement une préférence de marque anciennement installée. Cette seconde possibilité ne surprendra sans doute pas outre mesure les 77 % d'adultes qui affirment, lorsqu'on les interroge, que le petit écran influence substantiellement les choix alimentaires de leurs enfants[237]. Elle n'étonnera pas non plus les 66 % de parents qui reconnaissent que leur progéniture réclame régulièrement des produits alimentaires, en réponse à une exposition publicitaire[237]. Un genre de réclamation qui, chez les plus jeunes (3-8 ans), tourne au caprice en règle dans près de 10 % des cas[680].

Même s'ils sont (me semble-t-il) à la fois spectaculaires et convaincants, les travaux exposés ci-dessus ne disent qu'une partie de l'histoire. En effet, ils ignorent largement toutes les formes publicitaires masquées telles que, par exemple, le placement de produits alimentaires dans les films ou les séries audiovisuelles. Cette pratique est pourtant tout à fait massive, comme a pu le montrer une étude parue récemment dans une revue médicale de premier plan[746]. Pour leur travail, les auteurs ont extrait les 20 productions les mieux placées au box-office américain pour chacune des années allant de 1996 à 2005, soit un corpus de 200 films. Parmi ces derniers, 138 (69 %) faisaient figurer au moins un produit alimentaire. Au total, 1 180 placements furent identifiés dont 427 pour de la nourriture, 425 pour des boissons et 328 pour des groupes de restauration (comme Starbucks ou McDonald's). Pour la catégorie nourriture, les aliments présentés concernaient principalement les bonbons/sucreries (25 %), amuse-gueules salés (21 %), douceurs sucrées/desserts (12 %) et céréales de petit déjeuner (11 %). Pour la catégorie boissons, les breuvages exposés appartenaient à 76 % au groupe des potions sucrées fortement caloriques. Enfin, pour la catégorie groupes de restauration, les firmes affichées relevaient à 62 % de la division fast-food. Conclusion des auteurs : « Plus des deux tiers des films populaires mettaient en scène des placements pour de la nourriture, des boissons et des établissements de restauration. L'écrasante majorité de ces placements de marques étaient pour des produits hautement énergétiques et nutritivement pauvres. Les films fournissent un boulevard à travers lequel les compagnies commercialisent des aliments à faible valeur nutritionnelle pour les consommateurs, dont les enfants et les adolescents, qui peuvent même ne pas être conscients de la publicité. » Bref, si vous vous dites, comme mon amie Véronique, « ma fille ne voit que des DVD, au moins il n'y a pas de pub », il va falloir que vous revoyiez votre copie. Et surtout n'allez pas croire que ces placements sont d'innocentes lubies. Ils exercent sur nos comportements une contrainte phénoménale. Une expérience récente, brièvement mentionnée ci-dessus, le montre superbement [745]. Un premier groupe « expérimental » d'écoliers de 6 à 12 ans fut confronté à un morceau du film *Maman, j'ai raté l'avion !* (*Home Alone*). Dans la scène choisie, on voyait une famille réunie autour d'une table, mangeant de la pizza tout en buvant du lait et du Pepsi-Cola. Cette dernière marque était mentionnée explicitement par un adulte dans le cours de l'action (« Fuller, vas-y doucement sur le Pepsi »). Un second groupe contrôle identique voyait une scène en tous points similaire, mais dépourvue de la moindre référence à Pepsi-Cola. Après le visionnage, les enfants sortaient de la salle et ils étaient invités à choisir une boisson qui pouvait être soit un Pepsi, soit un Coca. En Angleterre, pays où fut réalisée l'expérience, cette dernière marque détient 75 % du marché contre 25 % pour sa concurrente. Les choix du groupe contrôle manifestèrent une répartition compatible avec ces chiffres : Coca 58 %, Pepsi 42 %. À l'inverse, les options du groupe expérimental révélèrent un clair retournement de tendance : Coca 38 %, Pepsi 62 %. Notons dans ce cas qu'aucune différence ne fut observée entre les enfants ayant le souvenir d'avoir vu la marque et les autres. C'est là toute la magie des placements de produits. Ils sont capables de manipuler nos comportements de manière totalement inconsciente. Un travail ingénieux de Shapiro et de ses collègues l'a clairement montré à la fin des années quatre-vingt-dix [747]. Les sujets devaient alors focaliser leur attention sur un texte présenté par l'intermédiaire d'un écran selon différentes conditions : (i) texte et petit bandeau publicitaire représentant une carotte ou un ouvre-boîte à la marge de l'écran ; (ii) texte seul sans bandeau publicitaire. À la fin de l'expérience, plusieurs bandeaux étaient présentés aux sujets qui devaient indiquer s'ils les avaient vus, ou non, pendant la phase d'exposition. Les deux groupes expérimentaux répondirent au hasard. Pourtant, lorsque les participants furent invités à constituer une liste de courses pour des produits alimentaires ou des ustensiles de cuisine, les membres du groupe « publicité » mentionnèrent les objets cibles (carotte et ouvre-boîte) deux fois plus souvent que ceux du groupe « texte seul ». Conclusion des auteurs : « Les publicitaires devraient être fortement encouragés par les résultats de cette étude. Nos résultats indiquent qu'une publicité est capable d'affecter les futures décisions d'achats même si les sujets, qui sont occupés à une autre tâche, ne traitent pas la publicité attentivement et, ainsi, ne se rappellent pas avoir vu la publicité. » Disons que ce qui est encourageant pour les publicitaires ne l'est pas forcément pour nos enfants qui continuent d'enfler de manière alarmante pour leur santé, parce que les failles les plus intimes de leur cerveau sont exploitées sans honte ni réserve à des fins mercantiles. Dans sa version en ligne, le *Petit Larousse* définit le viol comme étant le « fait de forcer, de contraindre quelqu'un contre sa pensée » [748]. Il me semble que les pratiques publicitaires qui viennent d'être décrites ne sont pas très loin de cette définition.

En réponse aux problèmes rapportés ci-dessus, plusieurs pays ont pris des mesures plutôt drastiques. La Suède, par exemple, a interdit dès 1991 toute publicité à destination des individus de 12 ans et moins parce que ce pays « voit la publicité à destination des enfants comme moralement et éthiquement inacceptable, dans la mesure où les enfants ont des difficultés à distinguer entre les motifs de la publicité et d'autres modes de communication » [707]. En Flandre, en Suède, au Danemark et en Norvège, toute publicité est interdite pendant les programmes pour enfants et autour de ces derniers [197,707,749]. En France, cette mesure de bon sens a récemment été retoquée par nos députés, sous la pression active des lobbies agroalimentaire et publicitaire [435]. La valeur ajoutée de ces champs économiques justifie, espérons-le, que nous mettions en danger la santé de nos gosses et que nous transférions le coût astronomique d'une véritable bombe sanitaire vers notre sécurité sociale (cf. *supra*). On peut bien sûr arguer que nos chers politiciens ont établi avec les industriels et annonceurs, en lieu et place d'une interdiction rigide, une charte concertée « pour promouvoir une alimentation et une activité physique favorables à la santé dans les programmes et les publicités diffusés à la télévision » [750]. Ce choix se justifierait, nous dit-on, parce que l'effet de la publicité sur l'obésité n'est nullement établi scientifiquement. Un communiqué de presse cosigné par la plupart des grands groupes médiatiques privés (TF1, M6, Canal +, Lagardère Active, etc.) propose, à ce titre, le texte suivant : « Alors même que les études scientifiques et les expériences de prohibition [*sic*] menées dans plusieurs pays étrangers ne démontrent à ce jour aucune corrélation entre obésité et publicité télévisée, toute mesure d'interdiction serait de fait mal comprise. » [751] Une idée largement reprise par l'historien des médias Patrick Eveno, au motif que « la surcharge pondérale existe dans toutes les sociétés ; mais elle devient plus fréquente dans les populations qui accèdent au confort alimentaire et à l'abondance [...] Si la minceur est devenue un canon de beauté pour les élites dans la deuxième moitié du XXᵉ siècle, cette "valeur" ne s'est pas encore transmise dans toute la hiérarchie sociale, et la publicité pour les barres chocolatées et les bonbons n'en est pas responsable » [288]. Franchement, pour qui a pris le temps de consulter l'unanimité quasi absolue de la littérature, ce genre d'affirmations ne peut qu'être profondément désespérant[i]. Pourtant, sur le fond, ces contrevérités ne devraient pas nous surprendre outre mesure. L'industrie du tabac avait déjà agi, en son temps, avec la même malhonnêteté intellectuelle pour affirmer qu'il n'existait aucun lien établi entre cigarette et cancer [6]. Cela étant dit, que l'on me permette quand même de trouver étrange la propension de certains membres du Conseil supérieur de l'audiovisuel (CSA), telle Christine Kelly, présidente – excusez du peu – de la mission « Santé et développement durable », à soutenir et démocratiser ce

---

[i] Encore une fois, pour une revue des évidences disponibles : [163,641,664,704-707].

genre de fariboles pro-publicitaires [752]. Selon cette dame, « si la suppression de la publicité alimentaire dans les programmes pour enfants est loin d'être un instrument efficace dans le combat contre l'obésité, ses conséquences économiques seraient en revanche certaines sur notre secteur audiovisuel structurellement sous-financé : conséquences sur l'emploi, sur les chaînes de télévision, sur l'offre de programmes pour les enfants et sur le financement du cinéma ». Rappelons quand même, pour mémoire, qu'avant d'être nommée au CSA par le président du Sénat, cette journaliste officiait depuis neuf ans sur LCI (2000-2009), filiale du groupe privé TF1 [753]. Il faudrait évidemment souffrir de mauvaise foi pathologique pour suggérer qu'une telle filiation professionnelle puisse expliquer, même de très loin, la prise de position de Mme Kelly. En fait, si cette dernière reprend avec autant d'ardeur l'argumentaire de son ancien employeur, au mépris des évidences scientifiques les plus élémentaires, cela ne peut être que pure coïncidence.

Sur le fond, l'accord de principe signé par nos politiques a-t-il la moindre chance d'être efficace ? Franchement, à l'image d'une communauté scientifique ayant presque unanimement dénoncé cette « charte cousue main pour les régies publicitaires » [754], j'en doute. Il y a plusieurs raisons à cela. Tout d'abord, les domaines tabagique, agroalimentaire et alcoolique ont clairement démontré que les chartes de bonne conduite produisaient souvent des résultats plus que décevants [247,713,755-758], ce qu'a d'ailleurs confirmé l'OMS en soulignant de manière fort limpide que « pour être efficaces, les systèmes visant à réglementer la commercialisation doivent se fonder sur des incitations suffisantes ; d'une manière générale, l'efficacité du cadre de réglementation est proportionnelle à la pression exercée par l'État »[759]. Récemment, une étude de l'UFC-Que Choisir a clairement validé ce propos en montrant que l'industrie agroalimentaire continuait, malgré ses promesses, à inonder les programmes les plus regardés par les enfants de publicités pour des produits gras, sucrés et hautement déséquilibrés[247]. À un autre niveau, je ne suis pas certain que l'adjonction écrite de slogans tels que « Pour votre santé, évitez de grignoter entre les repas, www.mangerbouger.fr » puisse avoir un quelconque effet, notamment chez les jeunes enfants dont beaucoup éprouveront les pires difficultés à lire le texte proposé dans le temps imparti (surtout si pour ce faire ils doivent renoncer à regarder les images présentées à l'écran). Dans le même ordre d'idées, il ne me semble pas que l'invitation faite aux chaînes de « mettre à la disposition du public, en particulier auprès du jeune public, des programmes sur l'alimentation et l'activité physique » soit très crédible. Pour TF1, le volume de base imposé est en effet de 10 heures par an, soit 98 secondes par jour. Une aimable plaisanterie ! Enfin, je ne vois pas comment une modification de l'habillage publicitaire dans un sens plus « déontologique », incluant, par exemple, une « mise en valeur de bons comportements alimentaires » et une « référence aux équivalences et comparaisons nutritionnelles avec les fruits et légumes », pourrait modifier la composition des produits présentés. Un excellent article du magazine *Télérama* illustre je crois parfaitement ce point[760]. Selon les termes de cet article, « les industriels prétendent désormais œuvrer pour un "meilleur équilibre alimentaire". Une ritournelle que les publicitaires reprennent sur tous les tons. "On est passé du 'plaisir-plaisir' au 'plaisir-santé', commente Gabriel Gaultier, directeur de l'agence Leg. On ne vend plus une crème dessert au chocolat, mais une crème dessert avec 4,5 % de lait, parce que c'est bon pour la croissance." Ainsi Danone a fait du "plus-santé" son choix stratégique de communication. "Quand on utilise la nutrition comme faire-valoir, sans aucune légitimité, j'explose ! s'emporte la nutritionniste Béatrice de Reynal. Prenez le slogan de la pub Nutella, 'c'est plein de noisettes et de bon lait pour le petit déjeuner'. Dans un pot de Nutella il y a 13 % de noisettes et 6 % de lait. Le reste, c'est de la graisse saturée et du sucre ! Quant à Chocapic et compagnie, les gens du marketing font croire qu'il s'agit de céréales. En fait, ce sont des croquettes ! L'amidon de la céréale a été industriellement transformé en sucre. Certains poussent le bouchon plus loin en clamant que leurs 'céréales' sont riches en vitamines et en minéraux. Mais ce n'est pas en ajoutant des vitamines C dans vos cigarettes qu'elles seront bonnes pour la santé !" La nutritionniste Dominique Lanzmann-Petithory, 12 ans chez Lu avant de claquer la porte, n'a jamais digéré une campagne de promotion pour la barquette abricot. "La pub disait qu'en les mangeant on se nourrit d'abricots. Mais on ingurgite surtout 60 % de sucre !" ». À tout cela, on pourrait ajouter que nombre de programmes et publicités télévisés mettent en jeu des personnages aux habitudes alimentaires peu recommandables, mais au dynamisme et à l'apparence physique irréprochables, comme si toute cette *junk-food* pouvait être consommée sans risque pondéral ou sanitaire [637,761]. Comme si le surpoids n'était pas vraiment une question de nourriture, mais un trait de fainéant. « Mangez », « bougez » et vous ne risquez rien. Si votre enfant est gras comme un moine, inutile de le priver de ses Chocapic ou autres BigMac favoris. Achetez-lui simplement des baskets (des Nike bien sûr, « comme à la télé »). Malheureusement, une étude récente confirme que les choses ne fonctionnent pas vraiment comme cela. Un enfant qui se gave de cochonneries grossit, même s'il fait du sport [762].

Pour résumer, l'obésité est devenue en quelques décennies un problème majeur de santé publique. Bien qu'elle ne soit pas l'unique facteur de cette évolution, la télévision ne peut être exonérée de sa lourde responsabilité. En effet, plus un spectateur est assidu au poste et plus il a de chances d'être gros. Ce lien, unanimement reconnu par la littérature scientifique, se construit sur plusieurs bases complémentaires impliquant pression publicitaire, extension des conduites de sédentarité et dérèglement des signaux physiologiques de satiété. Pour dissoudre efficacement l'ensemble de ces bases, point n'est besoin de mesures compliquées. Il suffit d'éteindre la télévision. Sur le long terme, un tel choix permet de réduire substantiellement les risques d'obésité et d'une belle brochette de désagréments sanitaires souvent associés à cette pathologie et, plus généralement, aux comportements sédentaires : mortalité [614,626-630], hypercholestérolémie [763], hypertension [764,765], accidents cardio-vasculaires [614-617,627,630], cancers [627,630], arthrites [626] et diabète [627,651,677,766]. Concernant ce dernier champ, par exemple, une étude récente a montré que les adolescents qui regardaient la télé plus de 2 heures par jour avaient, par rapport à leurs congénères moins téléphages, 3 fois plus de risques de présenter des niveaux d'insuline anormalement élevés, après prise en compte de l'indice de masse corporelle et d'une large matrice d'autres covariables [767]. Pour ne rien arranger, on pourrait évidemment adjoindre à cette longue liste de désordres métaboliques et pondéraux, un large panel de souffrances psychologiques (estime de soi, dépression, etc.) [768-770] et sociales (relations interpersonnelles) [771]. On pourrait aussi ajouter quelques troubles non directement liés au surpoids dont l'asthme [772-774], les épilepsies photosensibles [775] et l'autisme [116].

Faire de l'enfant un fumeur… ou fermer boutique

Jacques était fumeur, comme 1,3 milliard d'humains [776,777]. En 2009, il est mort de cette habitude, comme 6 millions d'autres malheureux. Pour lui, la grande faucheuse s'est présentée sous forme cancéreuse. Elle aurait aussi bien pu se faire accident respiratoire, vasculaire ou cardiaque [776-778]. Du haut de ses 48 ans, Jacques aimait souligner qu'il ne croyait pas « à ces conneries » et que son père était mort d'un cancer du poumon sans avoir jamais fumé. Argument furieusement populaire mais terriblement dérisoire quand on sait que le tabac domine largement le palmarès mondial des facteurs de morbidité évitables [776-778]. La cigarette tue davantage que les maladies cérébro-vasculaires ou le sida [778]. Chaque année, c'est un pays comme le Danemark qui est rayé de la carte planétaire à cause du tabac[i].

Jacques avait commencé à fumer à 13 ans, âge charnière longtemps considéré comme une cible prioritaire par les cigarettiers [780,781]. Ce choix marketing aurait aujourd'hui été abandonné. Les fabricants de tabac seraient en effet devenus « responsables » comme le montre, entre autres exemples, la déclaration d'intention postée sur le site Internet de Philip Morris International : « Les enfants qui fument risquent de devenir dépendants et de continuer à fumer en grandissant. Ils s'exposent à des pathologies cardio-vasculaires, au cancer du poumon et à d'autres maladies graves qui

---

[i] Le Danemark compte 5,5 millions d'habitants [779].

risquent de se manifester plus tard dans leur vie. Personne ne souhaite que les jeunes fument. [...] Les gouvernements peuvent contribuer à ces efforts par la législation, en faisant de la vente de cigarettes aux enfants une infraction pénale et en la réprimant de manière stricte. [...] Nous pensons également que les fabricants de tabac ont la possibilité et le devoir de contribuer à la lutte contre le tabagisme chez les jeunes. [...] Nous faisons campagne dans plusieurs pays du monde en faveur d'une réglementation qui contribue à prévenir le tabagisme chez les jeunes. Par exemple, lorsque aucun âge légal n'est fixé, nous recommandons aux gouvernements d'adopter des lois en ce sens. C'est ce que nous avons fait en Indonésie et en Afrique du Sud. Nous encourageons activement l'ensemble des gouvernements à faire respecter cet âge légal, en arguant que pour qu'une telle loi soit efficace, il faut qu'elle ait un impact tangible sur les détaillants contrevenants. [...] Nous ne sommes pas des experts en matière d'éducation et vous ne nous verrez pas dans les salles de classe. Néanmoins, nous soutenons financièrement les enseignants, les collectivités et d'autres spécialistes à travers le monde dans leurs efforts de prévention du tabagisme chez les jeunes. »[782] « Nous ne faisons pas la promotion de nos produits auprès des enfants et nous n'utilisons pas d'images ou de contenus susceptibles de susciter un attrait chez les mineurs. »[783] Ce dernier engagement s'avère strictement conforme aux régulations désormais en place dans la plupart des pays développés (même si celles-ci sont très loin d'être toujours respectées)[778]. Au sein de l'Union européenne, par exemple, une directive interdit purement et simplement aux marques de cigarettes toute activité publicitaire et promotionnelle dans le domaine audiovisuel[784]. Aux États-Unis, la régulation est un peu moins restrictive, même si un accord signé en 1998 stipule (notamment) que les industriels s'engagent à ne plus lancer aucune campagne en direction des enfants et à ne plus placer de produits dans les clips, films ou séries audiovisuelles [785]. Ces mêmes industriels s'étaient d'ailleurs déjà engagés en 1989 à ne plus monnayer l'apparition explicite de leur marque dans les productions cinématographiques [786]. Ainsi, par exemple, comme l'explique Philip Morris, « nous n'acceptons pas la mise en avant de nos produits dans des films ou des émissions télévisées ; nous déclinons d'ailleurs régulièrement de telles offres » [783]. Je pense que personne ne sera surpris d'apprendre que les belles déclarations de ce genre sont généralement considérées avec énormément de circonspection par les autorités sanitaires. Un récent rapport de l'OMS le montre clairement. Selon les termes de ce rapport, « il faut beaucoup d'astuce pour vendre un produit qui tue jusqu'à la moitié de ses consommateurs. Les fabricants de tabac comptent parmi les meilleurs professionnels du marketing au monde et déploient de plus en plus d'efforts pour contourner les interdictions de la publicité, de la promotion et du parrainage, destinées à faire baisser la consommation de tabac. L'industrie du tabac prétend que ses activités de publicité et de promotion n'ont pas pour but d'augmenter les ventes ou d'attirer de nouveaux consommateurs, mais simplement de répartir autrement le marché parmi les consommateurs existants. Cela est faux. Le marketing et la promotion accroissent les ventes de tabac et contribuent donc à tuer davantage de personnes en encourageant les fumeurs à fumer davantage et en les dissuadant d'arrêter. Le marketing incite également les consommateurs potentiels, surtout les jeunes, à essayer la cigarette et à devenir des clients à long terme. La publicité qui vise les jeunes et des sous-groupes de population bien déterminés est particulièrement efficace » [778].

Sur le fond, pour nombre de spécialistes, les industriels du tabac n'ont en fait guère le choix. Ils sont condamnés, s'ils veulent survivre, à recruter en masse de jeunes fumeurs. Encore une fois, cette conviction s'affiche clairement dans les écrits de l'OMS. Selon cette institution, « les cigarettiers visent depuis longtemps les jeunes pour "remplacer" les fumeurs qui meurent ou renoncent au tabac. Ils savent que le seul espoir pour l'avenir de leur commerce est de rendre les jeunes dépendants. Toute personne qui consomme du tabac peut devenir dépendante à la nicotine, mais celles qui ne commencent pas à fumer avant 21 ans ont peu de risques de jamais commencer. Faire à l'adolescence l'expérience d'un produit très addictif vanté avec insistance par l'industrie du tabac peut facilement conduire à la dépendance à vie. Plus les enfants sont jeunes quand ils fument pour la première fois, plus ils risquent de fumer régulièrement par la suite et moins ils ont de chances d'arrêter »[778].

Ainsi donc il s'avère, pour résumer, que les industriels du tabac se trouvent placés face à une bien cruelle équation. D'un côté ils doivent se plier à un certain nombre d'engagements éthiques et de textes législatifs pour ne pas risquer d'être lourdement condamnés par les pouvoirs publics. De l'autre, ils ont obligation de contourner la loi et la parole donnée s'ils ne veulent pas disparaître à brève échéance, faute de clients. Pas facile de sortir de l'impasse. Heureusement, Dame Providence sait être bonne pour ses enfants. Forte d'un étrange empressement, la belle choisit d'apparaître aux cigarettiers sous les traits du noble septième art. Ainsi, alors que la sinistre clique des faiseurs de cancers avait été privée, par la loi, de toute latitude promotionnelle, les studios cinématographiques américains reprirent avec zèle le flambeau propagandiste. Au nom (officiellement !) du principe de réalité et de la sacro-sainte liberté d'expression [758,787], nos amis se firent un devoir d'inonder leurs films de scènes tabagiques. Sur la dernière décennie, celles-ci s'invitèrent dans 70 à 75 % des films, avec un nombre moyen de présentations avoisinant 8 à 9 unités [758,787-791]. On peut noter que des incidences similaires ont été rapportées pour les œuvres diffusées sur le marché européen [792,793], ce qui n'est guère surprenant quand on sait que l'Amérique exporte massivement ses films et sert de référence générale à la production cinématographique mondiale [758,794]. Si encore les fumeurs apparaissaient dans des situations à la fois fondées et représentatives, cela serait sans doute un moindre mal. Malheureusement, tel n'est pas le cas. Nous en sommes même très loin. Dans une écrasante majorité d'occurrences, l'expression tabagique ne semble avoir aucune base narrative. Elle surgit de manière totalement « arbitraire », sans éclairer le moins du monde le scénario ou la psychologie des personnages [787]. Quand un fumeur apparaît « avec raison », c'est généralement pour vomir un bon vieux stéréotype bien visqueux [787]. Vous voulez montrer un ado en rébellion, un avocat stressé, un flic implacable, un homme perturbé ? Essayez donc une petite cigarette. Vous avez besoin de rendre fatale une superbe blonde aguicheuse ? Tentez un révolutionnaire « vous avez du feu ? ». Vous désirez souligner combien votre personnage a du pouvoir ? Optez pour un havane bien ventru. Et ainsi de suite. Est-il vraiment surprenant de constater que nombre de ces stéréotypes reprennent sans recul ni réserve des messages utilisés par l'industrie du tabac pour recruter ses clients [795] ?

Cela étant dit, les scènes tabagiques ne se contentent pas d'être, dans leur écrasante majorité, inutiles au récit et/ou pitoyablement stéréotypées. Elles sont aussi profondément biaisées. En effet, parmi les fumeurs du grand écran, il existe une forte surreprésentation de personnages « positifs », sexuellement actifs, émotionnellement complexes, intellectuellement solides, racialement blancs, physiquement séduisants, socialement privilégiés et professionnellement décisionnaires [787,791,796]. Ce tableau est à l'évidence cohérent avec l'observation selon laquelle les « stars » se placent très souvent en première ligne quand il s'agit d'en griller une [797,798]. Les seconds couteaux sont pour leur part bien plus en retrait. Sans surprise, un niveau de discrétion tout à fait similaire (quoique bien plus prononcé) a été identifié relativement à l'évocation des influences nocives du tabac. Ces dernières ne sont ainsi pratiquement jamais évoquées dans les longs métrages [791,796]. Par exemple, Polansky et Glantz ont étudié 479 films produits sur la période 1999-2005. Ces films avaient la particularité d'inclure au moins une référence tabagique et d'être autorisés sans restriction aux spectateurs de 13 ans et plus. Les résultats de l'étude identifièrent près de 2 700 scènes tabagiques. Ils ne révélèrent aucun message relatif aux effets potentiellement négatifs de la cigarette sur la santé [789] !

Bien évidemment, il faudrait être d'une profonde naïveté pour croire que le matraquage tabagique dont sont victimes les jeunes spectateurs reste sans conséquence. En fait, la littérature scientifique montre avec une terrifiante constance que plus un adolescent voit d'acteurs fumer à l'écran et plus il a de chances de devenir un client stable de nos amis cigarettiers [758,758,790,791,796]. Ce phénomène a pu être établi pour des pays aussi différents culturellement que l'Amérique du Nord [799-806], l'Allemagne [792,793], la Thaïlande [807], Hong-Kong [808], la Nouvelle-Zélande [809] ou le Mexique [810]. Et le moins que l'on puisse dire, c'est que les effets observés ne sont pas dérisoires. Pour faciliter la compréhension de ce point, il pourrait être important de formuler certaines précisions techniques. Commençons pour ce faire par l'aspect méthodologique. Plusieurs approches ont alors été utilisées. La plus commune a porté sur une division de la population en quatre quarts (quartiles), en fonction du volume d'exposition à des scènes tabagiques. Les tranches 1 (T1) et 4 (T4) contiennent alors les 25 % de sujets ayant respectivement été le moins et le plus exposés (T2 et T3 se placent en situation intermédiaire). En comparant ces tranches, il est possible de définir un risque tabagique. Bien sûr, pour que cette mesure ait un sens il faut, au niveau satistique, prendre en compte l'effet potentiel d'autres facteurs sociodémographiques, psychologiques et personnels susceptibles d'influencer le risque tabagique (âge, sexe, niveau économique, niveau d'éducation, consommation tabagique des parents, des frères et des amis, performances scolaires, estime de soi, propension à la rébellion, consommation d'alcool, etc.)[i]. Lorsque l'on prend toutes ces précautions, il apparaît que le facteur « film » triple quasiment le risque de voir un adolescent succomber aux charmes de la cigarette. En d'autres termes, les sujets T4 ont presque 3 fois plus de chances de se mettre à fumer que leurs homologues T1 [792,799,800,810]. Les individus T2 et T3 se situent à des niveaux intermédiaires (~ 2 et 2,5 respectivement). Précisons pour éviter toute ambiguïté que ces mesures sont vraisemblablement sous-estimées, sachant que les sujets de référence (T1) voient eux-mêmes une dose substantielle de fumeurs à l'écran [93,94]. Cela étant dit et pour ceux qui ne seraient pas frappés par l'ampleur de ces chiffres, il existe une autre façon de présenter

[i] Voir note p. 24.

l'affaire. La question posée est alors la suivante : après prise en compte des covariables potentiellement pertinentes, quel est le pourcentage de sujets qui ont commencé à fumer parce qu'ils ont vu des acteurs fumer à l'écran ? Une étude réalisée sur des sujets jeunes (9-12 ans) a produit une estimation égale à 35 %[804]. Un travail antérieur, mené à partir d'individus plus âgés (10-14 ans) ayant subi des volumes d'exposition plus lourds, avait accouché d'une mesure substantiellement supérieure : 52 %[802]. Le caractère absolument astronomique de ces effets n'échappera, je pense, à personne. Pour éviter tout malentendu, précisons donc que les études dont il est ici question ont été publiées dans des journaux médicaux de tout premier plan (*Lancet*, *Pediatrics*), sous la plume d'équipes scientifiques internationalement reconnues, après évaluation méticuleuse opérée par plusieurs spécialistes du domaine de la santé et des statistiques.

En réaction aux données précédentes, on peut bien sûr arguer que les évaluations présentées sont grossièrement trompeuses parce qu'un adolescent qui commence à fumer ne persévère pas forcément dans sa pratique. Pour répondre à cette objection, les chercheurs se sont focalisés sur les fumeurs réguliers. Les résultats ont alors révélé un niveau de risque certes atténué, mais toujours substantiel. Ainsi, après prise en compte d'une large matrice de covariables sociodémographiques, psychologiques et personnelles, il apparaît que les 25 % d'individus ayant vu le plus de scènes tabagiques à l'écran (T4) ont 2 fois plus de chances de devenir des fumeurs établis que les 25 % d'individus les moins exposés (T1)[792,801]. De même, il s'avère que 35 % des jeunes adultes (16-21 ans) deviennent des consommateurs stables parce qu'ils ont été confrontés, quelques années plus tôt (10-14 ans), à des films montrant des acteurs en train de fumer[803]. Il est intéressant de noter que ce pourcentage a été obtenu en suivant longitudinalement une cohorte d'individus ayant déjà permis de montrer que le facteur film rendait compte, chez les adolescents, de 52 % des initiations tabagiques (cf. paragraphe précédent). Cette continuité permet d'affirmer que l'écrasante majorité de ceux qui s'essayent à la cigarette en raison d'un facteur cinématographique, se transforment par la suite en fumeurs réguliers. Pour ceux qui ne seraient toujours pas convaincus de l'ampleur du phénomène, précisons encore que l'effet film s'avère plus important pour la survenue du tabagisme chronique que d'autres facteurs connus depuis longtemps pour être centraux dont, par exemple, la consommation des parents ou amis [803]. Toutefois, et c'est plutôt une bonne nouvelle, le pouvoir d'influence des images semble s'atténuer sensiblement au-delà de l'adolescence [811,812]. Cette observation est cohérente avec le fait déjà évoqué selon lequel les jeunes adultes ont statistiquement peu de chances de commencer à fumer, s'ils n'ont pas déjà essayé [778].

À la lumière des données précédentes, il semble légitime de s'interroger sur le potentiel protecteur d'éventuelles mesures prohibitrices. L'idée paraîtra contestable à certains au motif qu'il ne servirait à rien d'interdire quoi que ce soit parce que les enfants finissent toujours, de toute façon, par voir chez le voisin ce qu'ils n'ont pu visionner à la maison [34,36]. Un fantasme intéressant mais qui, cependant, ne résiste guère à l'épreuve des faits. Pour comprendre ce point, il faut savoir qu'il existe aux États-Unis une catégorie de films dits *R-Rated* (« accès restreint »), que les individus de 17 ans et moins ne peuvent voir au cinéma qu'en compagnie d'un adulte. On trouve parmi ces films des longs métrages à contenus violents ou sexuels que beaucoup de parents pourraient considérer plutôt inoffensifs et qui, de fait, se trouvent fréquemment classés dans la catégorie « tous publics » en France. Citons entre autres exemples *Un poisson nommé Wanda*, *Shakespeare in Love*, *American Pie*, *Serial noceurs*, *Sex and the City*, *Gran Torino*, *Gladiator*, *Rambo*, ou *Mary à tout prix* [813]. Il a été établi que les œuvres cinématographiques soumises à une restriction d'accès contenaient une très forte concentration de références tabagiques [789,791,796,814]. Dans le même temps, il a aussi été montré que les adolescents assujettis à des interdictions parentales strictes présentaient, à la différence de leurs pairs non contraints, une exposition marginale aux films *R-Rated* [815]. Sur la base de ces observations, les chercheurs se sont demandé si l'usage de la cigarette était inférieur à la moyenne chez les adolescents qui se trouvaient empêchés, par leurs parents, de regarder des films faisant l'objet d'un accès restreint. Plusieurs études furent réalisées avec toujours le même résultat positif [809,816-819]. Par exemple, au cours d'un travail longitudinal de grande ampleur, 2 600 adolescents de 10-14 ans n'ayant jamais fumé furent d'abord soumis à une enquête sociologique minutieuse, puis recontactés quelque temps plus tard (entre 13 et 26 mois) [820]. Sur la base des données d'enquête, les participants se retrouvèrent scindés en 3 groupes. Le premier (19 % de l'échantillon) comprenait les sujets qui, en raison d'une prohibition parentale stricte, ne regardaient jamais de films *R-Rated*. Le deuxième (29 % de l'échantillon) regroupait les individus qui regardaient épisodiquement de tels films. Le troisième (52 % de l'échantillon) incluait les consommateurs réguliers soumis à un contrôle parental faible ou nul. Après ajustement pour un large ensemble de covariables potentielles, il s'avéra que les adolescents des groupes « épisodiques » et « réguliers » présentaient respectivement 2 et 3 fois plus de chances de s'être mis à fumer durant la période de suivi, en comparaison de leurs homologues « strictement contraints ». Lorsque l'analyse fut reproduite à partir des seuls adolescents exempts de possibles influences familiales incitatrices, parce que leurs proches ne fumaient pas, les facteurs de risque s'établirent à 4 et 10 ! En d'autres termes, prenez deux jumeaux élevés au sein d'un milieu non fumeur dans des conditions strictement identiques à ceci près que l'un des deux garçons est empêché de visionner des films *R-Rated*, alors que l'autre peut regarder ce que bon lui semble. Au bout du chemin, l'enfant livré à lui-même aura 10 fois plus de chances de se mettre à fumer que son frère encadré. Cela étant dit, il peut être important de souligner que les commissions compétentes ont progressivement déprécié, depuis 10 ans, leurs critères d'évaluations, de sorte que des films qui auraient auparavant été classés *R-Rated* sont désormais souvent définis dans la catégorie PG-13 (parents fortement mis en garde, contenus potentiellement inadaptés aux moins de 13 ans) [821,822]. On peut donc craindre une extension importante des risques tabagiques encourus par des adolescents dont il semble raisonnable de suggérer qu'ils sont souvent autorisés à visionner des œuvres PG-13, même quand ils sont interdits de films *R-Rated* [791]. Cette crainte fait incontestablement écho à l'observation selon laquelle les films classés PG-13 et en dessous[i] représentent depuis quelques années déjà la principale source d'exposition au tabac des adolescents [788,789,796,814]. Il est vrai que ce problème ne se pose pas en France, pays qui classe allègrement dans la catégorie « tous publics » nombre de films identifiés PG-13 aux États-Unis (ce qui n'est guère surprenant vu que la

[i] *PG-Rated* : supervision parentale suggérée, contenus potentiellement inadaptés aux enfants. *G-Rated* : audience générale, acceptable pour tous les âges.

pratique est déjà présente pour la catégorie *R-Rated* ; cf. *supra*). *Avatar* en est un exemple récent, avec Sigourney Weaver en scientifique accro à la nicotine [823]. Bien sûr, il est facile de parler de chasse aux sorcières et de tourner en ridicule les associations qui dénoncent ce genre d'expositions [824]. Taper sur ces groupements de supposés bigots est plus aisé que de faire pression sur les producteurs de films pour obtenir, à l'usage de ceux qui la désirent, une signalétique claire des caractéristiques tabagiques d'une œuvre [814,825]. On peut toutefois penser à ce sujet, au vu des données qui viennent d'être évoquées, qu'il serait grand temps que nous renoncions collectivement aux postures idéologiques de comptoir pour entamer (enfin) un vrai travail de réflexion. Cela me paraît d'autant plus nécessaire que l'imprégnation tabagique opère de manière largement inconsciente, à un niveau qu'il serait illusoire de prétendre toucher à travers je ne sais quel fumeux programme d'« éducation aux images ». Ne peut-on se demander, sans risquer je ne sais quel anathème, si *Avatar* et ses affidés valent vraiment que soit multiplié par 10 le risque de voir un adolescent succomber aux sirènes du tabac et échouer, à échéance de 30 ou 40 ans, parmi les 6 millions de victimes annuelles de Dame Cigarette ? Ne peut-on estimer, sans passer pour une triste grenouille de bénitier ou un dangereux réactionnaire, qu'il serait légitime d'offrir aux parents une information fiable sur la charge tabagique (et alcoolique, et sexuelle) d'un film ? Sans cette information, où est la liberté éducative des parents ? Une fois avisés des dangers encourus par leur progéniture, ceux-ci pourront décider que la beauté d'*Avatar* ou de tout autre long métrage rend marginale la question du risque tabagique. Ils pourront aussi considérer, cependant, qu'aucune œuvre ne vaut la santé d'un enfant et qu'il est préférable de repousser au-delà de la période adolescente (critique pour l'initiation tabagique) l'accès aux films trop nicotinés. En écrivant cela, je n'ai pas l'impression d'exprimer une position particulièrement rétrograde ou intégriste !

Au-delà de ce qui vient d'être dit, il reste encore à interroger le processus causal qui mène du film au tabagisme. Selon plusieurs études, la transition s'opère principalement sur la base d'une modification représentationnelle. En d'autres termes, l'œuvre cinématographique amène les adolescents à fumer en modifiant le modèle de réalité de ces derniers. À l'appui de cette thèse, il apparaît que plus un jeune spectateur est soumis à un nombre important de références tabagiques et plus il a de chances, premièrement, de penser que la plupart des adultes fument et deuxièmement, de développer des attentes positives vis-à-vis de la cigarette [790,791,796]. Pour une large part, le développement de ces attentes semble reposer sur le rôle prescripteur de « stars », capables de définir par leur seule aura ce qui peut être considéré comme cool, sexy, branché, transgressif ou adulte [790,791,796]. Considérons, pour illustrer cette affirmation, deux adolescents non fumeurs dont l'un aime Tom Cruise alors que l'autre est attiré par Leonardo DiCaprio. Une différence apparemment bénigne, mais pourtant fondamentale en termes tabagiques. En effet, DiCaprio est fréquemment présenté en train d'en griller une dans ses films, ce qui n'est pas le cas de Cruise. Résultat des courses, après prise en compte des covariables pertinentes, notre fan de DiCaprio présente 16 fois plus de chances que son homologue thuriféraire de Cruise d'avoir une attitude positive vis-à-vis du tabac et de se déclarer susceptible de fumer dans l'avenir [826] ! Cette déclaration de susceptibilité est un prédicteur majeur du passage à l'acte effectif [827].

Il ne faudrait pas croire, toutefois, que seules les populations enfantines et adolescentes sont soumises à l'influence délétère des images en matière de tabac. Certes, le risque de voir un adulte de 25-30 ans se convertir aux joies de la cigarette parce qu'il voit régulièrement ses acteurs favoris fumer à l'écran est quasiment nul. Toutefois, la probabilité d'observer, chez un fumeur confirmé, occasionnel ou abstinent, une recrudescence d'usage après exposition à des stimuli tabagiques n'est pas négligeable. Plusieurs études ont en effet montré que le simple fait de voir un tiers en griller une à l'écran créait, chez le spectateur fumeur, une véritable pulsion de consommation [828,829]. Celle-ci se manifeste à deux niveaux. L'un physiologique, comme l'ont établi des mesures effectuées sur des marqueurs de chaleur corporelle ou de réponse électrodermale [830i]. L'autre comportemental. Concernant ce second point, une recherche récente a fourni des résultats pour le moins édifiants [831]. De jeunes adultes (18-25 ans), fumeurs, étaient soumis au visionnage d'un morceau de film connu (par exemple *Le Journal de Bridget Jones*). Ce morceau durait 8 minutes et comprenait, ou non, des scènes tabagiques. Après la séance, chaque sujet recevait pour consigne de patienter 10 minutes hors de la salle d'expérience. Nulle autre indication n'était offerte et les participants n'avaient bien sûr aucune connaissance du fait qu'ils allaient être surveillés durant cette pause. Les sujets qui désiraient

[i] La réponse électrodermale détermine les variations de la résistance électrique de la peau et renseigne l'expérimentateur sur l'existence de perturbations émotionnelles éventuellement inconscientes. Il arrive par exemple que des sujets porteurs de lésions cérébrales ne reconnaissent pas explicitement un proche sur une photo, alors que la réponse électrodermale marque une forte variation, témoignant ainsi d'une reconnaissance implicite du visage présenté.

fumer devaient sortir dans la rue. Au lendemain de l'expérience, les participants étaient recontactés par téléphone. Les résultats montrèrent, après prise en compte d'un large spectre de covariables sociodémographiques, psychologiques et personnelles, que la probabilité de voir un individu sortir pour fumer une cigarette pendant la pause était plus que triplée dans le groupe qui avait vu les clips « avec tabac ». La probabilité de voir notre cobaye en griller une dans les 30 minutes suivant la fin de l'étude était pour sa part quasiment quadruplée. En d'autres termes, le fait de voir des gens fumer à l'écran crée une sorte de besoin empathique chez les spectateurs fumeurs qui, dès lors, ont bien plus de chances d'extraire une cigarette de leur paquet pendant ou après la phase d'exposition. En accord avec cette conclusion, un travail récent a montré, à partir d'un échantillon de près de 200 000 individus âgés de 15 à 49 ans, que le fait d'aller au cinéma au moins une fois par mois augmentait substantiellement les chances qu'un sujet lambda se révèle être un fumeur actif, après prise en compte d'un large groupe de covariables potentielles [832]. En termes quantitatifs, l'accroissement de risque atteignait 55 % pour les femmes et 17 % pour les hommes. L'incitation par l'image qui se dessine ici pourrait évidemment jouer un rôle important dans le processus qui conduit les petits fumeurs à accroître progressivement leur consommation et leur niveau d'addiction à la nicotine [833].

Récemment, un certain nombre d'études ont abandonné le champ cinématographique pour s'intéresser à l'espace télévisuel. Cette transition paraissait assez naturelle dans la mesure où le tabac est largement représenté à la télévision, sous forme de films, de séries et de clips musicaux [791]. Les résultats montrèrent, après prise en compte des covariables pertinentes, que plus un adolescent regardait la télévision et plus il avait de chances de fumer [834], de fumer beaucoup [835] et de fumer précocement [836]. L'étude épidémiologique la plus complète et la plus impressionnante fut réalisée par Hancox et ses collègues [196]. Sur la base d'un travail longitudinal de longue haleine, ces auteurs montrèrent que 17 % des fumeurs recensés à 26 ans l'étaient devenus par excès de télévision entre 5 et 15 ans. Le seuil d'excès fut alors arbitrairement fixé à 120 minutes par jour, ce qui revient à dire qu'en plafonnant à 2 heures la durée de consommation audiovisuelle des enfants, les parents auraient, à terme, réduit d'un substantiel 17 % le nombre de fumeurs dans la population adulte. Il est évidemment probable, même si ce calcul ne fut pas produit par les auteurs, qu'une diminution plus drastique de l'accès au petit écran aurait abouti à des effets encore plus spectaculaires.

Ainsi, le tabagisme représente un problème majeur de santé publique. Nombre d'études ont montré que ce problème prenait sa source durant l'enfance et l'adolescence. En effet, lorsqu'un individu gagne l'âge adulte sans avoir fumé, il a toutes les chances de ne jamais succomber aux sirènes de Dame Cigarette. Or, parmi tous les facteurs qui peuvent conduire un jeune à fumer, l'exposition à des images tabagiques dans des films, des séries et des clips musicaux est l'un des plus décisifs. Il ne s'agit pas là d'un axiome réactionnaire ou d'une opinion de mômier, mais bien d'une observation établie à partir d'une masse impressionnante de travaux scientifiques dont l'Organisation mondiale de la santé [758,778] et l'Institut national américain du cancer [791] ont récemment reconnu le caractère indiscutable.

Boire plus et plus tôt

Au même titre que l'obésité ou le tabac, l'alcool est un véritable fléau économique et sanitaire [837-840]. En Europe, chaque année, cette substance est responsable de plus de 1 mort sur 10 dans la population masculine. Un taux grossièrement équivalent à celui observé en Amérique du Nord. Les femmes sont moins touchées avec une prévalence de « seulement » 2 % pour ces deux régions [837]. À l'évidence, si l'on raisonne, non plus simplement en termes de mortalité, mais en référence à une « charge globale de morbidité », les chiffres prennent immédiatement une tout autre tournure. Sans rentrer trop profondément dans les détails techniques, on peut dire que cette charge de morbidité définit le nombre d'années de vie en bonne santé perdues à cause d'une maladie. La perte peut provenir d'un décès ou d'une incapacité physique. Les productions scientifiques et rapports internationaux utilisent généralement pour qualifier ces années perdues l'acronyme anglais DALY (Disability-Adjusted Life Year [841]). De larges études épidémiologiques ont permis d'évaluer le nombre de DALY associés à chaque grande famille pathologique (accidents vasculaires cérébraux, sida, cancer, etc.) [841]. Il est alors apparu, à l'échelle de l'Europe, pour la population masculine, que les maladies directement attribuables à l'alcool représentaient 17,3 % de l'ensemble des DALY (c'est-à-dire 17,3 % de la charge totale de morbidité !). L'Amérique du Nord était un peu moins mal lotie avec « seulement » 14,2 %. Les femmes, encore une fois, s'en sortaient substantiellement mieux que leurs homologues masculins avec des prévalences comprises entre 3 et 5 % [837].

En pratique, les effets morbides de l'alcool ont une double origine chronique et aiguë. Au plan chronique, on trouve les pathologies induites par les consommations de longue haleine, telles que la cirrhose du foie, les maladies cardio-vasculaires et un grand nombre de cancers [837,838,842,843]. Au plan aigu, on repère les atteintes consécutives aux ingestions de court terme connues pour accroître sensiblement les risques de blessures, d'accidents de la route, de comportements suicidaires, de violences interpersonnelles, de conduites sexuelles à risques et de noyades [837,843-847]. Ces atteintes aiguës sont à l'évidence les plus aisément repérables dans la rubrique « Faits-divers » des grands médias d'information, comme le montrent quelques titres récemment publiés : « Brûlée à l'essence par son mari ivre » [848], « Ivre, il frappe à coups de pied sa femme enceinte » [849], « Un bébé dans le coma après avoir été frappé par sa nourrice ivre » [850], « Une femme ivre tue son nourrisson en s'endormant sur lui » [851], « Un bébé de 13 mois dans sa poussette tué par une conductrice ivre » [852], « Deux policiers tués par un chauffard ivre en Isère » [853], « Accident de la RN 9 qui a fait cinq morts : le conducteur était ivre » [854], « Après avoir fêté son bac, un jeune homme meurt d'un coma éthylique » [855], « Beuverie : un ado meurt après un mois de coma » [856], « Une ado frôle la mort avec 3,1 g d'alcool dans le sang » [857], « L'adolescent ivre tombe dans la Loire » [858], « Apéro Facebook de Nantes : le mort avait 2,4 g d'alcool dans le sang » [859]. « L'alcool chez les jeunes devient un fléau national » [860]. Etc.

Bien sûr, beaucoup objecteront, en dépit des éléments précédents, qu'il faut se garder de lancer quelque anathème que ce soit car, en matière de boisson, tout est question de quantité. En soutien à cette allégation, plusieurs travaux scientifiques ont suggéré qu'une consommation alcoolique modérée pouvait avoir des effets bénéfiques sur le risque morbide [843,861-863] à travers, notamment, le rôle cardio-protecteur de l'éthanol [861,864,865]. Même si ce résultat reste toujours âprement discuté [866,867], les évidences les plus récentes semblent *in fine* de nature à supporter la validité de l'hypothèse [868]. Cette bonne nouvelle atteint cependant sa limite lorsque l'on prend en compte l'ensemble du champ sanitaire. En effet, des consommations alcooliques supposées bénéfiques pour le domaine cardio-vasculaire se révèlent désastreuses en matière d'accidentologie [845,869,870], de cirrhoses du foie [869] ou de cancers [842,869]. Cette variabilité des incidences rend naturellement périlleux l'établissement de recommandations d'usage. Une approche strictement sécuritaire pourrait souligner que les risques l'emportent incontestablement sur les bénéfices de sorte qu'il n'y a pas, comme l'affirmait encore récemment un rapport de l'OMS, « de limite dépourvue de risque quand il s'agit de boire de l'alcool » [871]. À l'inverse, une posture épidémiologique serait en droit de suggérer que l'abstinence totale est inutile au sens où il n'est pas incongru de considérer acceptable un risque de très faible amplitude. On pourrait alors admettre, par exemple, qu'une augmentation de 1 % sur une vie de la probabilité de mourir d'un accident ou d'une pathologie liés à l'alcool est quantitativement tolérable. On fixerait dans ce cas le seuil recommandé de consommation autour de 20 grammes d'alcool pur par jour [845,869], soit 2 ballons de 10 cl de vin rouge à 13,5° ou 1,5 canette de 33 cl de bière à 5°. Cette position est grossièrement celle de la plupart des pays de l'OCDE, même si ceux-ci proposent généralement des limites d'usage légèrement plus faibles pour les femmes (~ 20 g/jour, soit 2 verres dits « standards ») que pour les hommes (~ 30 g/jour, soit 3 verres « standards ») [872,873]. Cette distinction de genre paraît toutefois fortement discutable au vu des données les plus récentes [845,869]. Elle a cependant l'avantage, en France notamment, de ne pas situer la consommation quotidienne moyenne par habitant (~ 28 g) [874] trop loin de la consommation maximale recommandée. En terre hexagonale, malgré tout, comme le soulignent les conclusions d'un rapport de l'Institut national de prévention et d'éducation pour la santé (INPES), « 53,5 % des hommes et 21,2 % des femmes présentent une consommation à risques, c'est-à-dire dont les volumes d'alcool ingérés excèdent les recommandations (21 verres standards par semaine pour les hommes, 14 pour les femmes) et risquent de mettre leur santé en danger à moyen ou à long terme » [875].

Sans doute n'est-il pas inutile de préciser à ce stade que le seuil, relativement consensuel, de 20 grammes d'alcool pur par jour ne s'applique qu'aux individus adultes. Il exclut formellement la population adolescente. Pour cette dernière, en effet, les spécialistes considèrent, de façon quasi unanime, que la seule consommation sûre est une consommation nulle [872,876,877]. Le législateur a d'ailleurs parfaitement intégré cette réalité en fixant, dans la plupart des pays du globe, un âge minimum en deçà duquel il est strictement interdit d'acheter de l'alcool dans les magasins de détail ou les débits de boissons [878]. Cet âge se situe, par exemple, à 18 ans en France et 21 ans aux États-Unis. D'un point de vue strictement sanitaire, ce parti pris prohibiteur paraît pour le moins raisonnable et sensé. En effet, l'adolescence semble davantage propice aux excès qu'à la tempérance. Un rapport conjoint du Conseil national pour la recherche et de l'Institut de médecine américains souligne d'ailleurs à ce sujet que « de nombreux adultes supposent que les risques et conséquences potentielles des consommations précoces sont plus ou moins identiques à ce qu'elles sont chez l'adulte, mais la recherche suggère que les dangers de la boisson chez les jeunes sont magnifiés » [877]. Pour beaucoup, cette magnification se paye comptant au guichet de la Grande Faucheuse ! Pour d'autres, le voyage emprunte la case « chaise roulante », le couloir « prison », la coursive « VIH » ou la section « grossesse précoce ». Ces vicissitudes ne sont guère surprenantes pour qui veut bien considérer les principaux troubles induits, chez l'adolescent et le jeune adulte, par les épisodes d'alcoolisation ponctuelle : accidents de la route, suicides, homicides, viols, blessures corporelles, violences, vandalisme et conduites sexuelles à risques [872,876,877,879]. Évidemment, lorsque la démarche d'alcoolisation passe du ponctuel au chronique, d'autres problèmes surgissent. Ceux-ci sont à la fois psychologiques (anxiété, diminution de l'estime de soi, agressivité, troubles du comportement), sociaux (isolement), académiques (échec scolaire) et organiques [872,877]. Ce dernier point n'est pas le moins alarmant dans la mesure où il renvoie à des altérations irréversibles du développement cérébral qui, contrairement à ce que l'on a cru longtemps, est très loin d'être achevé à l'adolescence [880,881]. Comme si tout cela ne suffisait encore pas, il s'avère aussi que les usages précoces favorisent lourdement l'émergence de dépendances tardives [872,877,880]. Ainsi, par exemple, un adolescent qui commence à boire avant 15 ans a, au sens clinique du terme, 4 fois plus de chances de devenir alcoolique à l'âge adulte qu'un individu dont la consommation démarre au-delà de 20 ans [882]. Cette tendance est évidemment d'autant plus inquiétante que l'imprégnation alcoolique des plus jeunes atteint aujourd'hui un niveau alarmant dans de nombreux pays [872,879,883]. Pour la France, par exemple, une étude européenne récente, menée sur des individus de 15-16 ans, a montré que durant les 30 jours ayant précédé le recueil des données, 64 % des interrogés avaient bu, 43 % avaient bu à un niveau jugé dangereux (> 5 verres) et 18 % avaient bu jusqu'à être totalement ivres [879]. Cet état d'ivresse,

46 % l'avaient en fait expérimenté au moins 1 fois dans leur vie. Dans 9 % des cas, cette expérience avait été consommée avant l'âge de 14 ans ! Au rayon des conséquences, l'étude confirma clairement que l'alcool avait été à l'origine de nombreuses difficultés dont : des accidents ou blessures (14 %), des conflits relationnels avec les parents (12 %) ou les amis (12 %), des difficultés scolaires (10 %), des relations sexuelles non protégées (7 %) ou ultérieurement regrettées (7 %), des bagarres (12 %) et des ennuis avec la police (7 %). Un ensemble de chiffres qui a de quoi laisser songeur, même si l'on n'atteint pas (encore ?) les sommets enregistrés dans d'autres pays tels l'Allemagne, l'Autriche ou le Royaume-Uni. Au sein de cette dernière nation, par exemple, durant les 30 jours précédant leur consultation, 70 % des adolescents avaient bu, 54 % avaient bu à un niveau jugé dangereux et 33 % avaient bu jusqu'à être totalement ivres. Cet état d'ivresse, 24 % des jeunes Anglais l'avaient d'ailleurs expérimenté avant l'âge de 14 ans. Nous voilà très loin d'une exposition marginale.

Malgré l'ampleur de ces chiffres, nombre de pays appliquent, en matière de publicité audiovisuelle, des mesures réglementaires bien plus lâches pour l'alcool que le tabac. Ainsi, par exemple, au niveau de l'Union européenne, alors que la promotion de cette dernière substance fait l'objet d'une interdiction absolue, la publicité pour l'alcool est simplement assujettie à une batterie de critères restrictifs. Ceux-ci sont au nombre de 5 [784] : « (a) ne pas être spécifiquement adressée aux mineurs et, en particulier, présenter des mineurs consommant ces boissons ; (b) ne pas associer la consommation d'alcool à une amélioration des performances physiques ou à la conduite automobile ; (c) ne pas susciter l'impression que la consommation d'alcool favorise la réussite sociale ou sexuelle ; (d) ne pas suggérer que les boissons alcooliques sont dotées de propriétés thérapeutiques ou ont un effet stimulant, sédatif ou anticonflictuel ; (e) ne pas encourager la consommation immodérée de boissons alcooliques ou donner une image négative de l'abstinence ou de la sobriété ; (f) ne pas souligner comme qualité positive des boissons leur forte teneur en alcool. » Le même type d'encadrement existe aux États-Unis, mais sur une base « volontaire ». Dans ce pays, en effet, les industries du vin [884], de la bière [885] et des spiritueux [886] se sont collectivement engagées à produire une publicité responsable. Parmi les nombreuses mesures énoncées, la plus emblématique concerne sans doute l'absence de toute campagne promotionnelle au sein de supports dont le public est composé à plus de 30 % d'individus âgés de 21 ans et moins [883]. Une mesure d'apparente modération qui, pourtant, ne va pas sans présenter d'importantes lacunes. En effet, 30 % d'un large public, cela peut aisément représenter plusieurs millions d'individus. Considérons, à titre d'exemple, la finale du championnat de football américain (le fameux Super Bowl). Typiquement, cette compétition réunit une centaine de millions de téléspectateurs devant le poste [887], dont 25 à 30 millions n'ont pas l'âge légal pour acheter de l'alcool [888,889]. Une vraie bénédiction pour les alcooliers qui se bousculent de fait au portillon et figurent parmi les plus gros annonceurs de l'événement [890,891]. Bien que nos amis se défendent de viser le jeune public, leurs écrans se placent régulièrement en tête de liste des publicités les plus appréciées des adolescents [892-894]. Ce constat n'est pas sans rappeler d'autres observations plus anciennes ayant permis de montrer, aux États-Unis, que les enfants de 9-11 ans identifiaient la grenouille Budweiser presque aussi fréquemment que Bugs Bunny, alors que les écoliers de 8-12 ans nommaient plus aisément des marques de bière que des noms d'anciens présidents [3]. Voilà qui laisse quand même un peu rêveur et semble plaider pour l'inefficacité des demi-mesures en matière de publicité alcoolique. En accord avec cette idée, certaines nations du Vieux Continent ont d'ailleurs décidé d'outrepasser les directives de la Commission européenne pour adopter des mesures d'interdictions drastiques [895]. Ainsi, en France par exemple, la législation prohibe toute publicité télévisuelle au profit de boissons comprenant plus de 1,2 degré d'alcool [896]. Cette position est conforme aux recommandations de la plupart des sociétés savantes implantées dans les pays à régulation partielle, tels que l'Angleterre ou les États-Unis. Parmi ces sociétés, on trouve, entre autres, la British Medical Association [897], l'American Medical Association [898] et l'American Academy of Pediatrics [87]. Récemment, même la prudente OMS a décidé d'ajouter sa pierre à l'édifice en réclamant une régulation stricte du marketing alcoolique. Selon cette organisation, « il est très difficile de cibler le marketing sur les jeunes adultes consommateurs sans exposer aux mêmes stratégies commerciales des cohortes d'adolescents n'ayant pas l'âge minimum légal. L'exposition des enfants et des jeunes à un marketing séduisant est particulièrement préoccupante, tout comme le ciblage de nouveaux marchés dans les pays en développement et pays à revenu faible ou moyen dans lesquels la consommation d'alcool est encore faible ou le taux d'abstinence élevé. Le contenu des messages commerciaux et le degré d'exposition des jeunes à ces messages sont tous deux cruciaux. Il faut agir selon le principe de précaution pour protéger les jeunes contre ces techniques de marketing » [759]. Cette préconisation s'appuie évidemment sur une solide base expérimentale. En effet, la littérature scientifique la plus récente montre sans ambiguïté que la publicité exerce, notamment dans le domaine audiovisuel, une influence fortement positive sur l'initiation et le renforcement des comportements alcooliques précoces [641,755,897,899]. Cette conclusion trouve ses appuis les plus indiscutables dans une quinzaine de recherches longitudinales, ayant permis de suivre le devenir de larges groupes d'adolescents sur plusieurs mois, voire même plusieurs années. Peter Anderson et ses collègues ont récemment synthétisé la quasi-totalité de ces recherches [900]. La conclusion de ces auteurs est sans appel : « Les études longitudinales suggèrent avec consistance que l'exposition aux médias et aux communications commerciales sur l'alcool est associée à la probabilité que les adolescents vont commencer à boire et vont augmenter leur consommation s'ils sont déjà buveurs. » À titre d'illustration de ce résultat général, on peut considérer, par exemple, un travail mené par Rebecca Collins et ses collègues [901]. Ces chercheurs ont suivi 1 786 élèves durant leurs années de 6e et 5e. Les résultats montrèrent, après prise en compte d'une large matrice de covariables sociodémographiques, psychologiques et personnelles, que le quart des individus ayant vu le plus de publicités télévisées pour des produits alcooliques en 6e avaient 27 % de chances supplémentaires d'avoir commencé à boire en 5e, par rapport au quart des sujets ayant été les moins exposés. Dans une autre étude similaire, ce sont 2 250 adolescents de 5e qui furent suivis durant une année [902]. Par rapport à la moyenne de la population étudiée, les 15 % de sujets qui avaient ingurgité le plus d'écrans commerciaux à 12 ans avaient, à échéance de 1 an, 44 % de risques supplémentaires d'avoir consommé de la bière et 34 % de risques supplémentaires d'avoir bu du vin. À l'inverse, les 15 % d'élèves les moins exposés voyaient ces mêmes facteurs de risque se positionner respectivement à -30 % et -25 %. Ces valeurs furent bien sûr obtenues après prise en compte d'une large liste de covariables potentielles.

Ainsi donc, dans leur ensemble, les éléments précédents confirment que l'interdiction stricte de toute publicité audiovisuelle pour les boissons alcoolisées endigue partiellement, au sein de la population juvénile, la survenue des comportements d'usage. Un tel résultat est, à l'évidence, encourageant. Toutefois, il faut se garder d'exagérer sa portée. En effet, l'alcool n'a pas besoin d'écrans commerciaux formels pour diffuser son message et influencer le comportement des jeunes spectateurs. Toutes les études de contenus montrent que la connivence entre Dame Télé et Sieur Éthanol dépasse largement le cadre des communications promotionnelles instituées. L'alcool est omniprésent sur le petit écran à travers notamment les programmes de prime time, les clips musicaux et les productions cinématographiques [755,877]. Pour ce dernier domaine, par exemple, il a été établi que 80 à 90 % des films issus des box-offices américain et allemand présentaient des scènes d'alcoolisation [903-908]. Cette fourchette est d'autant plus alarmante qu'Hollywood et ses affidés ont tendance à donner de l'usage alcoolique une image largement positive [755,877,909]. Ainsi, lorsqu'un personnage s'imbibe, il le fait le plus souvent dans des contextes festifs et en toute impunité, c'est-à-dire sans que soient évoquées les influences sanitaires délétères de l'alcool. Cela n'est guère surprenant si l'on veut bien considérer que les buveurs figurent, fréquemment, des individus socialement accomplis et humainement privilégiés.

Bien évidemment, l'omniprésence, au sein du champ cinématographique, de messages alcooliques complaisants, n'est pas sans incidence sur les consommations adolescentes et infantiles. Il est aujourd'hui clairement établi que plus un jeune spectateur voit d'acteurs jouer de la bouteille et plus il a de chances de boire précocement, en larges quantités [904,905,907,908]. Par exemple, un travail récent a mesuré l'exposition cinématographique et le pattern de consommation alcoolique de plus de 5 500 élèves âgés, en moyenne, de 13 ans [904]. Après prise en compte d'un large spectre de covariables potentielles (âge, sexe, résultats scolaires, statut tabagique, propension aux comportements de rébellion, usage d'alcool chez les parents et les proches, etc.), les résultats montrèrent que les 25 % d'individus qui avaient vu le plus de scènes alcooliques à l'écran présentaient, par rapport aux 25 % d'individus les moins exposés, 3 fois plus de chances d'avoir déjà bu à l'insu de leurs parents et 2,6 fois plus de risques d'avoir été exposés à une consommation dangereuse (*binge-drinking*, = 5 verres). De façon intéressante, l'équipe scientifique à l'origine de cette recherche décida de poursuivre son travail en réinterrogeant, à échéance de 1 à 2 ans, 2 700 élèves qui n'avaient jamais bu d'alcool lors de l'évaluation initiale [905]. Après prise en compte des covariables évoquées ci-dessus, les résultats montrèrent que les 25 % d'individus qui avaient vu le plus de scènes alcooliques à 13 ans présentaient, à 14 ans, par rapport aux 25 % d'individus les moins exposés, 2 fois plus de chances d'avoir bu à l'insu de leurs parents et 2,2 fois plus de risques d'avoir été exposés à une consommation alcoolique dangereuse. Pour ceux que ces valeurs ne frapperaient pas, une formulation des résultats en termes de pourcentages de consommation devrait être plus parlante. Considérons en premier lieu, pour établir ce point, les individus ayant vu le moins de scènes alcooliques à 13 ans. Il apparaît que 17 % d'entre eux ont commencé à boire durant la période de suivi. Demandons-nous ensuite ce qui serait arrivé si l'on avait soumis les individus de ce groupe peu exposé au régime cinématographique des jeunes les plus frappés. La réponse est assez simple. 34 % des sujets auraient goûté aux plaisirs de l'éthanol durant la période de suivi, au lieu de 17 %. Si l'on reproduit le même raisonnement pour le domaine des consommations dangereuses, on obtient des pourcentages de 6 % et 13 %. Ces différences sont, à l'évidence, loin d'être ridicules.

À la lumière des données précédentes, il semble légitime de s'interroger, comme nous l'avons déjà fait pour le tabac, sur le potentiel protecteur d'éventuelles mesures prohibitrices. Pour faciliter l'appréhension de ce point, rappelons qu'il existe aux États-Unis une catégorie de films dits *R-Rated* (accès restreint), que les individus de 17 ans et moins ne peuvent voir au cinéma qu'en compagnie d'un adulte. Il a été montré que les adolescents soumis à un contrôle parental strict présentaient une exposition marginale à ce type d'œuvre [815]. Il a aussi été établi que ces dernières contenaient un plus grand nombre de références aux boissons alcoolisées que les productions tous publics [906]. Forts de ces observations, les chercheurs se sont demandé si la consommation alcoolique était inférieure à la moyenne chez les jeunes qui se trouvaient empêchés de visionner des films classés en accès restreint. Les résultats se révélèrent unanimement positifs [815-817,819]. Une étude longitudinale récente de l'équipe de James Sargent est particulièrement impressionnante [815]. Ces auteurs ont soumis près de 3 600 adolescents de 10-14 ans, n'ayant jamais consommé d'alcool, à un questionnaire sociologique minutieux. Sur la base de ce questionnaire, 4 cohortes furent constituées en fonction du niveau de contrôle parental : (i) interdiction totale d'accès aux films *R-Rated* (20 % de l'échantillon) ; (ii) confrontation ponctuellement tolérée (31 % de l'échantillon) ; (iii) visionnage souvent autorisé

(28 % de l'échantillon) ; (iv) permissivité absolue (21 % de l'échantillon). Au terme d'un délai variable allant de 13 à 26 mois, les membres de ces 4 cohortes furent recontactés et soumis à un nouveau questionnaire. Les résultats montrèrent, après prise en compte d'un large ensemble de covariables sociodémographiques, psychologiques et personnelles (âge, sexe, statut socio-économique, propension aux conduites de rébellion, résultats scolaires, estime de soi, usage d'alcool chez les parents et les proches, etc.) que les individus ayant eu, à 13 ans, des accès « ponctuels », « fréquents » ou « libres » aux films *R-Rated* présentaient respectivement 3, 3,3 et 3,5 fois plus de chances d'avoir consommé de l'alcool durant la période de suivi que les sujets ayant subi une prohibition stricte. En compilant ces données, Sargent et ses collègues s'aperçurent toutefois que les attitudes parentales n'étaient pas toujours stables dans le temps. En effet, entre le questionnaire initial et l'évaluation finale, nombre d'adolescents avaient vu leurs consignes d'usages se modifier substantiellement. Lorsque ce paramètre fut rajouté au modèle statistique, l'amplitude des effets observés augmenta considérablement. Ce point s'appréhende aisément lorsque l'on se focalise sur les cohortes expérimentales ayant été soumises, durant toute la durée de l'étude, à une consigne parentale immuable. Au terme de la seconde évaluation, les individus qui avaient expérimenté des accès « ponctuels », « fréquents » ou « libres » aux films *R-Rated* affichaient des risques de consommation alcoolique 5,1, 5,6 et 7,3 fois plus importants que les sujets strictement contrôlés (ces chiffres tiennent compte, évidemment, de l'influence des covariables sociodémographiques, psychologiques et personnelles précédemment évoquées). Des analyses complémentaires montrèrent que la probabilité de voir un adolescent s'adonner à une conduite

alcoolique avait varié de façon prédictible lorsque les parents avaient révisé leur position entre les deux périodes d'enquête. Un assouplissement des conditions d'accès s'était traduit par une augmentation de la menace, alors qu'un durcissement de ces dernières avait entraîné une diminution du péril. Cette démonstration est essentielle car elle établit de manière irréfutable la nature causale des associations observées entre exposition cinématographique et initiation des consommations alcooliques juvéniles. Récemment, le caractère protecteur des conduites parentales prohibitrices sur les usages alcooliques adolescents a été généralisé, par une étude allemande, aux conduites dites « d'usage excessif » [819]. Pour appréhender la logique de cette étude, il faut savoir que nos amis d'outre-Rhin ont mis en place une signalétique dite FSK-16 pour désigner les productions interdites en salles aux moins de 16 ans. Après ajustement pour un large ensemble de covariables sociodémographiques, psychologiques et personnelles, les adolescents de 10 à 15 ans n'ayant jamais consommé d'alcool et possédant une totale liberté d'accès aux œuvres FSK-16 avaient presque 3 fois plus de chances de se lancer dans le *binge-drinking* à échéance de 1 an que des sujets d'âge similaire ayant été soumis à une prohibition stricte. On peut craindre, cependant, que cet effet ne soit sous-estimé dans la mesure où l'instabilité des consignes parentales n'a pu être prise en compte par les auteurs du travail dont il est ici question.

Au terme des évidences jusqu'ici énoncées, on aurait pu espérer, porté par je ne sais quel élan d'optimisme, que les écrans alcooliques limiteraient leur influence délétère aux seuls buveurs en devenir. Il n'en est malheureusement rien. En effet, à l'image de ce qui se passe pour l'alimentation ou le tabac, il est aujourd'hui établi que le simple fait de voir une bouteille d'alcool ou un individu en train de boire déclenche chez les usagers avérés un désir important de consommation. Ce point a été définitivement démontré en 2009 par une équipe de recherche hollandaise[910]. 80 jeunes adultes (18-29 ans) furent conviés à regarder un film de 1 heure. Ce dernier était entrecoupé de 2 plages publicitaires, de 3,5 minutes chacune. Pendant la projection, les sujets étaient confortablement assis dans une pièce conviviale, face à un large écran plat. Ils se soumettaient à l'expérience en binôme et avaient à leur disposition des boissons (vin, bière, sodas) ainsi que quelques amuse-gueules (chips, cacahuètes, etc.). 4 conditions expérimentales furent explorées. *Film/Pub* : nombreuses scènes alcooliques dans le film (*American Pie 2*) et publicités pour des boissons alcoolisées (2 spots insérés aléatoirement pendant les 3,5 minutes de coupure ; on peut noter qu'en Hollande, les publicités pour l'alcool sont autorisées au cinéma et sur les chaînes de télévision nationales). *Film/NoPub* : nombreuses scènes alcooliques dans le film et aucune publicité pour des boissons alcoolisées. *NoFilm/Pub* : rares scènes alcooliques dans le film (*40 jours 40 nuits*) et publicités pour des boissons alcoolisées. *NoFilm/NoPub* : Rares scènes alcooliques dans le film et aucune publicité pour des boissons alcoolisées. Les résultats montrèrent que les sujets soumis au plus grand nombre de stimuli alcooliques (Film/Pub) avaient consommé, durant l'heure de projection, 2 fois plus d'alcool que les sujets les moins exposés (NoFilm/NoPub), soit l'équivalent de 600 ml de bière (3 verres) contre seulement 300 ml (1,5 verre). Les conditions d'exposition intermédiaires (NoFilm/Pub et Film/NoPub) révélèrent des usages médians (autour de 2 verres). Il apparaît donc clairement, au vu de ces données, que le fait d'être exposé à des scènes alcooliques favorise les comportements d'usage chez les spectateurs. Que l'incitation vienne d'un passage de film ou d'un écran publicitaire formel ne change rien à l'affaire. Un résultat d'autant plus inquiétant que ce genre de phénomène pourrait jouer un rôle auto-renforçant susceptible de conduire, en raison de processus d'accoutumance bien connus, à un accroissement progressif des volumes de consommation.

À ce jour, seul un petit nombre d'études a tenté d'étendre, au champ général de la télévision, les résultats obtenus dans le domaine cinématographique. Ces études montrent avec une belle unanimité que plus un adolescent passe de temps face à la mire et plus il a de chances, premièrement, de se mettre à boire précocement et, deuxièmement, d'absorber des quantités importantes d'alcool. Ainsi, dans une recherche fréquemment citée, 1 533 élèves de 3e (14 ans) furent suivis pendant 18 mois [911]. Il fut alors établi, après prise en compte d'un large ensemble de covariables sociodémographiques, psychologiques et personnelles, que chaque heure de télévision consommée à 14 ans augmentait de près de 10 % la probabilité qu'un élève se mette à boire avant ses 16 ans. Ce pourcentage passait à plus de 30 % chez les sujets qui concentraient leur temps d'écoute sur les programmes musicaux. Les risques de passage à l'acte s'incarnaient notamment lors de sorties réalisées en dehors du cadre familial (bars, restaurants, discothèques, soirées, etc.) [912]. Ils étaient par ailleurs renforcés lorsque l'adolescent possédait une télévision dans sa chambre. Pour établir ce dernier point, près de 2 700 élèves âgés en moyenne de 13 ans et n'ayant jamais bu d'alcool furent suivis pendant plus de 1 an [905]. Les résultats montrèrent, après prise en compte d'un large spectre de covariables potentielles, que les sujets possédant une télévision dans leur chambre avaient 10 % de chances supplémentaires de s'être mis à boire, à l'insu de leurs parents, pendant la période de suivi. Le risque d'exposition à des consommations dangereuses avait augmenté pour sa part de 60 %. Sur le fond, ces données ne sont guères surprenantes si l'on considère que les sujets qui ont une télévision dans leur chambre tendent, par rapport à leurs homologues non équipés, à passer substantiellement plus de temps face au poste et à accéder plus facilement aux contenus signalés en accès restreint [435].

En résumé, l'alcool représente un problème majeur de santé publique. Chaque année, cette substance provoque des millions de décès et d'incapacités fonctionnelles de par le monde. Alors que les adultes payent un lourd tribut aux affections chroniques (cirrhose, cancer, etc.), les jeunes sont plutôt frappés de manière aiguë (accidents, violences interpersonnelles, etc.). Cette différence globale ne signifie pas, toutefois, que l'alcoolisation juvénile soit dépourvue d'incidences de long terme. En effet, plus un sujet commence à boire précocement et plus il a de chances de devenir, à l'âge adulte, un usager excessif. Pour ne rien arranger, l'absorption d'éthanol affecte significativement, au moment de l'adolescence, la maturation cérébrale et la réussite scolaire. Bien sûr, la consommation d'alcool, qu'elle soit juvénile ou adulte, ne peut être imputée en totalité à la télévision. Pourtant, ce média ne saurait être exonéré de sa responsabilité. Il contribue substantiellement à l'initiation, au développement et au maintien des conduites alcooliques chez les spectateurs. Films, publicités, clips musicaux, programmes de prime time, les facteurs d'incitation concernent tous les genres et infectent jusqu'aux dessins animés les plus innocents [913]. Cette omniprésence rend tout contrôle ciblé totalement utopique. Dès lors, une nouvelle fois, le choix parental ultime se résume à une simple dichotomie : prendre le risque d'exposer les enfants à un risque sanitaire clairement identifié ou éteindre le poste.

Du sexe, du sexe, du sexe et encore du sexe

À l'évidence, il ne saurait être question de suggérer ici que la sexualité est une pathologie. Ce serait pure stupidité. Pourtant, il convient de souligner que le sexe ne constitue pas, loin s'en faut, une pratique anodine en matière de santé. Chaque année, en France, pour ne prendre qu'un exemple, des dizaines de milliers d'avortements et de contaminations sexuelles infectieuses sont observés [875,914,915]. Même si les adolescents ne sont pas systématiquement les plus touchés par ces fléaux, ils se trouvent toujours largement frappés [916,917]. Les dernières données disponibles en matière d'interruptions volontaires de grossesse (IVG) illustrent, je crois, parfaitement ce point. Lors de l'année 2007, près de 13 500 mineures de moins de 18 ans et 1 % des jeunes filles de 15 à 17 ans ont subi un avortement [915]. Un pourcentage sensiblement identique vaut pour les États-Unis, ce qui représente en termes absolus près de 80 000 interventions par an [918]. Bien sûr, et alors même que les grossesses précoces sont presque systématiquement non désirées [919], il se trouve toujours une proportion substantielle de jeunes filles pour renoncer à l'option interruptive et choisir le chemin de la maternité. En France, pour l'année 2007, un peu plus de 4 200 adolescentes de 17 ans et moins ont mis un bébé au monde [920]. Aux États-Unis, le chiffre a atteint 140 000 unités [918]. Par rapport à ces données, il a été suggéré que l'enfantement était psychologiquement plus facile à assumer que l'IVG pour les adolescentes [921]. Cette position a cependant été lourdement critiquée sur des bases, ma foi, éminemment recevables [922]. En fait, il se pourrait bien que le débat soit dépourvu de solution satisfaisante. En effet, d'une part, il apparaît effectivement que l'avortement augmente significativement les risques de souffrances psychologiques à long terme chez les adolescentes (dépression, anxiété, comportements suicidaires, etc.) [921,923-925]. D'autre part, toutefois, il s'avère aussi que les maternités précoces représentent un facteur de risque non négligeable pour le devenir des mères et de leurs enfants [926]. La seule issue valable au problème serait sans doute de prévenir l'occurrence des dizaines de milliers de grossesses adolescentes non désirées qui frappent chaque année la France, les États-Unis et l'ensemble des nations développées. Par rapport à cet objectif, une réduction de l'exposition audiovisuelle des plus jeunes pourrait se révéler redoutablement efficace. En effet, la télévision contribue directement à propager au sein de la population juvénile des croyances et stéréotypes sexuels lourdement préjudiciables. Le premier symptôme de cette réalité s'exprime dans l'effarante ignorance affichée par les adolescents en matière de sexualité, contraception et infections vénériennes. Depuis près de 10 ans, ce point a été démontré de manière récurrente dans un grand nombre de pays développés [927-931]. En France, notamment, un rapport exhaustif a été publié sur le sujet il y a quelques mois seulement par l'Inspection générale des affaires sociales (IGAS) [932]. Selon cet organisme, adultes et adolescents sont pétris d'idées fausses dont certaines s'avèrent terriblement dangereuses. Par exemple, 10 % des jeunes de 15 à 20 ans pensent que les contraceptifs oraux protègent des infections sexuellement transmissibles, dont le sida. De la même manière, plus de 60 % des adultes affirment qu'il est possible d'avoir, sans risque de grossesse, des rapports non protégés à certains moments du cycle menstruel. C'est d'ailleurs comme cela que Sophiane est née en 2008. La mère de cette charmante demoiselle pensait qu'une femme n'était fécondable qu'autour du quatorzième jour après le début des règles. Manqué ! À son arrivée, la preuve du ratage accusait 49 centimètres pour 3,2 kilos.

À première vue, comme le souligne l'IGAS, ce genre d'errance paraît totalement « paradoxal dans une société où la sexualité est omniprésente et où chacun prétend, dès le plus jeune âge, tout connaître en la matière ». Toutefois, le paradoxe s'estompe rapidement lorsque l'on compare le large volume des espaces informatifs pernicieux avec la faible prévalence des sources documentaires sincères. Selon l'IGAS, le déséquilibre est en fait tellement profond « qu'il s'agit moins [pour les corps sociaux compétents] de remédier à une absence d'information que de structurer et fiabiliser une information surabondante, et de contrebalancer certaines sources de désinformation : idées fausses véhiculées par les pairs et propagées dans les forums de discussion, messages biaisés adressés par l'industrie pornographique ». Pour parvenir à l'édification des masses, deux recommandations principales sont mises en avant. La première « souligne la nécessité d'une communication globale et continue sur la santé sexuelle et reproductive ». La seconde exhorte au respect des textes officiels relatifs à l'éducation sexuelle à l'école. Deux parangons de truismes et, au final, pas un mot sur la télévision et les médias. L'omission est d'autant plus désespérante qu'il faut être totalement naïf pour croire un seul instant que quelques spots de prévention de-ci de-là et trois séances annuelles réglementaires d'éducation sexuelle [933] sont susceptibles de contrebalancer l'effet des centaines d'heures de programmes audiovisuels ingurgités chaque année par les adolescents. Sur le fond, deux points paraissent de nature à étayer cette assertion. Premièrement, depuis 10 ans, la France a connu, à l'image de la plupart des pays développés, un nombre impressionnant de campagnes de communication en matières contraceptive et sexuelle [932,934]. Deuxièmement, que ce soit dans l'Hexagone ou aux États-Unis, les adolescents identifient spontanément l'école et les personnels de santé comme étant des sources informatives importantes [929,935]. Comment ne pas conclure, dès lors, que les messages délivrés par le système scolaire et les campagnes institutionnelles ne sont que très partiellement assimilés par les jeunes et se révèlent en pratique d'une efficacité bien dérisoire ? Un constat ennuyeux, mais qui ne semble cependant pas perturber nos gouvernants, dont l'inénarrable Roselyne Bachelot, ministre de la Santé et des Sports, déclarant il y a peu : « Les deux tiers des filles de 3e pensent encore qu'on ne peut pas tomber enceinte lors du premier rapport sexuel [...] Avec Luc Chatel, ministre de l'Éducation, nous allons mettre le paquet sur l'information en milieu scolaire. » [936] Quand une stratégie échoue, insistez, nous disait déjà en son temps le célèbre psychologue Paul Watzlawick. Insistez et « faites toujours plus de la même chose ». Vous aurez alors trouvé l'« ultrasolution » pour « réussir à échouer » [937].

Cela étant dit, il s'avère que les principaux intéressés ne semblent eux-mêmes guère chagrinés par leur ignorance crasse et l'influence potentielle que le petit écran pourrait exercer sur leurs pratiques. En fait, nos amis adolescents s'estiment, dans une écrasante majorité, très bien informés en matière sexuelle et contraceptive [929,930,935]. D'ailleurs, ces jeunes gens pensent à près de 80 % que la télévision n'affecte pas leurs comportements génésiques propres. Cette dernière perception change toutefois radicalement lorsque l'interrogation passe du Moi au Toi. Dans ce cas, ce sont 72 % des 15-17 ans qui dénoncent l'action incitatrice de la petite lucarne [273]. Cette dernière position est, au demeurant, assez proche de celle des parents. En effet, ceux-ci placent de manière récurrente les contenus sexuels inappropriés au premier rang de leurs inquiétudes médiatiques [237,238]. Plus de 8 adultes sur 10 pensent ainsi que la télévision [237] et plus généralement les médias électroniques [238] poussent précocement les jeunes vers ce que le curé de mon enfance nommait joliment l'« œuvre de chair ». La plupart des spécialistes et sociétés médicales partagent, nous le verrons, ce point de vue [3,115,938-940]. On trouve cependant, ici ou là, quelques positions dissonantes hors du champ scientifique. Parmi ces dernières, certaines sont d'un grotesque consommé, comme le montre, par exemple, cette saillie de Serge Tisseron se demandant si « la manière excessive dont les images pornographiques sont actuellement accusées de perturber les jeunes ne serait pas une façon, pour beaucoup d'adultes, de tenter de se cacher à eux-mêmes le constat terrible, fait il y a quelques années, du rôle joué par les familles dans les sévices sexuels » [34]. Les bras m'en tombent. Le propos d'Alexandre Lacroix est, heureusement, plus solide. Selon ce philosophe, « parmi tous les intellectuels qui critiquent la télévision aujourd'hui en déplorant, d'un ton grave de censeur, sa luxure et sa violence, j'en connais plus d'un qui jadis n'a pas brillé, dans ces domaines précisément, par l'abstinence [...] On ne peut pas faire la morale seulement quand ça nous arrange ou quand cela sert opportunément notre cause » [160]. L'argument n'est pas dénué de fondement et il mérite sans doute d'être examiné. Toutefois, le problème de la sexualité à la télévision dépasse largement le strict cadre de la morale. Il concerne aussi, pour une part non négligeable, comme je me propose de l'illustrer ci-dessous, le domaine sanitaire.

Pour comprendre l'influence de la télévision sur nos comportements sexuels, une première étape consiste à interroger précisément la nature des programmes qui animent nos écrans. En ce domaine, le moins que l'on puisse dire, à la lumière d'un récent rapport publié par Médiamétrie et l'IMCA (International Medias Consultants Associés), c'est que les choses se résument à un credo relativement simple : « Du sexe, du sexe et encore du sexe » [941] ! Eh oui, le petit écran aime titiller notre libido et flatter nos papilles génésiques. Publicité, films, téléréalité, divertissement, séries, aucun champ n'échappe au déluge [3,22,26,822,938,942-944]. La dernière étude exhaustive, réalisée aux États-Unis, en 2005, sous l'égide de la fondation Kaiser, est à ce titre édifiante [945]. 70 % des programmes « tous publics » contiennent des références sexuelles, à hauteur moyenne de 5 incidents par heure. Pour les seules diffusions de prime time, ces valeurs atteignent 77 % de pénétration (si l'on veut bien me pardonner l'usage de ce mot en la circonstance) et 6 incidents par heure. De manière frappante, les messages sanitaires de prévention liés à l'usage de méthodes contraceptives et/ou aux conséquences négatives possibles de rapports non protégés n'apparaissent que dans une extrême minorité des scènes porteuses de contenus sexuels (4 %). On aurait pu espérer, bien sûr, une mitigation de ces tendances au sein des programmes regroupant de fortes audiences juvéniles. Ce n'est pas le cas. Les chiffres généraux rapportés ci-dessus se révèlent parfaitement représentatifs de ceux assemblés lorsque les émissions favorites des adolescents sont seules considérées (70 % de pénétration, 7 incidences par heure, 5 % de messages sanitaires).

Parmi ces dernières émissions, on trouve notamment : la *Nouvelle Star* (*American Idol*), *Desperate Housewives*, *Koh-Lanta* (*Survivor*), *Les Experts* (*CSI*), *Lost*, *Top Model* (*America's Next Top Model*), *Les Simpsons*, *FBI : portés disparus* (*Without a Trace*), *Sept à la maison* (*7th Heaven*), *Les Griffin* (*Family Guy*), *Newport Beach* (*The O.C.*), *Les Quintuplés* (*Quintuplets*) et *Les Maçons du cœur* (*Extreme Makeover : Home Edition*). Un ensemble de programmes largement familiers des antennes européennes et françaises, ce qui suggère clairement que les tendances observées par la fondation Kaiser à l'échelle des États-Unis ne doivent pas être très éloignées de celles qui s'expriment sur le Vieux Continent.

Le véritable déluge charnel qui frappe nos écrans est d'autant plus ennuyeux qu'il s'accompagne presque unanimement de représentations pour le moins irréalistes de la sexualité et autres rôles de genre [3,942,943,945-947]. À la télévision, l'acte sexuel est une norme généralisée, praticable sans risque avec désinvolture, et partagée dans près de la moitié des cas par des individus n'ayant aucune relation établie. Les femmes sont fréquemment représentées comme des objets de désir ou de satisfaction. Elles apparaissent alors volontiers sous les traits de créatures passives, éventuellement destinées à remplir l'antenne de manière purement décorative, à l'image de la célèbre Victoria Silvstedt dans l'émission *La Roue de la fortune*. Presque systématiquement moins âgées que leurs partenaires masculins, les actrices occupent par ailleurs souvent dans les films ou séries des occupations fortement typées (secrétaires, infirmières, employées de maison, femmes au foyer). Les hommes, au contraire, sont représentés dans des postures dominantes, presque prédatrices. Pour eux, le rapport au sexe définit fréquemment le niveau de masculinité. De tout cela, nous dit Victor Strasburger au sein d'une excellente revue de la littérature, le spectateur peut tirer plusieurs messages tels que : « tout le monde couche », « les adultes n'utilisent pas de contraceptifs », « les adultes ne planifient pas leurs relations sexuelles », « les gens mariés se trompent fréquemment les uns les autres », « le sexe est un sport récréatif », etc. [942]

Bien évidemment, l'omniprésence des références sexuelles sur le petit écran n'est pas sans conséquence pour le spectateur. À force d'être martelés, les stéréotypes audiovisuels finissent irrémédiablement par altérer les représentations les plus intimes de ce dernier. L'effet est d'ailleurs d'autant plus profond qu'il opère généralement à l'insu de nos pauvres cervelles. Comme le dit Liliane Lurçat, en accord avec la théorie générale de l'acculturation développée par Gerbner [72], « l'apprentissage se fait par imprégnation : on ne sait pas ce qu'on apprend » [25]. En d'autres termes, les images finissent littéralement, à force de répétition, par inscrire leur vérité au cœur de notre inconscient. Il est alors fort difficile de les en déloger. Essayez par exemple, si vous en doutez, de convaincre une jeune fille anorexique qu'elle n'est pas grosse et vous verrez à quel point le réel a parfois peu de prise sur nos perceptions intimes. Un travail déjà évoqué montre toute la pertinence de ce propos pour le champ des rôles sexuels. Rappelez-vous. Trois villes sociologiquement comparables furent étudiées [948]. Deux recevaient la télévision (UniTel, MultiTel). La troisième devait obtenir sa connexion à échéance de 24 mois (NoTel). Les représentations de deux groupes d'écoliers de 11 et 14 ans furent étudiées. Il fut alors montré que les sujets NoTel avaient, en phase initiale, une perception moins stéréotypée et plus égalitaire des rôles sexuels que leurs compères des villes connectées. Comme on pouvait s'y attendre, la différence ne survécut pas à l'apparition du poste.

Depuis l'expérience NoTel, l'effet du petit écran sur les représentations sexuelles et les stéréotypes de genre a été largement confirmé [3,641,942,944,949-954]. Au fil des expériences, il a notamment été montré que plus un adolescent regardait la télévision, plus il avait tendance : premièrement, à surestimer, chez ses pairs, la prévalence des relations sexuelles ; deuxièmement, à entretenir des attentes irréalistes en matière coïtale ; troisièmement, à posséder une vision permissive de la sexualité ; et quatrièmement, à ressentir une pression importante de passage à l'acte. Autant d'éléments dont on retrouve aisément la trace au cœur de l'espace comportemental. En effet, il est aujourd'hui clairement établi que plus un jeune passe de temps face au poste et plus il a de chances de perdre précocement sa virginité. Un premier indice de cette association se trouve dans l'évolution temporelle comparée des comportements audiovisuels et sexuels des Français. Chez ces derniers, l'âge du premier rapport est resté globalement stable tout au long des années 80-90. Avec l'avènement du troisième millénaire, les choses se sont brusquement modifiées et une baisse significative a été observée, d'abord chez les hommes et ensuite chez les femmes [955]. De manière frappante, ce mouvement décroissant s'est opéré alors que la téléréalité naissait sur les antennes [28] et que le nombre d'émissions porteuses de contenus sexuels explosait littéralement [945]. Bien que dépourvue de toute dimension démonstrative, cette concomitance ne semble pas fortuite. En effet, elle trouve un écho significatif dans quasiment toutes les études académiques réalisées à ce jour pour étudier l'influence du média télévisuel sur l'âge des premiers rapports sexuels [3,641,942]. Comme souvent, les données les plus convaincantes proviennent de recherches longitudinales [956-959]. L'une d'entre elles, fréquemment citée, a permis de suivre, pendant 1 an, près de 1 800 adolescents âgés de 12 à 17 ans [959]. Après prise en compte d'une large matrice de covariables sociodémographiques, psychologiques et personnelles, il fut montré que les 10 % d'individus ayant vu le plus de contenus sexuels à la télévision présentaient, par rapport aux 10 % d'individus les moins exposés, 2 fois plus de chances d'avoir expérimenté leur premier coït au cours de la période de suivi. Formulées différemment, ces données indiquent que le petit écran avançait de 2 à 3 ans l'âge de l'initiation sexuelle. En effet, le pourcentage d'individus ayant croqué la pomme était le même (~ 9 %) parmi les spectateurs de 12 ans les plus téléphages et les enfants de 14-15 ans les moins exposés. Des résultats comparables furent rapportés dans un travail ultérieur impliquant plus de 4 800 adolescents de 16 ans [958]. En se focalisant sur les enfants que leurs parents décourageaient d'avoir des relations sexuelles trop précoces et après prise en compte d'un grand nombre de covariables sociodémographiques, psychologiques et personnelles, ce travail montra que les consommations audiovisuelles supérieures à 2 heures par jour entraînaient un accroissement de 72 % des risques de coït pendant la période de suivi. Or, la précocité sexuelle est porteuse de conséquences sanitaires redoutables. En particulier, il est désormais clairement établi que l'anticipation du premier rapport aboutit à augmenter substantiellement les probabilités de grossesses, de carences contraceptives, de relations multiples et de contaminations infectieuses [960-966]. Pour ce dernier domaine, les facteurs de risque sont non seulement comportementaux, mais aussi biologiques dans la mesure où la puberté accroît la susceptibilité à certaines maladies sexuellement transmissibles [967,968].

Ainsi, au slogan « Regarder la télé tue » dont j'avais précédemment suggéré (par triste ironie) qu'il aurait toute sa place au bas de nos écrans, sans doute pourrions-nous ajouter d'autres avertissements tels que : « Trop de clips musicaux vous exposent au sida » ou « Regarder la télé peut causer des grossesses précoces chez vos enfants ». Avant que toute la bien-pensance boboïsante ne se mette en action pour dénoncer l'horreur de ces abjectes sentences, peut-être serait-il intéressant de considérer que chacune d'elles a été récemment validée par des travaux scientifiques rigoureux [969,970]. Ainsi, par exemple, pour le problème des grossesses, Anita Chandra et ses collègues ont suivi près de 1 500 adolescentes de 12 à 17 ans pendant 3 ans [969]. Après prise en compte d'un large spectre de covariables sociodémographiques, psychologiques et personnelles (âge, sexe, structure familiale, éducation des parents, résultats scolaires, objectifs académiques de long terme, désir d'avoir des enfants, désir d'avoir des enfants avant 17, 18, 21 ou 22 ans, comportements délinquants, etc.), les résultats montrèrent que les 10 % de jeunes filles ayant vu le plus de contenus sexuels à la télévision présentaient, par rapport aux 10 % de demoiselles les moins exposées, 2 à 3 fois plus de risques d'être tombées enceintes durant la période de suivi. Formulées différemment, ces données indiquent que le petit écran avançait de quasiment 4 ans l'âge de la grossesse. En effet, la probabilité de tomber enceinte était la même (~ 12 %) parmi les adolescentes de 16 ans les plus téléphages et les jeunes adultes de 20 ans les moins exposées. Nous voilà vraiment loin, encore une fois, d'un effet marginal.

Bien évidemment, en matière sexuelle, le rôle délétère de la télévision ne se limite pas aux questions sanitaires qui viennent d'être évoquées. Au-delà des problèmes de précocité coïtale, d'avortement et de contaminations infectieuses, le petit écran perturbe aussi profondément certains fondements psychiques de notre sexualité, dont l'estime de soi et l'image du corps. En ces domaines, même si peu de travaux ont ciblé strictement le champ audiovisuel, il a été montré que les médias avaient de plus en plus tendance, depuis trois ou quatre décennies, à figurer des personnages atypiques, caractérisés par des phénotypes excessivement filiformes pour les femmes et anormalement musculeux pour les hommes [3,942,971-976]. Cette évolution se mesure par exemple aisément à travers le phénomène, cher aux télévisions du monde entier, des concours de beauté. Durant les années 50-70, les lauréates du concours de Miss Amérique avaient un indice de masse corporelle sanitairement normal. 30 ans plus tard, nous étions tombés largement en dessous du seuil de dénutrition [977], à un niveau susceptible de qualifier, selon l'Association américaine de psychiatrie, l'anorexie [978]. Un pattern similaire fut observé dans le monde de la mode, au point que des mesures d'interdiction de podium furent récemment prises à l'encontre de mannequins jugés dangereusement maigres (un phénomène qui concernerait 30 à 40 % des prétendantes) [979].

Évidemment, cette célébration de l'extrême maigreur ne se limite pas au domaine graphique. Elle s'accompagne d'un large pilonnage cognitif. Ainsi, dans le champ audiovisuel, les physiques pathologiquement filiformes ou musculeux, totalement inaccessibles à l'écrasante majorité des spectateurs, sont volontiers associés à des stéréotypes de normalité, de succès, de dominance, d'intelligence et de volonté. Un a priori qui tranche avec l'image des « gros » que nos écrans dévalorisent avec allant et représentent en nombres anormalement restreints sous les traits d'individus esseulés, faibles, négligés, paresseux, pervers, médisants, veules et bien sûr abouliques [971,973,974,980]. Sans surprise, il a été établi que ces messages affectaient profondément la façon dont les spectateurs jugeaient, sur une base comparative, leur propre apparence corporelle [971,973,974,981-983]. Plus un individu est confronté aux stéréotypes médiatiques et plus il a tendance à se trouver, indépendamment de toute réalité objective, laid, gros, gras et disgracieux ce qui, convenons-en, ne doit pas favoriser le développement d'une sexualité épanouie. La démonstration la plus claire de ces distorsions représentationnelles a été apportée récemment par Grabe et ses collègues au sein d'un travail de synthèse (méta-analyse), réalisé sur la population féminine et regroupant les données de près de 80 études [981]. Selon les conclusions de ce travail : « L'exposition médiatique est liée à l'insatisfaction généralisée des femmes vis-à-vis de leur corps, à l'accroissement de l'investissement consacré à l'apparence et à une augmentation de l'acceptation des comportements alimentaires déréglés. Ces effets apparaissent robustes : ils sont présents à travers de multiples conséquences et sont démontrés à la fois dans les études expérimentales et de corrélations. » À terme, ce genre de distorsions favorise l'émergence non seulement de détresses psychologiques (dépression, mésestime de soi, anxiété) [984-987] mais aussi de pathologies alimentaires (anorexie, boulimie, conduites de purge, etc.) [97,986,988-994]. Bien que ce dernier point ne soit pas directement lié aux questions de sexualité qui nous occupent ici, il peut être intéressant de l'évoquer brièvement à travers une étude particulièrement frappante dans laquelle les comportements alimentaires des adolescentes fidjiennes de la province de Nadroga furent comparés juste avant et 3 ans après l'arrivée de la télévision [995]. L'idée de ce travail séduisit d'autant plus aisément les chercheurs que la communauté de Nadroga privilégiait, dans sa condition originelle, les types corporels « généreux », synonymes d'affluence. L'arrivée du poste changea profondément cette inclination. Par la grâce de notre brave petite lucarne, 74 % des jeunes Fidjiennes se découvrirent soudain trop grosses. Entre le début et la fin de l'expérience, le pourcentage d'adolescentes ayant suivi un régime passa du néant absolu à 69 %. Le nombre de jeunes filles ayant adopté le vomissement comme stratégie de contrôle pondéral grimpa pour sa part de 0 % à 11 %. Des entretiens qualitatifs poussés confirmèrent le rôle causal joué par la télévision dans ces évolutions. Ces données ne sont pas sans rappeler la réaction de ma belle-fille Charlotte entreprenant, à 7 ans, du haut de ses 126 centimètres pour 19 kilos (!), un régime hypocalorique, après avoir regardé un programme jeunesse à la télévision [996]. Un comportement pour le moins préoccupant, qui malheureusement ne semble pas isolé si l'on en croit un article récemment paru dans un magazine santé grand public [997]. Pourtant, d'après la pédopsychiatre recrutée par ce magazine pour rassurer les foules, il n'y a vraiment pas de quoi s'inquiéter : « Les enfants sont capables de comprendre que ce que l'on voit sur l'écran ne reflète pas la réalité et que les dessins animés [comme les *Winx* qui présentent "de véritables personnages sexués aux jambes interminables, à la taille plus que fine, et à la poitrine mise en valeur"] relèvent d'un monde imaginaire. Même chose pour la silhouette des actrices de séries. Elle est le fruit d'un travail à temps plein : sport, alimentation contraignante et parfois chirurgie. » [998] Bref, laissez vos gosses devant la télé, il n'y a pas de risque. À 8 ans, l'enfant est bien assez clairvoyant pour deviner que nombre d'actrices sont en toc et que les superbes mollets de Brad Pitt dans le film *Troie* appartiennent en fait à une doublure anonyme [999]. Patrick Eveno, « historien des médias », confirme d'ailleurs vaillamment la thèse d'inocuité de la télévision au prétexte que l'impératrice Sissi était anorexique à une époque où la télévision n'existait pas encore (ce qui nous permet sans doute d'affirmer que fumer ne donne pas le cancer car il y avait des cancéreux bien avant que le tabac ne gagne nos contrées)[288]. Lorsqu'elles sont confrontées aux réalités de la littérature scientifique, ces pitoyables âneries laissent rêveur. Encore une fois, que l'on me permette de trouver inquiétante l'incroyable légèreté de tous ces spécialistes d'opérette, persuadés, sans doute, qu'un titre médical ou universitaire suffit à transformer une opinion de comptoir en vérité irréfutable.

En résumé, la sexualité est une dimension essentielle de la nature humaine. Cependant, lorsque certaines règles sanitaires de base ne sont pas respectées, le plaisir se transforme vite en sévère affliction. Il est bien évident que la télévision n'est pas seule responsable de dizaines de milliers de contaminations infectieuses, avortements et grossesses non désirées enregistrées chaque année en Europe ou aux États-Unis. Pourtant, il est clair que ce média ne saurait être exonéré de sa lourde et indéniable responsabilité. À l'écran, le sexe est omniprésent. Films, publicités, clips musicaux, programmes de prime time, aucun champ n'est épargné. Cette ubiquité altère profondément, et souvent de manière inconsciente, les représentations sexuelles des adolescents, dans le sens d'une plus grande permissivité. Plus un jeune fixe la mire, plus il est persuadé que le sexe est une pratique récréative acceptable, dépourvue de risque et universellement répandue chez ses pairs. Cette conjonction aboutit à un abaissement marqué de l'âge du premier rapport. Malheureusement, en ce domaine, la précocité n'est pas une très bonne chose. Elle accroît lourdement les risques de contaminations infectieuses et de grossesses non désirées. Mais la télévision semble aimer cela des tréfonds de son infect voyeurisme, si j'en crois la dernière émission à la mode montrant de pauvres adolescentes dépassées en train de se débattre tristement au cœur d'un rôle de mère qu'à l'évidence elles ne sont pas préparées à assumer [1000]. À tous ces points, il faut encore ajouter une large série de problèmes psychologiques pour le moins alarmants, liés aux effets de la télévision sur l'image du corps et l'estime de soi.

Entre Morphée et la Star Ac', il faut choisir

Plus les décennies avancent et moins nous dormons. Enfants, adultes et adolescents, nous sommes tous en dette chronique de sommeil après avoir vu nos nuits se raccourcir de 90 à 120 minutes sur les 30 à 50 dernières années [1001-1004]. Ces chiffres sont alarmants. En effet, le manque de sommeil atteint désormais une telle ampleur qu'il ne peut plus être compensé par un simple allongement des temps d'endormissement en période de week-end ou de repos [187,1002,1005-1008]. Les dernières études montrent d'ailleurs que nous avons en fait tendance à moins dormir le week-end depuis quelques années [1005,1007] et que les compensations différées de fins de semaines entretiennent, de toute façon, des rythmes veille/sommeil irréguliers associés à un endormissement de mauvaise qualité [1002]. Or, la longueur et la qualité de nos nuits sont des éléments essentiels de notre bonne santé. Même si le lien causal n'est pas toujours facile à percevoir au jour le jour, il a été clairement établi par des dizaines d'études rigoureuses qu'un manque chronique de sommeil avait sur notre organisme des effets dévastateurs [1002,1003]. Au rang des fléaux les plus couramment observés on trouve l'obésité [1009-1014], le diabète [1011,1013], l'hypertension [1015,1016], la dépression [1017], les perturbations du développement cérébral [1018], l'émergence de comportements suicidaires [1017,1019], l'affaissement des défenses immunitaires [1020,1021], l'augmentation de certains cancers (par exemple du sein) [1022-1025], l'exacerbation de la douleur physique [1026], l'accroissement des risques d'accidents du travail [1027,1028] et de la route [187,1029-1032], l'usage de substances psychotropes dont l'alcool, la nicotine et la caféine [1033]. À cette longue liste il convient aussi d'ajouter une altération sévère du fonctionnement émotionnel et cognitif [1034-1036], ainsi qu'une détérioration des capacités d'apprentissage et de mémorisation [1037,1038], ce qui produit en bout de chaîne une dégradation marquée des performances scolaires [445,1039]. Peut-être est-il important de noter ici qu'il n'est pas nécessaire de faire varier massivement le temps de sommeil pour perturber significativement la mécanique cognitive. Allongez ou réduisez la nuit de vos enfants d'une trentaine de minutes par rapport au niveau usuel (sans doute déjà insuffisant) et vous verrez les performances intellectuelles de vos protégés se modifier sensiblement [444].

Évidemment, il ne suffit pas d'affirmer que la durée de nos nuits s'est effondrée depuis 30 ans, pour conclure à l'action délétère du petit écran. Un grand nombre de facteurs non télévisuels pourraient expliquer ce phénomène dont, par exemple, l'accroissement des temps de transport ou le développement du travail des femmes qui oblige la famille à accomplir le soir une partie des tâches ménagères et administratives que madame effectuait seule, naguère, durant la journée. En accord avec l'importance de ces facteurs non télévisuels, 90 % des parents déclarent, lorsqu'on les interroge, que le petit écran n'affecte que marginalement les nuits de leur progéniture [442] ; 30 % assurent qu'il a des vertus dormitives [185,202] ; et 75 % rapportent qu'il fait partie intégrante de la routine qui conduit l'enfant dans les bras de Morphée [442]. Ce dernier argument se retrouve d'ailleurs fréquemment sur les chaînes spécialisées qui émettent 24 heures sur 24 et n'hésitent pas à affirmer, à l'image de BabyFirst, que les programmes « du soir apaisent votre enfant pour le préparer au sommeil » [1040]. À l'évidence, si toutes ces idées étaient fondées, les chambres pourvues de télévisions devraient voir leurs occupants s'endormir plus facilement et plus précocement que les chambres exemptes d'une telle présence. Il n'en est rien, bien au contraire. En fait, par rapport à leurs congénères contrôles, les enfants et adolescents qui ont un poste dans leur chambre s'endorment plus tardivement, présentent des nuits raccourcies, ont une qualité de sommeil altérée et ressentent un plus grand niveau de fatigue diurne [189,441,442,1041,1042]. Si vous mettez une télévision dans la chambre d'un gamin de 5 ans, à 11 ans cela aboutira, après prise en compte d'une large liste de covariables potentielles (âge, sexe, statut socio-économique, etc.), à multiplier par presque 3 les risques de voir ce dernier souffrir de troubles du sommeil au sens large (nuits irrégulières, cauchemars, difficultés d'endormissement, etc.) et par plus de 2 les probabilités de le voir lutter âprement pour repousser l'instant fatidique du coucher [442]. Un résultat à rapprocher des pratiques adolescentes. En effet, les sujets de cette population qui pensent que la télévision a un effet narcotique et s'endorment en fixant la mire, concèdent chaque nuit près de 45 minutes de sommeil à leurs homologues non connectés [1041]. Cela représente un déficit de quasiment 3 nuits par mois. Un chiffre colossal !

Au vu des éléments précédents, il ne faudrait surtout pas croire que seules les télévisions d'alcôves sont dangereuses. Celles-ci possèdent certes un pouvoir magnifiant, mais ce dernier n'a rien d'intrinsèque. Il reflète une simple facilitation d'usage. Quand la télé est dans une chambre, on la regarde plus et plus tard [435] ce qui produit mécaniquement une accentuation des influences nocives du poste sur le sommeil. Ces influences sont toutefois présentes quel que soit le lieu de consommation (salon, cuisine, etc.). En accord avec cette assertion, plusieurs études récentes ont montré, aussi bien chez l'enfant que chez l'adulte, que la durée du sommeil était inversement proportionnelle au temps passé face à l'écran [178,189,441-443,1043]. En d'autres termes, plus un individu regarde la télé et moins il dort. On pourrait évidemment suggérer que cette association relève en fait d'une causalité inverse. Ce ne serait alors pas la télévision qui affecterait l'endormissement, mais les troubles du sommeil qui conduiraient le peuple des insomniaques à passer plus de temps face à la mire. Cette explication ne tient pas pour au moins quatre raisons. Premièrement, lorsque la télévision a commencé à se répandre au début des années cinquante, l'heure du coucher s'est immédiatement décalée de près de 30 minutes, les soirs de semaine, pour les enfants qui vivaient dans un foyer équipé [463]. Deuxièmement, lorsque l'exposition au poste est volontairement réduite, la durée du sommeil grimpe promptement. Ainsi, par exemple, un accroissement de plus de 1 heure du temps de sommeil quotidien fut observé chez des étudiants japonais invités à maintenir leur consommation cathodique en deçà de 30 minutes par jour [446]. Troisièmement, il est clairement établi que l'exposition à des contenus audiovisuels violents, excitants, anxiogènes ou stressants (films, séries, sport, jeux, etc.) provoque des réponses physiologiques excitatrices attentatoires au processus d'endormissement [443,1001,1044]. En d'autres termes, enfiévrer le système nerveux avant de se glisser sous la couette est la meilleure façon de retarder l'arrivée du sommeil et donc de raccourcir la durée de ce dernier chez tous ceux qui doivent se lever à heure fixe en raison d'obligations scolaires ou professionnelles. Enfin, quatrièmement, il a été montré que la télévision était bien, à travers sa domination hégémonique du temps d'avant sommeil, le décideur principal de notre heure de coucher [178]. Clairement, lorsqu'un individu est face à l'écran, l'extinction des feux n'est pas calée sur les marqueurs physiologiques du besoin, mais sur la fin du programme visionné. À ce titre, une étude récente a permis de montrer que le pic de coucher était indépendant de l'heure de réveil et survenait juste après 22 heures aux États-Unis [178], ce qui correspond typiquement à l'horaire d'achèvement des programmes de début de soirée [1045]. D'ailleurs, de façon remarquable, lorsque les contenus de prime time se terminent plus tôt, la nuit des spectateurs s'allonge substantiellement. Les chercheurs se sont appuyés sur une particularité américaine pour le montrer. Dans ce pays, plusieurs fuseaux horaires coexistent et les programmes de première partie de soirée ne débutent pas partout à la même heure (il y a par exemple généralement 1 heure d'écart entre Boston – *Eastern Time* – et Chicago – *Central Time* [1046]). De manière récurrente, il apparaît que les spectateurs situés dans les zones de diffusions précoces se couchent plus tôt et dorment davantage que leurs homologues des régions tardives [178,1046,1047]. La différence atteint, en moyenne, 15 à 20 minutes [1047], ce qui est tout à fait considérable à l'échelle d'une population indifférenciée incluant un nombre substantiel d'individus n'ayant pas regardé le programme de prime time parce qu'ils travaillaient, lisaient un bouquin ou étaient au restaurant avec des amis. Cela étant dit, il est peut-être intéressant de souligner ici qu'un calage des heures de coucher sur les horaires audiovisuels pourrait aussi expliquer le lien récemment observé, chez les très jeunes enfants de 3 ans et moins, entre consommation cathodique et variabilité des horaires de mise au lit [539]. Il est tentant de spéculer que l'horaire de début de la sieste ou de la nuit s'avérera plus irrégulier s'il dépend d'une circonstance audiovisuelle externe (fin du DVD ou du programme télé), plutôt que d'un marqueur temporel prédéfini (à telle heure fixe, au lit). Or, l'irrégularité des heures de coucher a sur le processus d'endormissement des effets fortement négatifs [539,1002].

Au-delà de ce qui vient d'être dit, il faut aussi souligner que l'influence délétère du petit écran ne se limite pas au champ quantitatif. Elle concerne également l'espace des variables qualitatives. Plus un enfant regarde la télévision et plus il risque de présenter des nuits agitées, porteuses de parasomnies, de crises d'angoisse, de difficultés d'endormissement, de refus d'aller au lit, de cauchemars et/ou de réveils multiples [441-443,463,1048]. Ainsi, par exemple, après prise en compte d'une large matrice de covariables sociodémographiques, psychologiques et personnelles, il apparaît que des écoliers de 5-6 ans ont 3 fois plus de chances d'exprimer des troubles du sommeil s'ils sont exposés à des contenus destinés aux adultes, mais néanmoins labellisés « tous publics » dans bien des cas (journaux télévisés, séries, films, etc.). De manière un peu inattendue, cet effet est présent, dans des amplitudes similaires, que l'enfant regarde activement (il porte attention à la télé) ou passivement (il fait autre chose pendant que ses parents regardent la télé) l'écran [443]. Il est tentant d'associer ces résultats au pouvoir potentiellement anxiogène, pour les téléspectateurs les plus jeunes, des programmes communément regardés par les adultes [435]. À ce titre, plusieurs études ont montré qu'en exposant des enfants à des émissions qui ne leur étaient pas destinées, on pouvait générer chez eux une angoisse importante dont l'expression passait souvent par le refus du sommeil et/ou la production de cauchemars récurrents [442,1049-1053]. Ces comportements peuvent persister des mois [1049,1051,1054] et être déterminés chez les sujets d'âge préscolaire par des contenus audiovisuels apparemment anodins tels, par exemple, le dessin animé de *L'Incroyable Hulk* ou le personnage d'E.T. [1049,1054]. Ce brave extraterrestre a d'ailleurs suscité une intense réaction de peur chez ma fille Valentine alors que celle-ci n'avait que 4 ans. Suite au visionnage d'une partie du film chez sa cousine, la petite a présenté pendant plusieurs jours un sommeil agité et d'inhabituels cauchemars. Ceux-ci sont aujourd'hui résorbés. Pourtant, depuis cet épisode, il y a près d'un an, Valentine refuse catégoriquement de dormir si tous les placards de sa chambre ne sont pas soigneusement inspectés et fermés avant l'extinction des feux (le segment de film qui causa sa peur montrait en fait E.T. caché dans une penderie). Ce type de réaction ne semble pas être isolé. Plus d'un quart des adultes disent avoir conservé des peurs liées à certains contenus audiovisuels de leur enfance [1051]. En pratique, près de 10 % des parents déclarent que la télévision génère chaque semaine au moins un cauchemar chez leurs enfants de 5 à 11 ans [442]. Dans le même temps, un tiers des adolescents de 13 ans reconnaissent faire régulièrement de mauvais rêves en raison de la télévision [1050]. Ces prévalences sont loin d'être anodines.

Comme si tout cela ne suffisait pas, un travail longitudinal a récemment montré que les influences négatives de la télévision opéraient à long terme [440]. Ainsi, après prise en compte d'une large liste de covariables potentielles, il apparaît que des adolescents de 14 ans n'ayant jamais eu de troubles du sommeil et regardant la télévision 3 heures par jour ou plus ont 2 fois plus de chances que leurs congénères présentant des consommations inférieures à 1 heure quotidienne de développer des troubles du sommeil à 16 et 22 ans. Une diminution du niveau d'exposition entre 14 et 16 ans permet de réduire le risque de moitié. Au-delà de 16 ans, l'effet devient irréversible et la réduction du temps d'exposition s'avère inopérante. *Irréversible*, ce seul mot devrait je crois sonner pour nous tous comme une terrible alarme.

Ainsi, le sommeil est une composante indispensable de notre fonctionnement somatique, émotionnel et cognitif. Or, il apparaît clairement que la télévision exerce une influence fortement négative sur la longueur et la qualité de nos nuits. Enfants, adolescents, adultes, nul n'est épargné. Il suffirait pourtant que nous renoncions à perdre 2 ou 3 heures chaque soir devant TF1, M6 ou France 2 pour voir à la fois s'améliorer notre relation avec l'ami Morphée et s'envoler notre dette de sommeil. Une telle évolution permettrait à terme de diminuer très substantiellement le risque que nous-mêmes ou nos enfants ayons à souffrir d'obésité, de diabète, d'hypertension, de dépression, de déficiences immunitaires, d'envies suicidaires, d'accidents de la route, d'alcoolisme, de troubles de l'attention, d'échec scolaire, etc. Des bénéfices qui valent, me semble-t-il, largement le congédiement de Dame Télévision.

Pour conclure

Ainsi, on constate que la télévision n'est pas le loisir anodin qu'imaginent les parents et que décrivent les spécialistes *ad hoc* de la bien-pensance médiatique. Le petit écran pose un problème majeur de santé publique.

Combien d'obèses, d'invalides de la route, de séropositifs, d'avortements juvéniles, de cirrhoses du foie, de cancers du poumon, d'infarctus faudra-t-il pour que cette réalité pénètre l'inertie de nos cerveaux ? Répétons-le encore une fois : nos expériences précoces conditionnent une grande partie de notre devenir adulte. Un adolescent qui rencontre prématurément la bouteille accroît massivement ses chances d'avoir tout au long de sa vie un problème d'alcoolisme ; un enfant qui connaît des problèmes de surpoids en raison de choix alimentaires hasardeux augmente substantiellement ses chances de connaître, une fois majeur, les affres de l'obésité ; une adolescente qui perd précocement sa virginité voit augmenter sensiblement ses chances de contracter des maladies sexuellement transmissibles et de se retrouver enceinte ; un gamin qui se met à fumer avant 18 ans a toutes les chances de continuer ensuite ; un jeune qui ne dort pas assez accroît fortement ses risques d'expérimenter de lourds problèmes sanitaires et cognitifs. Or, dans tous ces domaines, la télévision a un impact lourdement négatif. Cette affirmation n'est en rien une hypothèse. Elle constitue, à ce jour, un résultat scientifiquement avéré. Dès lors, les choses sont assez simples : si vous désirez préserver autant que faire se peut la santé et l'avenir de vos enfants, alors ne laissez surtout pas ces derniers grandir à côté d'une télé !

Chapitre IV

La télé cultive la peur et la violence

« S'il y a une calamité dont il faut se méfier aujourd'hui, à part la remontée du nazisme, c'est la télévision. »

(Françoise Sagan, romancière [1055])

« Malgré le consensus entre experts, la presse populaire ne semble pas délivrer au grand public le message selon lequel la violence médiatique contribue à produire une société plus violente [...] Cette description inexacte par la presse populaire peut rendre compte d'une controverse qui persiste alors que le débat aurait dû être clos depuis longtemps, de la même manière que la controverse cigarette/cancer a persisté bien après que la communauté scientifique a su que fumer causait le cancer. »

(Craig Anderson et Brad Bushman,
professeurs de psychologie,
université de l'Iowa [1056])

« L'exposition à la violence dans les médias [...] représente un risque significatif pour la santé des enfants et des adolescents. Des évidences scientifiques extensives indiquent que la violence médiatique peut contribuer aux comportements agressifs, à une désensibilisation à la violence, aux cauchemars, et à la peur d'être victimisé. »

(Académie américaine
de pédiatrie [1057])

L'effet des programmes audiovisuels violents sur le psychisme et le comportement des spectateurs a été largement étudié par les scientifiques du monde entier, depuis plus de 60 ans. Toutefois, en ce domaine, l'effort de recherche ne s'est pas exprimé de façon linéaire. Il a pris corps principalement entre le début des années soixante et la fin des années quatre-vingt. Depuis cette dernière date, l'investissement des spécialistes s'est lentement étiolé jusqu'à devenir quasiment nul. Aujourd'hui, seul un petit nombre d'études longitudinales de très longue haleine parviennent encore à trouver leur place dans les revues internationales de premier plan [1058,1059]. Sur le fond, cette désaffection progressive n'a rien de surprenant. Elle ne fait qu'entériner l'épuisement graduel du champ problématique et la conviction unanime que tout a été dit [1060]. En fait, depuis le début des années deux mille, c'est principalement à la diffusion de cette réalité que se sont attachés les chercheurs du domaine. Le moins que l'on puisse dire, c'est que ces spécialistes n'ont pas lésiné sur la clarté des formulations. « Le débat scientifique destiné à savoir si la violence médiatique augmente les comportements d'agression et de violence est fondamentalement terminé. » (Craig Anderson et collègues [1061]) « Il y a des évidences claires selon lesquelles l'exposition à la violence médiatique contribue de manière significative à la violence du monde réel. » (Ellen Wartella et collègues [1062]) « Les recherches conduites durant les 50 dernières années amènent à la conclusion selon laquelle la violence télévisée affecte les attitudes, valeurs et comportements des spectateurs. En général, il semble y avoir trois classes principales d'effets : agression, désensibilisation et peur. » (John Murray [1063]) « La conclusion des organisations de santé publique, basée sur plus de 30 ans de recherches, est que regarder des spectacles violents peut conduire à augmenter les attitudes, valeurs et comportement agressifs, particulièrement chez les enfants. Les effets sont mesurables et de longue durée. » (Déclaration conjointe de 6 associations médicales américaines majeures [1064]) « Les évidences sont maintenant claires et convaincantes : la violence dans les médias est l'un des facteurs causaux des agressions et de la violence réelle. En conséquence, les pédiatres et les parents doivent agir. » (Académie américaine de pédiatrie [1057]) « Le corpus d'évidences accumulées est cohérent et clair – la violence à la télévision provoque une augmentation des comportements agressifs et violents. » (Rowell Huesmann et Laramie Taylor [1065]) « La controverse devrait être terminée. » (Victor Strasburger [1066]) L'ultime preuve de cette réalité réside sans doute, aujourd'hui, dans le développement des travaux de neuro-imagerie [1067-1070]. En effet, ceux-ci témoignent directement du fait que les chercheurs ont dépassé le problème de mise en évidence (est-ce que les images violentes altèrent le comportement ?) pour s'intéresser à la question des causalités (comment les images violentes altèrent-elles le comportement ?).

Au vu des observations précédentes, on aurait pu s'attendre à ce que le message délivré au grand public, par les médias, soit d'une limpidité absolue. Il n'en est rien, bien au contraire. Contre vents et marées, « l'industrie du divertissement et certains critiques choisis continuent de nier l'évidence » [1066]. En fait, plus les scientifiques empilent les confirmations et plus le *vulgum pecus* médiatique affiche son scepticisme. Ce point a été clairement démontré par Bushman et Anderson au sein d'une étude quantitative réalisée en réponse à une série d'articles parus dans plusieurs organes de presse éminents, dont *Newsweek* et le *New York Times* [124]. Avant de publier cette étude, nos deux chercheurs ont bien évidemment tenté de porter le fer au cœur de divers médias grand public. Ces derniers restèrent cependant de marbre. Comme beaucoup de leurs collègues, Bushman et Anderson furent poliment priés d'aller jouer plus loin. En désespoir de cause, les deux hommes se résolurent donc, finalement, à publier leurs arguments dans un journal scientifique familier des seuls spécialistes. Le citoyen lambda n'entendit jamais parler de la controverse. La position exprimée par la gent journalistique et son armée de pipeaulogues complaisants resta parole d'évangile. Un constat d'autant plus ennuyeux qu'il ne limite pas sa portée aux seuls États-Unis. Bien d'autres pays, dont la France, offrent un terreau fertile aux tribunes délirantes des bonimenteurs de tous horizons. Parmi les arguments favoris de ces braves gens se trouve, en tête de liste, l'inusable théorie du bouc émissaire [44,288,1071]. Selon cette dernière, la télévision ne serait en fait qu'une victime expiatoire désignée à la vindicte populaire afin d'exonérer le corps social de ses responsabilités. « Faute d'identifier les "vrais coupables", nous dit par exemple la sociologue Judith Lazar, on se rabat sur les "coupables idéaux". La télévision semble être un de ces coupables illusoires. » [1071] Une idée récemment reprise par Patrick Eveno. Selon cet historien des médias, il existe « une thématique récurrente qui attribue aux médias la cause des malheurs de la société. Ainsi, au début du XXe siècle, le sociologue Gabriel de Tarde suscite un ample débat médiatique en accusant la presse, par ses récits de crimes, de développer la criminalité » [288]. À ce genre de discours on peut, je crois, opposer deux remarques. Premièrement, ce n'est pas parce qu'un éminent sociologue s'est peut-être trompé il y a plus d'un siècle à propos de la presse écrite, que les scientifiques se fourvoient aujourd'hui en référence à la télévision. Deuxièmement, comme ne cessent de le répéter les spécialistes, aucun individu sérieux n'a jamais érigé les médias en bouc émissaire, ni affirmé que la télévision était la source unique ou même principale des comportements violents qui traversent notre société [1057,1061,1072,1073]. Selon les termes de Rowell Huesmann et Laramie Taylor, par exemple, « aucun chercheur respectable ne suggère que la violence médiatique est "la" cause des comportements violents » [1065]. La seule chose qu'osent affirmer les scientifiques, c'est que la télévision représente un facteur de violence significatif et qu'il serait dommage de ne pas agir sur ce levier causal, relativement accessible en comparaison d'autres déterminants sociaux plus profonds (pauvreté, éducation, cadre de vie, etc.) [1057,1061,1065,1072,1073]. Des tréfonds de ma grande naïveté, cette position ne me semble ni scandaleuse, ni imbécile ni, surtout, de nature à rejeter sur les médias « la cause des malheurs de la société ».

En soutien à la fable du bouc émissaire, on trouve généralement aussi le conte des incertitudes scientifiques. Il est alors suggéré que les effets de la violence médiatique sur le comportement du spectateur ne sont en rien avérés. Cette idée fut notamment soutenue il n'y a pas si longtemps par Catherine Tasca déclarant, alors qu'elle était ministre de la Culture, que « les scientifiques sont loin d'établir un lien mécanique entre la violence des images et l'évolution des comportements des enfants » [1074]. Une idée réaffirmée ultérieurement de manière plus directe à travers l'assertion selon laquelle « majoritairement, les chercheurs disent qu'il n'y a pas de lien » [1075]. Et les énergumènes qui osent dire le contraire sont forcément malhonnêtes [1076]. En fait, tous ces lascars cachent un projet sournois. Ils veulent, à l'image de Blandine Kriegel (coordinatrice d'un rapport officiel remarqué sur la violence à la télévision [117]), « inquiéter pour contrôler » et ils n'hésitent pas, pour soutenir leurs fallacieuses conclusions, à sélectionner

« certaines recherches aux dépens d'autres »[38]. J'avoue que ce dernier argument est d'une beauté fatale. Ultime recours de la mauvaise foi, il se range avec agilité sous l'aile des théories complotistes en laissant entendre qu'il existerait, « quelque part », une littérature dissidente que les contempteurs de la violence médiatique passeraient sournoisement sous silence. Ce genre de saillie a déjà fait ses preuves dans bien des domaines dont le réchauffement climatique, les conséquences de l'homoparentalité, les effets de la garde alternée et (bien sûr) l'association cancer/tabac. Souvent, les chercheurs se désintéressent du problème, jugeant qu'il ne serait pas très convenable de dilapider l'argent des institutions publiques dans d'aussi vaines polémiques. Parfois, pourtant, la pression devient telle que la communauté scientifique n'a d'autre choix que de monter au créneau pour défendre sa probité. C'est précisément ce qui s'est passé avec la violence audiovisuelle. En ce domaine, la contre-offensive s'est notamment appuyée sur une identification systématique des recherches prétendument « oubliées ». Résultat des courses, selon les chiffres publiés par l'Académie américaine de pédiatrie, « plus de 3 500 travaux de recherche ont examiné l'association liant violence médiatique et comportements violents ; tous, à l'exception de 8, ont montré une relation positive »[1077]. 8 sur plus de 3 500, cela représente près de 99,8 % de corroboration ! Ce pourcentage, tout à fait faramineux pour des travaux de sciences humaines, n'est cependant pas surprenant au regard d'analyses antérieures, basées sur des approches dites méta-analytiques. Ces dernières sont couramment utilisées par les chercheurs pour combiner, au sein d'une seule étude « géante », un grand nombre d'observations indépendantes. L'objectif ultime est alors de déterminer si un effet s'avère présent, « dans l'ensemble », au-delà de possibles variations locales.

Lorsque cela fut fait pour le problème de la violence à la télévision, on observa qu'il existait une influence fortement significative des images violentes sur l'émergence de conduites agressives [3,423,1056,1061,1065,1073]. Ce résultat se révéla d'autant plus important qu'il reposait sur l'évaluation de populations générales, non pathologiques. Une telle représentativité souligne, pour reprendre les termes de Rowell Huesmann et de ses collègues, que les processus cérébraux qui mènent des images violentes aux comportements agressifs sont « immuables et universels » [1059]. Cette conclusion invalide clairement la thèse tristement répandue de prédisposition dont on trouve trace, par exemple, dans une interview de Mme Tasca déclarant doctement que « le passage à l'acte ne se fait que chez un public prédisposé » [1075]. Une affirmation que partagent évidemment Catherine Muller et François Chemel certifiant avec foi (mais sans source faut-il le préciser) que les images violentes « ne représentent un véritable danger que chez les sujets qui présentent déjà une pathologie certaine » [32]. En d'autres termes, et pour citer Michael Stora, fondateur d'un obscur « observatoire des mondes numériques en sciences humaines », « les images sont prises pour cibles mais elles ne sont que des révélateurs de pathologies déjà existantes » [40]. Tout cela n'est guère sérieux, vraiment... sauf si l'on considère que le célèbre Dr Knock avait raison lorsqu'il affirmait avec exaltation que « les gens bien portants sont des malades qui s'ignorent » [1078]. Peut-être, après tout, que « tout spectateur équilibré cache au fond de lui un psychopathe en sommeil ». Nous aurons l'occasion de revenir ci-après sur cette idée en abordant la question centrale des *priming* sociaux[i]. Avant cela toutefois, que l'on me permette de

[i] En psychologie cognitive, le *priming* (ou amorçage) définit un type de paradigme dans lequel la présentation d'un stimulus préalable

discuter un dernier reproche fait aux contempteurs de la violence audiovisuelle, et relatif à la faiblesse des influences observées.

En termes statistiques, un effet peut être à la fois fortement significatif et désespérément faible. Pour illustrer ce point, prenons, par exemple, 1 000 adolescents de 16 ans. Demandons-leur de sprinter 50 mètres dans deux conditions expérimentales imposant d'évoluer soit tout nu, soit chargé d'une ceinture de 500 grammes. Chez presque tous les sujets, la performance aura tendance à se dégrader légèrement dans le second cas. Dès lors, si un test statistique est effectué pour déterminer l'effet de la charge sur la performance motrice, on obtiendra une très forte significativité en présence de faibles variations chronométriques. Ce type de dissociation a souvent été évoqué au sujet des images violentes. L'idée alors développée suggère que l'effet existe, mais qu'il est quantitativement marginal [38,1079]. Un simple coup d'œil à la problématique des grands nombres suffit à disqualifier irrévocablement ce propos. En effet, il est clairement établi qu'une influence localement minime peut avoir des conséquences majeures si elle s'applique à une large population et/ou de manière récurrente [124,1061,1080,1081]. Supposons, pour illustrer ce point, que la violence contenue dans un film affecte 1 spectateur sur 1 000. Si 10 millions de sujets voient ce film lors de sa sortie à la télévision, on se retrouve avec 10 000 actes agressifs ou violents sur les bras. En accord avec ce cadre théorique,

---

(appelé « amorce » ; par exemple, des mots tels que *force* ou *effort*) influence l'expression d'un comportement consécutif (appelé « cible » ; par exemple, la vigueur de la poignée de main adressée à l'expérimentateur en fin d'expérience). L'amorce est souvent présentée au sujet de manière subliminale (c'est-à-dire non perçue consciemment).

Brandon Centerwall a évalué, au début des années quatre-vingt-dix, sur la base de données épidémiologiques de grande ampleur, le nombre de délits imputables à la télévision. Selon les conclusions présentées par cet auteur dans le très réputé *Journal of the American Medical Association* (JAMA), « chaque acte violent est manifestement le résultat d'un ensemble de forces agissant de concert ; pauvreté, crime, abus d'alcool et de drogue, stress – dont l'exposition précoce à la télévision n'est qu'une dimension. Néanmoins, les évidences épidémiologiques indiquent que si, hypothétiquement, la technologie télévisuelle n'avait jamais été développée, il y aurait aujourd'hui aux États-Unis chaque année 10 000 homicides de moins, 70 000 viols de moins et 700 000 agressions avec blessures de moins » [1082]. Pour ceux qui jugeraient ces chiffres extravagants, un petit retour sur une recherche déjà évoquée pourrait se révéler intéressant. Dans ce travail, trois villes sociologiquement comparables furent étudiées. Deux recevaient la télévision (UniTel, MultiTel). La troisième devait obtenir sa connexion à échéance de 24 mois (NoTel). Les auteurs étudièrent le comportement de jeunes élèves du primaire, alors que ceux-ci jouaient dans la cour de leur école pendant les récréations [1083]. Les conduites agressives et violentes furent classées selon deux axes, l'un physique (par exemple coups, bousculades, morsures, etc.), l'autre verbal (par exemple injures, menaces, altercations, etc.). Les résultats montrèrent, pour NoTel, suite à l'introduction de la télévision, un doublement des incidents verbaux et un quasi-triplement des accrochages physiques. Aucune évolution significative ne fut observée, sur la même période, pour les deux autres agglomérations (MultiTel et UniTel). Difficile de conclure, au vu de ces données, que l'effet télévision est marginal ! Une ultime illustration de cette réalité provient d'études de corrélations. Le principe consiste alors à déterminer, à conditions sociodémographiques, psychologiques et personnelles égales, si les enfants qui consomment le plus de contenus audiovisuels violents produisent un plus grand nombre de comportements agressifs. Ce lien potentiel est généralement exprimé sous forme d'un coefficient *r*, pouvant varier entre – 1 (lorsque l'une des deux variables augmente, l'autre diminue de manière strictement proportionnelle), 0 (les deux variables sont indépendantes) et 1 (les deux variables varient de manière strictement proportionnelle). Typiquement, les chercheurs ont trouvé, en fonction des études, des indicateurs d'agression considérés et des approches expérimentales utilisées, des coefficients situés entre 0,2 et 0,4 [1056,1061,1065,1084]. En termes mathématiques, cela veut dire que 5 à 15 % des différences comportementales observées entre les individus, en matière de violence, sont attribuables à la télévision[i]. En termes qualitatifs, cela implique que le lien moyen associant images violentes et comportements agressifs a presque la même force que le lien unissant tabagisme et cancer du poumon. Ces deux liens sont eux-mêmes supérieurs à ceux observés entre l'absence d'utilisation du préservatif et le risque de contamination par le virus du sida, entre l'exposition précoce au plomb et la survenue de déficiences intellectuelles, entre la consommation de calcium et la valeur de masse osseuse, entre l'utilisation de patchs à la nicotine et l'arrêt des conduites tabagiques, ou entre l'absence d'administration de bêtabloquants après un infarctus et le risque de mortalité à court terme [124,1086]. Ceux qui allèguent que la relation unissant images et comportements violents est négligeable oseraient-ils affirmer que l'utilisation du préservatif a une influence minime

[i] Le pourcentage de variance capturé par la corrélation est donné par le carré du coefficient de corrélation [1085].

sur le risque de contamination par le VIH, ou que le recours aux bêtabloquants a un effet dérisoire sur la survie des patients exposés à un infarctus du myocarde, ou encore que le fait de fumer n'accroît que marginalement le risque de développer un cancer du poumon ? Je ne le crois pas. Or, on ne peut défendre l'une de ces stupides assertions sans les soutenir toutes.

Ainsi, malgré les dénégations de l'industrie du divertissement et de ses maîtres pipeaulogues, il est aujourd'hui clairement établi que la violence des images affecte le comportement de nos enfants. Cette action prend trois formes principales : stimulation de comportements violents et agressifs ; abaissement du seuil de tolérance à la violence (c.-à-d. désensibilisation) ; exacerbation du sentiment d'insécurité. Ces différents points seront abordés successivement au sein des pages suivantes, après un bref état des lieux relatif à l'omniprésence des images violentes à la télévision. Le lecteur trouvera peut-être étonnant de ne pas voir développé aussi, au sein du présent chapitre, le concept de catharsis selon lequel les spectateurs se purgeraient de leurs pulsions violentes en voyant ces dernières mises en scène à la télévision. Cette idée d'une « libération par dérivation » pour reprendre l'expression d'Henri Piéron [604] est en effet très populaire chez les défenseurs du droit à la créativité et à la violence audiovisuelle [124]. Si elle n'apparaît pas ici, c'est tout simplement parce qu'elle ne jouit d'aucun support expérimental probant [3,124,1054,1057] et que, selon la conclusion d'un large travail de synthèse, « il n'y a pas le plus petit début de donnée scientifique convaincante pour étayer cette théorie [...] [qui] peut être oubliée » [423]. Victor Strasburger va même jusqu'à parler d'une « théorie complètement discréditée » qui doit son étonnante pérennité au fait qu'elle arrange bien les affaires des lobbies cinématographiques et audiovisuels [3]. À ce jour, parmi les milliers d'études réalisées, aucune n'a pu montrer, en accord avec les prédictions du modèle de purge cathartique, que les comportements agressifs tendaient à diminuer après exposition à des contenus audiovisuels violents.

La violence, c'est bon pour les affaires

Au même titre que le sexe, l'alcool ou le tabac, la violence est omniprésente à la télévision [3,423,1057,1061]. Le constat ne date pas d'hier et il ne surprendra, je pense, personne. En 1988 déjà, *Le Point* dénonçait un véritable « télé-massacre », après avoir demandé à un groupe de spectateurs de visionner pendant une semaine (du lundi minuit au dimanche minuit) l'ensemble des programmes des six chaînes de l'époque (TF1, Antenne 2, FR3, Canal +, La Cinq, M6) [1087]. Au final, nos volontaires dénombrèrent : 670 meurtres, 848 bagarres, 419 fusillades, 15 viols, 27 scènes de torture, 9 défenestrations, 14 enlèvements, 32 prises d'otages, etc. Cette lourde tendance fut confirmée quelques années plus tard par une étude du Conseil supérieur de l'audiovisuel (CSA) [1088]. Pour établir son propos, cette institution étudia à la loupe un peu plus de 109 heures de programmes représentant 194 émissions. Les résultats montrèrent que les spectateurs ingurgitaient en moyenne 2 crimes et une dizaine d'actes violents par heure, soit, sur une année, pour un téléphage typique passant chaque jour 3 h 30 devant la mire [146], près de 2 600 crimes et 13 000 actes violents. Plus de la moitié des fictions contenaient au moins une séquence criminelle. Dans un grand nombre de cas, les actes de violence étaient le fait de personnages positifs. De manière intéressante, et peut-être inattendue pour certains, ces chiffres se révélèrent assez proches de ceux publiés quelques années plus tard aux États-Unis, dans ce qui reste à ce jour la plus impressionnante étude de contenu réalisée sur la violence audiovisuelle [1089]. Pendant 3 ans, les auteurs disséquèrent 10 000 heures de programmes aléatoirement sélectionnés sur 23 des principales chaînes américaines. Les résultats montrèrent que 60 % des émissions contenaient des actes de violence. Ces derniers se répétaient en moyenne 6 fois par heure (soit un peu moins qu'au sein de l'étude CSA). Dans à peu près 1 cas sur 2, la violence était présentée de manière réaliste et perpétrée par des personnages positifs. Elle apparaissait alors comme étant acceptable et justifiée. Ses effets traumatiques immédiats se révélaient fréquemment sous-évalués et ses conséquences négatives à long terme n'étaient presque jamais évoquées. Dans plus de 7 cas sur 10, la violence n'occasionnait ni remords, ni critique, ni sanction. De manière frappante, les programmes jeunesse n'étaient nullement épargnés. 70 % d'entre eux intégraient des contenus violents, à raison de 14 incidents par heure [1090]. Cela représente plus de 10 000 expositions par an pour un enfant regardant la télévision 2 heures par jour.

Bien sûr, tous les genres audiovisuels ne sont pas égaux face à la violence. Parmi les programmes les plus touchés se trouvent les films, les séries et les dessins animés [1088,1089]. À cette liste il faut aussi ajouter le grand oublié des études de contenus précédentes : les informations. Celles-ci concentrent, en effet, un grand nombre de séquences violentes, généralement présentées de manière sensationnelle et emphatique [287,1091-1096]. En intégrant les nouvelles à son protocole d'étude, un travail récent a identifié, pour la télévision espagnole, pas moins de 18 incidents violents par heure de programme [1096]. Un chiffre important, qui pourrait aussi traduire, en partie, une hausse des contenus violents depuis quelques années. En accord avec cette idée, le CSA s'est récemment ému de l'accroissement dramatique, sur les chaînes françaises, des émissions déconseillées au moins de 10, 12, 16 ou 18 ans [1097]. Selon Agnès Vincent-Deray, conseillère en charge de la protection des mineurs au sein de cette institution, « l'augmentation des programmes à la télévision susceptibles de choquer les enfants est substantielle et alarmante [...] Il est important que les parents arrêtent de croire que leurs enfants sont en sécurité devant la télévision ». Voilà qui a le mérite d'être clair.

Forts de l'observation selon laquelle les films étaient parmi les programmes audiovisuels les plus riches en contenus violents, plusieurs auteurs se sont intéressés au domaine cinématographique. Il fut alors montré que les œuvres les plus performantes du box-office américain étaient, à 90 %, porteuses de contenus violents [822,1098-1100]. Sans surprise, ces derniers révélèrent les mêmes biais que ceux précédemment observés pour les programmes télévisuels : perpétration par des personnages positifs, sous-estimation des conséquences, absence de remords et de sanction, etc. Certaines œuvres, affublées d'une signalétique PG-13 aux États-Unis (« contenus potentiellement inadaptés aux moins de 13 ans ») mais classées « tous publics » en France [813], arrivaient à figurer plus de 100 actes explicitement violents (par exemple *La Momie*, *James Bond : Le monde ne suffit pas*, *Charlie et ses drôles de dames*, ou *Mission impossible 2*) [1100]. En 30 ans, les films étiquetés PG-13 et *R-Rated* (« interdits en salle aux moins de 17 ans non accompagnés »), qui représentent une très ample proportion des films du box-office américain et sont fréquemment libres de toute signalétique en France, ont vu leur charge de violence augmenter considérablement [822].

Dans un travail récent, une équipe de l'université de Dartmouth s'est intéressée à la question des violences les plus aiguës. Les 100 longs métrages les plus performants du box-office américain pour chacune des années allant de 1998 à 2002 furent sélectionnés [1101]. À partir de cette sélection, un groupe de 40 films « extrêmement violents » furent identifiés et soumis à plus de 6 500 sujets de 10-14 ans. 21 films avaient été vus par plus de 12 % de l'échantillon. En tête de liste, *Scary Movie* avec près de 50 % de spectateurs ! Lorsque les auteurs se focalisèrent sur les seuls enfants de 10 ans, ils observèrent que 25 % de nos jeunes cinéphiles avaient visionné des œuvres aussi profondément et explicitement violentes que *Blade* (*1* et *2*), *Scream 3*, *Hollow Man*, *La Fiancé de Chucky*, *Scary Movie* ou *Souviens-toi... L'été dernier 2*. Ces observations sont globalement conformes à celles d'une étude antérieure ayant montré, sur une base d'un peu plus de 50 films, que les œuvres les plus violentes du box-office étaient vues, en moyenne, par 28 % des sujets de 10-14 ans [1102]. Un film comme *Scream* a été visionné par quasiment 40 % des petits Américains de 10 ans et 70 % des adolescents de 14 ans !

Ainsi donc, la violence est omniprésente sur nos écrans à travers les films, les séries, les dessins animés et les journaux télévisés. Par leur propension à consommer l'ensemble de ces programmes [435], les enfants se trouvent frappés très tôt. Avant de questionner les effets psychiques et comportementaux d'une telle exposition, il pourrait être intéressant de se pencher brièvement sur la question des origines. Comment se fait-il que les industries cinématographique et audiovisuelle soient à ce point accros à la violence ? Comment expliquer que cette dernière soit aussi largement représentée sur nos écrans ? La réponse la plus communément admise à ces interrogations renvoie au cher Dieu Audimat et à la thématique générale du « on leur donne ce qu'ils veulent [...] ce n'est pas de notre faute s'ils sont aussi débiles » [54]. Dans ce cadre, la violence ne serait pas imposée par les chaînes, mais réclamée par le spectateur. L'argument a sans doute une certaine validité [1103]. Pourtant, il n'a rien d'exhaustif et semble oublier une large part de l'équation. En effet, plusieurs recherches récentes ont montré que les contenus agressifs et brutaux étaient, à travers le stress qu'ils imposent au cerveau, une véritable bénédiction pour les annonceurs. Monsieur Le Lay songeait d'ailleurs, peut-être, à ces recherches lorsqu'il évoquait, dans une saillie devenue culte, ces programmes susceptibles de « préparer » le cerveau afin de rendre ce dernier pleinement « disponible » aux coupures publicitaires [23]. On sait notamment aujourd'hui qu'un individu soumis à des tensions émotionnelles enregistre mieux les messages qui lui sont imposés et s'avère plus aisément conditionnable [1104-1106]. L'effet est doublement intéressant pour les marques alimentaires dans la mesure où ces tensions encouragent aussi, à travers un certain nombre de mécanismes biochimiques, la consommation de produits gras et sucrés [1107-1110]. Difficile de croire que les publicitaires ignorent ces réalités et se retiennent d'en tirer profit. Après tout, il faut être « réaliste, à la base, le métier de TF1, c'est d'aider Coca-Cola, par exemple, à vendre son produit » [23]. S'il s'avère nécessaire, pour favoriser ce dessein, de farcir l'antenne d'un monceau de violence, alors peu importe. Il sera toujours temps, si s'élèvent quelques voix accusatrices, de déléguer un ou deux pipeaulogues complaisants pour dénoncer une cabale sans fondement, destinée à faire de cette pauvre télévision un commode bouc émissaire. Un argument qu'il est maintenant plus que temps de réfuter précisément.

La violence appelle la violence

Affirmer que les images violentes influencent notre comportement n'implique pas, évidemment, que la télévision soit une infernale machine à fabriquer des tueurs psychopathes. Cela signifie « juste », si je puis dire, que quand un spectateur est exposé à des images violentes, il devient plus agressif. Cette agressivité peut se mesurer à court terme en comptabilisant, par exemple, le nombre de bourrades, d'altercations, de coups et d'insultes échangés par des enfants durant une récréation scolaire [1083] ou un match de hockey [1111]. Elle peut aussi s'apprécier à long terme en inventoriant les condamnations pour homicides, vols à main armée ou coups et blessures volontaires d'adultes qui furent, lorsqu'ils étaient enfants, de gros ou petits consommateurs télévisuels [1058,1059]. Dans ce qui suit, ces deux dimensions proches et lointaines seront abordées successivement. Cela ne signifie pas, toutefois, qu'elles soient fonctionnellement indépendantes. En effet, il est tout à fait possible que chaque exposition ponctuelle accroisse la réceptivité du spectateur à la violence, de telle sorte que ce qui n'était au début qu'une réaction physiologique éphémère, se transforme progressivement en une disposition psychologique chronique [124]. C'est un peu comme avec le tabac. Une simple cigarette n'a sur l'organisme qu'un effet mineur et fugitif. Pourtant, une simple cigarette additionnée à une autre, jour après jour, pendant des années, cela finit par malmener très durement les systèmes vasculaire et pulmonaire.

Au plan philosophique, nous chérissons l'idée de libre arbitre. Nous aimons à penser que nos actions résultent de décisions conscientes et réfléchies. Malheureusement, cela n'est que rarement le cas même au niveau de nos comportements les plus basiques. Depuis 50 ans, les neuroscientifiques ont accumulé les évidences montrant que nos conduites sont constamment modulées par des facteurs environnementaux dont nous n'avons nulle conscience. Il est maintenant clairement établi que notre cerveau passe son temps à traiter des informations sans « nous » le dire ; et pour être franc, il s'agit là plutôt d'une bonne nouvelle. En effet, si tout ce qui transite au cœur de nos neurones devait atteindre la conscience, l'esprit se trouverait très vite saturé et incapable de fonctionner. Pour exécuter un simple mouvement de préhension, par exemple, il nous faudrait déterminer la trajectoire spatiale à emprunter, la vitesse à employer, les muscles à activer, les points de contact à utiliser, le nombre de doigts à mobiliser, la force de saisie à développer, etc. [567,1112] Ce serait impossible et il y aurait de quoi devenir fou. Pour s'en sortir, le cerveau n'a donc pas le choix. Il lui faut restreindre le volume d'information livré à la conscience. Cela implique, pour le dire très schématiquement, que la plupart de nos décisions sont prises sans que notre Moi soit informé. On peut citer de très nombreux exemples de ce phénomène, à tous les étages de la pyramide comportementale. Au niveau physiologique le plus basique, par exemple, lorsque l'on observe un congénère en train de courir, notre rythme respiratoire augmente [1113], lorsque l'on voit la main de notre voisin transpercée d'une aiguille les muscles de notre propre main abaissent leur seuil d'excitabilité [1114], lorsque l'on assiste à une partie de bras de fer notre biceps se contracte [1115,1116], lorsque l'on voit une pomme sur une table ou que l'on regarde un tiers saisir un objet notre cerveau active automatiquement les populations neuronales impliquées dans l'acte de préhension [567,1117], lorsque l'environnement est porteur de stimuli alimentaires [701,702], tabagiques [828,829] ou alcooliques [910], cela éveille en nous le désir de consommer ces produits, et lorsque l'on est confronté de manière subliminale à des mots tels que *force, puissance* ou *effort* cela nous pousse à produire des mouvements plus vigoureux [1118]. Ce dernier résultat est particulièrement intéressant dans la mesure où il ouvre la voie au champ tout à fait fascinant des *priming* (ou amorçages) conceptuels. L'idée de base est alors assez simple : des stimuli environnementaux spécifiques activent des représentations cérébrales singulières qui activent elles-mêmes, en retour, des comportements particuliers. Pour illustrer la validité de ce processus, les chercheurs ont développé un protocole à double détente dans lequel les sujets doivent : premièrement, construire des phrases correctes à partir de différentes listes de mots (ou réaliser une tâche quelconque servant de prétexte à la délivrance de stimuli visuels subliminaux) et deuxièmement, prendre part à une interaction sociale n'ayant apparemment aucun lien avec la tâche initiale. Cette trame a servi de modèle à plusieurs dizaines d'expériences. Dans leur quasi-unanimité, celles-ci ont révélé la très forte capacité des *primings* environnementaux à manipuler notre comportement [695,1119]. À titre d'illustration, retenons juste deux études liées directement au problème de l'agressivité. Dans la première, les sujets étaient initialement confrontés à des listes de mots évoquant des comportements soit hostiles, soit neutres [1120]. Ils devaient ensuite infliger des décharges électriques à un inconnu (en fait un acteur) lorsque ce dernier répondait de façon erronée à une question qui lui était posée. Le niveau de décharge était laissé à l'appréciation des sujets sur une échelle de 1 à 10. Les individus du groupe « hostile » utilisèrent des niveaux de chocs en moyenne 50 % plus élevés que leurs congénères du groupe « neutre » (3,3 *versus* 2,2). Dans une seconde étude, à peu près similaire, les listes de mots présentées évoquaient les concepts de politesse ou de grossièreté [696]. À l'issue de leur travail linguistique, les participants devaient signaler leur départ à l'expérimentateur alors que celui-ci se trouvait (pas de chance !) en pleine discussion. 63 % des individus du groupe « grossièreté » interrompirent l'échange, contre seulement 17 % des sujets du groupe « politesse ». Dans une autre partie de la même étude, des étudiants blancs devaient réaliser une tâche fastidieuse sur un ordinateur. Avant chaque essai, le visage d'un individu soit noir soit caucasien était présenté de manière subliminale sur l'écran. Au terme de l'expérience, l'ordinateur affichait soudain un message d'erreur. L'expérimentateur intervenait alors et expliquait à l'étudiant qu'il devait tout recommencer. Les sujets qui avaient vu des visages noirs montrèrent des réactions d'hostilité et de refus substantiellement plus marquées que leurs congénères exposés à des stimuli caucasiens. Pour expliquer ces résultats, les auteurs soulignèrent l'existence de stéréotypes raciaux négatifs, sur la base desquels les sujets blancs développaient des réactions hostiles à l'encontre de leurs homologues noirs.

Au vu de ces données, la capacité des images violentes à générer chez le téléspectateur des comportements agressifs ne devrait plus apparaître comme une curiosité improbable, mais bien comme l'expression inéluctable d'un processus neurophysiologique universel. On pourrait d'ailleurs penser, à ce sujet, qu'il est plutôt prudent de mobiliser un certain potentiel agressif en réponse à des contextes violents. En fait, il n'est même pas du tout exclu que l'agressivité réactive ait pu constituer, chez nos ancêtres, un trait évolutif propice à la survie. Avec un peu de chance, dans quelques milliers d'années, la télévision aura vaincu cette aptitude et nos cerveaux se seront définitivement transformés en de flasques phlyctènes apathiques, insensibles aux stimuli du monde. En attendant l'avènement de cette période bénie, il va malheureusement falloir que nous nous accommodions encore pour un temps de neurones énergiques, prompts à transformer la violence perçue en agressivité produite. La littérature scientifique ne laisse sur ce point aucun doute [3,423,1056,1057,1061,1063,1065,1073]. Dans une étude fréquemment citée, Kaj Björkqvist observa, par exemple, des enfants de 5-6 ans dans une salle de jeux, après que ceux-ci eurent visionné des vidéos neutres ou violentes. Les résultats montrèrent que les individus du groupe « violent » étaient significativement plus prompts à pousser, taper et provoquer leurs congénères que les individus du groupe « neutre » [1121]. Une observation similaire fut rapportée par Wendy Josephson chez des écoliers de 7-8 ans invités à disputer une partie de hockey sur gazon après avoir visionné des images neutres ou violentes [1111]. Dans une autre étude, Ivar Lovaas aboutit à la même conclusion à partir d'une mesure indirecte de l'agressivité [1122]. Des sujets de 4 à 6 ans pouvaient alors jouer avec deux petits automates. Le premier faisait tomber une balle dans un labyrinthe. Le second montrait une poupée frappant sa voisine avec un bâton. Les enfants qui avaient été soumis à des images violentes avant de pouvoir accéder à la salle d'expérience utilisèrent en moyenne la poupée 2 fois plus souvent que les individus qui avaient été confrontés à la vidéo neutre. Liebert et Baron utilisèrent un protocole comparable pour mesurer l'effet des contenus audiovisuels violents sur le désir de faire du tort à autrui [1123]. Des enfants de 5-9 ans pouvaient alors choisir d'aider ou de pénaliser l'activité ludique d'un congénère visible dans une pièce adjacente. L'exposition à des images violentes augmenta très sensiblement la volonté de nuire, par rapport à une situation contrôle impliquant le visionnage d'une vidéo neutre.

Dans un autre travail intéressant, Jacques-Philippe Leyens et ses collègues montrèrent des films violents ou neutres à des adolescents délinquants placés en institution. Les résultats révélèrent une augmentation très significative du nombre d'agressions physiques en situation d'images violentes [1124]. Le même phénomène fut observé avec une population étudiante non délinquante. Celle-ci fut aléatoirement répartie en deux groupes, exposés, quatre jours consécutifs, à quatre films, soit violents, soit neutres. Au lendemain de la dernière projection, tout ce beau monde se retrouva engagé dans une étude comportementale n'ayant, apparemment, aucun rapport avec l'expérience cinématographique originelle. Lorsqu'ils furent placés en situation de nuire à l'expérimentateur, les étudiants qui avaient visionné les films violents se montrèrent substantiellement plus hostiles et agressifs que leurs congénères du groupe neutre. Ce résultat fut observé indépendamment du comportement initialement amical ou attentatoire de l'expérimentateur. Conclusion des auteurs : « Ces résultats montrent qu'une exposition prolongée à des films gratuitement violents est capable (a) d'entraîner une escalade de violence chez des hommes et des femmes ayant été provoqués, et (b) ce qui est peut-être plus important, de susciter ce genre de comportement chez des hommes et des femmes n'ayant subi aucune provocation. » [1125] Des exemples comme ceux-ci, on en trouve des centaines dans la littérature. Leur agrégation au sein de larges méta-analyses ne laisse aucun doute quant au rôle délétère des contenus violents sur l'émergence de conduites agressives [1126-1128]. On peut noter que cette conclusion a récemment été généralisée au champ des violences dites « indirectes » qui surviennent, par exemple, lorsqu'un individu s'attribue le travail d'un collègue, qu'une étudiante expose en place publique les photos compromettantes de sa colocataire, ou qu'un domestique inconvenant profite de la faiblesse d'employeurs âgés pour dépouiller ces derniers [1129].

Sans surprise, les effets expérimentaux qui viennent d'être décrits s'expriment clairement dans les études de corrélations destinées à déterminer s'il existe un surcroît d'agressivité chez les sujets qui consomment le plus d'images violentes et/ou de télévision (ce qui revient grossièrement au même tant le petit écran est farci de contenus violents). En un peu plus de 50 ans, des dizaines de travaux ont apporté une réponse positive à cette question après prise en compte d'une matrice plus ou moins importante, selon les cas, de covariables sociodémographiques, psychologiques et personnelles [3,423,1056,1057,1061,1063,1065,1073]. En agrégeant un grand nombre de ces travaux, sans tenir compte des variables d'agressivité considérées, Haejung Paik et George Comstock ont identifié une corrélation de l'ordre de 0,4 [1126], équivalente à celle observée entre tabagisme et cancer du poumon [124]. Quand l'analyse fut circonscrite aux seuls actes de violence physique sur autrui, la force du lien s'effrita légèrement pour s'établir un peu au-dessus de 0,3. Lorsque l'approche expérimentale fut contrainte au maximum pour ne considérer que les faits de violences criminelles, la relation tomba autour de 0,15. Ce dernier chiffre peut paraître faible. Il est pourtant plus important que le lien généralement constaté entre l'exposition précoce au plomb et l'émergence de troubles cognitifs à long terme. Il est juste inférieur à celui identifié entre l'absence d'utilisation du préservatif et la contamination par le virus du sida [124]. Bien sûr, avec suffisamment de mauvaise foi, on peut affirmer que les études de corrélation dont il est ici question ne permettent aucune inférence causale. L'argument suggère alors que la relation observée entre images violentes et comportements violents reflète simplement l'appétence naturelle des individus violents pour les programmes violents. Si l'idée est exacte, alors on peut prédire que l'ampleur des comportements agressifs ne devrait pas changer, pour une population donnée, lorsque le volume des consommations audiovisuelles est expérimentalement modulé. Cette prédiction ne tient pas. En effet, les données expérimentales rapportées au sein du paragraphe précédent montrent clairement que l'exposition à des contenus violents accroît sensiblement la prévalence des comportements violents chez le spectateur. Par ailleurs, il apparaît que la fréquence des conduites agressives diminue lorsque le temps passé face à l'écran s'affaisse. Cela a notamment été démontré par Thomas Robinson et ses collègues chez des écoliers de 9 ans [1130]. En diminuant le temps d'usage audiovisuel, ces auteurs ont enregistré, à échéance de 6 mois, une diminution significative des conduites agressives perpétrées par les enfants durant les récréations. Cette modification ne fut bien sûr pas relevée pour un groupe de référence n'ayant pas modifié son exposition cathodique.

Le fait qu'un enfant devienne moins agressif lorsque sa consommation audiovisuelle diminue ne signifie pas, malheureusement, que la télévision soit une plaie totalement réversible. Il en va en effet du poste comme du tabac. Lorsque cesse l'exposition, le risque morbide diminue rapidement. Pourtant, il peut ne pas revenir à un état contrôle avant des années, voire même des décennies. Par exemple, pour un homme cessant de fumer à 60, 50, 40 et 30 ans, le risque cumulé de développer un cancer du poumon à 75 ans est respectivement, par rapport à une population contrôle de non-fumeurs, de 10 %, 6 %, 3 % et 2 % [1131]. Pour la télévision, c'est la même chose. Plusieurs études longitudinales ont montré, chez l'enfant et l'adolescent, que les images violentes propageaient leur influence bien au-delà de la période de visionnage. Ainsi, par exemple, dans un travail récent, Dimitri Christakis et Frederick Zimmerman ont suivi près de 400 enfants afin de déterminer si l'exposition à des programmes violents entre 24 et 60 mois favorisait la survenue de comportements asociaux 5 ans plus tard (propension à mentir, tricher, désobéir, détériorer, répondre aux enseignants, etc.) [1132]. Après prise en compte du niveau initial d'asocialité et d'un grand nombre de covariables sociodémographiques, psychologiques et personnelles (âge, sexe, origines ethniques, éducation des parents, punitions corporelles, présence du père à la maison, stimulation cognitive, etc.), les résultats montrèrent, chez les garçons, que chaque heure de programmes violents consommée quotidiennement avant 60 mois multipliait par plus de 4 la probabilité d'observer des comportements asociaux, à échéance de 5 ans. L'effet se révéla non significatif chez les filles. Cette différence de genre ne fut cependant pas validée dans une autre étude, menée sur un échantillon plus important (1 266 sujets), par les mêmes auteurs, afin de déterminer si les enfants qui avaient le plus regardé la télévision à 4 ans présentaient, entre 6 et 11 ans, une tendance accrue à brimer et brutaliser leurs camarades de classe [1133]. La réponse à cette question se révéla largement positive. Après prise en compte des comportements initiaux de brimades et d'une large matrice de covariables sociodémographiques, psychologiques et personnelles, les résultats montrèrent que chaque heure de télévision consommée à la maternelle augmentait de près de 10 % la probabilité de voir l'enfant se comporter de manière oppressive avec ses pairs à l'école primaire.

Des données similaires à celles qui viennent d'être évoquées ont été publiées dans deux études longitudinales impliquant, pour leur phase initiale, des enfants d'âge non plus préscolaire, mais scolaire. Il fut alors établi, après prise en compte du niveau d'agressivité initial des participants et d'un large spectre de covariables potentielles, que l'exposition aux images violentes entre 6 et 10 ans prédisait l'occurrence de comportements agressifs à échéance de 10 [1134,1135] ou 15 [1059] ans. Dans ce second cas, par exemple, il fut montré que les 20 % de jeunes adultes masculins ayant consommé le plus d'images violentes entre 6 et 10 ans présentaient, par rapport au reste de la population de même sexe, 2 fois plus de chances d'avoir physiquement malmené leur épouse, 3,5 fois plus de chances d'avoir subi une condamnation judiciaire et 1,5 fois plus de chances d'avoir reçu une amende pour cause d'infraction routière (hors stationnement). Les femmes présentaient, pour leur part, dans le même temps, 2,5 fois plus de chances d'avoir assailli leur conjoint en lui jetant un objet à la figure, 5 fois plus de chances d'avoir physiquement agressé un autre adulte et 2 fois plus de chances d'avoir commis un acte judiciairement répréhensible.

Pendant longtemps, les scientifiques ont pensé que l'influence à long terme des images violentes survenait essentiellement dans le cadre d'expositions précoces. À la base de cette croyance se trouvait l'idée selon laquelle les représentations sociales et schémas comportementaux qui fondent notre relation au monde s'acquéraient essentiellement durant l'enfance [1056]. Récemment, un travail de synthèse de Brad Bushman et Rowell Huesmann a invalidé cette hypothèse en montrant que l'influence à long terme des images violentes était certes atténuée, mais néanmoins très significative chez les sujets adultes [1084]. Ce résultat, basé sur l'agrégation de plusieurs centaines d'études antérieures à 2001, a depuis été confirmé par un travail de grande ampleur publié dans la revue *Science* [1058]. Après prise en compte du niveau d'agressivité initial des participants et d'une large gamme de covariables sociodémographiques, psychologiques et personnelles, ce travail montra deux choses. Premièrement, plus un adolescent passe de temps face au poste à 14 ans et plus ses chances d'exprimer des comportements agressifs à 16 ou 22 ans augmentent. Deuxièmement, plus un jeune adulte passe de temps face au poste à 22 ans et plus ses chances d'exprimer des comportements agressifs à 30 ans augmentent. En relation avec ce dernier point, par exemple, il fut rapporté que les sujets qui avaient regardé la télévision entre 1 et 3 heures par jour à 22 ans présentaient, par rapport aux individus qui avaient fixé la mire moins de 1 heure, 1,5 fois plus de chances d'agresser physiquement ou verbalement un tiers et 2,5 fois plus de chances d'être impliqués dans une bagarre. Ces données montrent clairement que les images violentes agissent de manière cumulative. Enfants, adolescents, adultes, nul n'est à l'abri d'un déluge par lequel chaque exposition ultérieure renforce les dégâts déjà opérés par les consommations antérieures.

Ainsi donc, le fait d'être exposé à des images violentes augmente chez le spectateur la fréquence des comportements agressifs, aussi bien à court qu'à long terme. Ces effets sont attestés par des travaux expérimentaux, corrélatifs et longitudinaux. Au plan fonctionnel, les influences de court terme semblent s'appuyer principalement sur des effets de *priming*, alors que les actions de long terme paraissent reposer davantage sur des processus d'apprentissage vicariants [1061,1065,1084]. L'hypothèse veut, dans ce dernier cas, que le spectateur finisse par intérioriser et reproduire les schémas agressifs que son écran vomit avec une inexorable régularité. Bien sûr, cette transition serait largement menacée si elle ne s'accompagnait pas d'un double sentiment d'acceptabilité et de normalité. C'est là qu'intervient un second processus majeur de l'influence audiovisuelle de long terme : l'habituation[1059]. Ce processus, bien connu des physiologistes[1136], est considéré en détail au sein de la section suivante.

La violence repousse les frontières de l'inacceptable

Traditionnellement, l'habituation est définie en tant que « diminution d'une réponse comportementale résultant d'une stimulation répétée et ne reposant pas sur une adaptation sensorielle, une fatigue sensorielle ou une fatigue motrice »[1137]. Ce phénomène rend compte, entre autres exemples, du comportement de l'enfant qui graduellement se désintéresse du jouet flambant neuf que vous venez de lui offrir, de l'indifférence du mari dont l'épouse devient petit à petit transparente, ou de l'étonnante métamorphose de Nadja, jeune infirmière stagiaire prise d'un profond haut-le-cœur lors de son premier passage en neurochirurgie et qui finit au bout d'un mois par dévorer dès sa sortie du bloc opératoire un tartare bien saignant au restaurant du coin. Durant les 50 dernières années, nombre d'auteurs se sont demandé s'il serait légitime d'ajouter à cette liste la progressive désensibilisation à la violence des individus téléphages. La réponse est aujourd'hui connue. Elle est clairement positive[3,423,1061,1138]. En effet, il est maintenant établi que plus un sujet voit d'images violentes, moins il présente de réaction émotionnelle à ces images[1070,1139,1140], moins il s'avère enclin (même s'il ne risque absolument rien) à porter secours à une personne inconnue victime de violence [1141-1144] et moins il se montre empathique vis-à-vis des victimes d'agressions brutales [1145-1147]. Parmi les études les plus fréquemment citées sur le sujet se trouve celle réalisée il y a plus de trois décennies par Victor Cline et ses collègues [1139]. Pour ce travail, des enfants de 5 à 14 ans furent sélectionnés en fonction de leur consommation audiovisuelle : les uns regardaient la télé moins de 4 heures par semaine, les autres plus de 25 heures. Pendant l'expérience, les auteurs recueillirent les signaux physiologiques d'activité émotionnelle (pression artérielle, réponse électrodermale[i]), alors que les participants regardaient un film de 14 minutes constitué, en alternance, de scènes non violentes et violentes. Les résultats montrèrent que les enfants les moins exposés à la télévision réagissaient bien plus vivement aux images violentes que leurs congénères téléphages. Ces données ne pouvaient refléter un biais d'échantillonnage ou de familiarité audiovisuelle dans la mesure où aucune différence de réactivité ne fut observée entre les enfants pour les contenus non violents. Elles ne pouvaient s'expliquer que par l'existence d'une habituation aux images violentes chez les individus les plus accros à la télévision. Depuis sa formulation, cette conclusion a été généralisée aux expositions de court terme par les équipes de Jordan Grafman [1070] et Margaret Thomas [1140]. Dans ce dernier cas, par exemple, les auteurs menèrent leur expérience en deux temps. Premièrement, des enfants de 8-10 ans et des étudiants de faculté furent exposés à un film d'action soit violent soit non violent. Deuxièmement, tous les sujets furent invités à regarder la vidéo d'une agression réelle. Les

---

[i] Voir note p. 170.

résultats se révélèrent identiques dans les deux populations étudiées. Ils montrèrent que les marqueurs physiologiques de réponse émotionnelle étaient fortement atténués chez les sujets ayant vu le film violent durant la phase initiale de l'expérience. Des analyses complémentaires indiquèrent, en accord avec les conclusions de l'équipe de Victor Cline (cf. *supra*), que les individus qui regardaient le moins la télévision avaient réagi plus intensément que leurs congénères téléphages durant la première phase de l'expérience, lors de la projection du film violent.

Dans une autre série d'études, l'effet concret du processus de désensibilisation fut clairement mis en évidence par l'équipe de Ronald Drabman avec des écoliers de 8-9 ans [1142-1144]. Au début de l'expérience, ces derniers passaient devant une pièce vide, équipée d'une caméra vidéo et dans laquelle, leur disait-on, une petite fille et un petit garçon allaient bientôt venir s'amuser. Ensuite, les sujets étaient amenés dans une salle de projection et exposés à une condition expérimentale parmi trois : pas de film, film violent, film non violent. À la fin de la séance, l'expérimentateur arguait d'un coup de téléphone urgent pour demander aux enfants de surveiller, sur l'écran de la télé, la petite fille et le petit garçon qui jouaient, soi-disant, dans la pièce d'à côté. En réalité, les enfants (qui, cela va de soi, passaient l'expérience individuellement), voyaient une vidéo pré-filmée dans laquelle deux sujets de 4 et 5 ans allaient bientôt s'apostropher, se menacer, démolir réciproquement leurs jouets, se courir après et enfin, se battre. En s'éclipsant, l'expérimentateur précisait qu'il allait dans son bureau et il insistait pour être prévenu tout de suite, au moindre problème. Les résultats montrèrent que les écoliers qui avaient initialement visionné un film violent attendaient un stade conflictuel bien plus avancé que leurs congénères des groupes contrôles (pas de film ou film non violent) pour prévenir l'expérimentateur. En règle générale, le fait d'être exposés à des contenus audiovisuels violents amenait les enfants à ignorer les signaux précurseurs de l'agression physique et à n'agir qu'après la survenue de cette dernière.

Dans une étude récente, Kostas Fanti et ses collègues utilisèrent une approche mathématique sophistiquée pour généraliser les données précédentes et identifier précisément la dynamique temporelle du processus d'habituation aux images violentes [1148]. Après avoir confirmé la validité du phénomène, ces auteurs montrèrent que l'accumulation des stimuli violents générait un double mouvement cognitif. Premièrement, les sujets prenaient de plus en plus de plaisir à voir les images présentées. Deuxièmement, ils ressentaient de moins en moins d'empathie envers les victimes. Cette dernière observation rejoint directement les conclusions d'autres travaux plus spécifiques démontrant que des hommes exposés à des images violentes ont tendance à accepter plus aisément les maltraitances physiques et morales faites aux femmes [1145,1147]. Un travail de Charles Mullin et Daniel Linz est à ce titre particulièrement édifiant [1146]. Des étudiants de faculté furent exposés à un film d'horreur tous les deux jours, pendant six jours, soit trois films au total[i]. Ceux-ci contenaient une charge particulièrement importante de violences sadiques dirigées contre des femmes. Trois jours après l'ultime projection, les sujets furent exposés à des vidéos dans lesquelles des victimes féminines d'agressions violentes réelles racontaient en détail leur calvaire. Les résultats montrèrent, en comparaison d'un groupe contrôle qui n'avait pas participé aux projections initiales, que les étudiants ayant été exposés

[i] *Maniac*, *Vendredi 13*, *La Foreuse sanglante*.

aux films d'horreur ressentaient moins d'empathie pour les victimes, qui étaient volontiers présentées comme responsables de leurs malheurs. Ces victimes voyaient par ailleurs la gravité des traumatismes subis fortement minimisée. En d'autres termes, prenez des individus éduqués, soumettez-les à des images violentes impliquant des comportements sadiques dirigés contre une femme, et nos joyeux lurons finiront par vous expliquer sans rougir que les victimes de viols sont des salopes qui ont bien cherché ce qui leur arrive et que de toute façon, tout cela n'est vraiment pas si grave. J'avoue avoir été souvent effaré devant la prévalence de ce genre de discours. Peut-être tenons-nous là un début d'explication ! La télé ne se contente pas de nous rendre stupides, malades et violents, elle nous conduit aussi à raisonner comme de bien tristes beaufs.

Au-delà des résultats comportementaux évoqués jusqu'à maintenant, il semble intéressant de se demander comment un processus d'habituation aux images violentes peut s'organiser au niveau neuronal. Cette question a notamment été abordée par Christopher Kelly et ses collègues à l'université de Columbia. Ces chercheurs, spécialisés en imagerie par résonance magnétique fonctionnelle (IRMf[i]), enregistrèrent l'activité cérébrale de sujets adultes alors que ceux-ci visionnaient des clips vidéo soit non violents soit violents [1068]. Dans ce dernier cas, les données révélèrent une diminution graduelle d'activité au sein de certaines régions frontales impliquées dans le contrôle des conduites agressives. En d'autres termes, tout se passait comme si la répétition des images violentes finissait par inhiber partiellement les structures qui permettent au cerveau

[i] IRMf. Cette technique permet d'établir une carte des zones activées ou inhibées dans le cerveau, lors de la réalisation d'une tâche donnée.

de réguler ses élans belliqueux. Un travail récent de l'équipe de Jordan Grafman a permis de préciser cette observation en suggérant que ces changements neurophysiologiques traduisaient probablement un épuisement progressif de la réaction émotionnelle aux images violentes [1070]. Dans une autre étude, réalisée en parallèle, cette même équipe a aussi montré que les adolescents les plus fréquemment exposés à des contenus audiovisuels violents arboraient de subtiles anomalies de développement dans certaines structures frontales connues à la fois pour présenter une maturation tardive chez l'être humain et pour être impliquées dans la régulation des conduites agressives [1069]. Ce résultat n'est au fond guère surprenant si l'on veut bien se rappeler que l'anatomie cérébrale varie fortement en fonction des expériences vécues par l'individu [64].

Ainsi donc, le fait d'être exposé à des images violentes crée chez le spectateur un état progressif de désensibilisation. L'acte violent devient alors à la fois plus facile à contempler et plus simple à perpétrer. Ce double processus ne peut que contribuer à rendre nos sociétés substantiellement plus violentes et brutales.

La violence nourrit la peur

Mme T. habite un petit village perdu au fin fond de l'Auvergne. Cette affable retraitée de 67 ans ne va jamais en ville, « parce qu'avec tous ces jeunes et tout ce qu'on entend… J'y allais bien avant, lance-t-elle timidement quand on la pousse un peu, mais maintenant, vous comprenez, avec ces bandes qui traînent partout, on n'est plus tranquille ». Pourtant Mme T. n'a jamais été agressée, elle ne connaît personne qui l'ait été, elle n'a jamais vu une « bande » de sa vie et la ville du

Puy-en-Velay qu'elle craint désormais de fouler est loin d'être un coupe-gorge. Chaque jour notre sexagénaire passe le plus clair de son temps à regarder la télévision. Le journal est, de loin, son programme favori.

Nathalie est une femme active et débordée. Elle refuse néanmoins de laisser sa fille de 14 ans sortir seule dans les rues de Lyon. Chaque soir, par exemple, une nourrice vient attendre l'adolescente à la sortie de l'école. Nathalie avoue être inquiète « à cause de tout ce qui se passe ». Quand on l'invite à préciser le sens qu'elle donne à cette expression, cette mère attentive évoque « les fous en liberté, comme ceux qui poussent les gens dans le métro ». Elle mentionne aussi « tous ces viols et ces pédophiles. Et puis, il y a les bandes des banlieues, les chauffards, c'est vraiment dangereux pour une gamine, surtout si elle est mignonne ». Est-il utile de préciser que Nathalie n'a jamais été agressée, violée ou victime d'un grave accident de la circulation et qu'elle ne peut nommer personne qui ait, au sein de son entourage proche, subi ce genre d'épreuve ? En fait, tout ce que cette femme connaît de l'insécurité, des psychopathes de la route et des bandes sanguinaires qui hantent nos villes, elle le doit à la télévision. « Mais enfin, tu vis sur quelle planète, tu ne regardes jamais les nouvelles ? » fut d'ailleurs sa réponse à la plupart de mes interrogations. Il faut dire que Nathalie est une téléphage convaincue. Elle « adore » les séries (*Les Experts*, *FBI : portés disparus*, *Bones*) et regarde le journal télévisé tous les soirs « pour, dit-elle, savoir ce qui se passe, parce qu'avec mon travail je n'ai pas trop le temps de lire le journal ». Comme s'il était impensable d'utiliser les 30 minutes consacrées au 20 heures de TF1 ou France 2 à lire *Le Monde*, *Le Figaro*, *Libération*, *La Croix* ou *Aujourd'hui en France*. Le fait est bien connu : lire le journal demande du temps ; regarder la télé, pas du tout !

En novembre 2005, de violentes émeutes se déclarèrent en banlieue parisienne [1149]. Je l'appris à la télévision, alors que j'étais dans un bar aux États-Unis. J'attendais tranquillement des amis lorsque mon œil fut attiré par l'écran qui trônait sur le mur face à moi. On pouvait voir des images de désolation, de bâtiments incendiés et de hordes cagoulées. Les commentateurs parlaient de guerre civile, de couvre-feu, d'envoi de troupes, de jeunes musulmans en colère, d'échec de la politique d'intégration. Le sous-titre du reportage indiquait sans équivoque « La France brûle » ! Interloqué, je décidai immédiatement d'appeler mes proches qui se révélèrent pour le moins surpris de mon extrême inquiétude. Apparemment, la télé américaine s'était « un peu » laissée aller [1150]. Paris était toujours là, l'Hexagone ne brûlait nullement et aucune guerre civile ne paraissait à l'ordre du jour.

Ces quelques exemples illustrent assez bien, je crois, ce que les spécialistes entendent lorsqu'ils évoquent la théorie dite de l'« acculturation »[i]. Dans son acception la plus commune, cette dernière suggère deux choses. Premièrement, la télévision nous montre un monde parfois très éloigné de la réalité objective. Deuxièmement, ce monde irréel influence fortement notre perception du monde réel [1049,1151-1153]. En termes opératoires, cela signifie que « ceux qui passent plus de temps à regarder la télévision ont plus de chances de percevoir le monde réel d'une façon qui reflète les

[i] Les Anglo-Saxons parlent de *cultivation*. Ce concept me semble assez proche de la notion d'acculturation comprise en tant que « modifications qui se produisent dans un groupe culturel [concernant la manière d'agir, de percevoir, de juger, de travailler, de penser, de parler] par suite du contact permanent avec un groupe appartenant à une autre culture » [542].

messages les plus communs et les plus récurrents du monde télévisuel, en comparaison de ceux qui regardent moins la télévision mais s'avèrent par ailleurs comparables au regard de leurs principales caractéristiques démographiques »[1153]. Depuis sa formulation il y a près de 40 ans, cette hypothèse a reçu un large étayage expérimental, notamment dans le domaine de la violence[1049,1151-1153]. La première salve fut tirée par George Gerbner et son équipe. Ces auteurs montrèrent, dès le milieu des années soixante-dix, que la téléphagie conduisait à un sentiment exagéré de victimisation, à la méfiance et à des perceptions sociales erronées en matière de prévalence criminelle[1154-1157]. Il fut établi, par exemple, dans une première étude, que plus un individu regardait la télévision et plus il surestimait ses chances d'être agressé, tout en souscrivant à des affirmations telles que « on ne peut pas faire confiance à la plupart des gens »[1158]. Ces tendances furent observées quels que soient le sexe, le niveau d'éducation ou la propension à consulter la presse écrite. Le phénomène est aujourd'hui connu en tant que « syndrome du grand méchant monde ».

Depuis les travaux initiaux de l'équipe de Gerbner, des dizaines de recherches ont confirmé la thèse d'acculturation[1049,1151-1153]. Parmi celles-ci, certaines se sont intéressées à la consommation audiovisuelle dans son ensemble, sans distinction de contenu. Il fut alors montré que plus un individu regardait la télévision et plus il percevait le monde comme un lieu hostile, plein de violences et de dangers[1159,1160]. À partir de cette observation, des travaux plus précis furent entrepris afin de déterminer, si je puis dire, le potentiel délétère de différents programmes. Sans surprise, les résultats indiquèrent que les journaux télévisés[1093,1161,1162], les émissions consacrées aux forces de l'ordre[1161-1164] et les séries criminelles[1161,1162] étaient particulièrement favorables au développement d'un sentiment d'insécurité. À l'appui de ce point, une étude montra, par exemple, que la peur d'être agressé augmentait en proportion du temps passé à regarder les journaux d'informations locales. Ce sentiment était parfaitement irrationnel, c'est-à-dire indépendant du niveau effectif de délinquance locale [1093]. Dans le même registre, un autre travail permit d'établir que les mères qui ingurgitaient le plus de contenus violents ou criminels avaient tendance à surestimer le niveau général de criminalité et, par suite, à augmenter lourdement les messages de mise en garde adressés à leur progéniture [1165]. Ce résultat fait incontestablement écho à une autre étude montrant que des enfants soumis à des histoires de kidnapping affichent une peur plus intense de l'enlèvement [1166]. En accord avec cette observation, un travail assez ancien, que les comités académiques d'éthique interdiraient sûrement désormais, avait d'ailleurs pu montrer qu'il était possible d'accroître expérimentalement la crainte d'être victimisé chez un groupe de sujets exposés de manière répétée à des films d'action, naturellement riches en contenus violents [1167]. Comme si tout cela ne suffisait pas, il fut aussi établi que l'émergence d'un sentiment d'insécurité entraînait le développement de positions politiques largement conservatrices. En effet, les types programmatiques à teneur violente ou criminelle amènent les sujets, non seulement à surestimer leurs chances d'être victimisés, mais aussi (et surtout) à défendre, en matière de délinquance, la peine de mort, les politiques répressives et le droit individuel à posséder des armes [1159,1161].

Parmi toutes les études réalisées en référence à la thèse d'acculturation, il en est une qui me semble particulièrement éloquente. Les auteurs se sont alors intéressés à « la grande peur de 1994 » [1095]. Derrière cette expression se cache une mystérieuse cassure statistique dans l'évolution de ce que nos amis américains considèrent être le plus important problème opposé à leur pays[i]. Entre 1978 et 1992, une petite moyenne de 2 à 5 % des gens mentionnait la criminalité comme sujet principal de préoccupation. Au terme de cette période, la proportion explosa inexplicablement. Elle atteignit 9 % en 1993 puis 52 % en 1994. La courbe se mit ensuite à redescendre un peu : 27 % en 1995, 25 % en 1996, 23 % en 1997 et 20 % en 1998. Cette évolution parut d'autant plus curieuse aux observateurs que les statistiques du FBI avaient mis en évidence une diminution de la criminalité, notamment violente, durant la décennie 1990-2000 [1168]. La réponse à ce paradoxe fut trouvée dans le champ audiovisuel. La peur des Américains avait évolué parallèlement à la prévalence, dans les journaux télévisés, des contenus liés à la criminalité (longueur, place, nombre). Ceux-ci avaient explosé en 1994 avant de redescendre ensuite, sans revenir cependant au niveau de référence originel des années 1990-1992. Conclusion des auteurs : « La grande peur de 1994 fut plus une peur des journaux télévisés qu'une peur basée sur la criminalité du monde réel. » [1095] Des analyses précises de contenus montrèrent que l'augmentation des sujets consacrés à la violence, en 1994, reflétait pour une bonne part la couverture extensive de faits divers particulièrement sordides dont, par exemple, le meurtre de l'ex-femme du footballeur O.J. Simpson. Le relatif plateau atteint au-delà de 1995, par rapport à la période 1990-1992, traduisait pour sa part un phénomène plus général, reflétant la pénétration de plus en plus chronique de la violence dans les journaux d'information [1169]. Sur la décennie 1990-2000, aux

[i] La question exacte à laquelle devaient répondre les sondés était : « Quel est selon vous le problème le plus important auquel soit aujourd'hui confronté notre pays ? »

États-Unis, les sujets consacrés à des affaires de meurtres augmentèrent de plus de 500 % dans les journaux des grands réseaux audiovisuels. Sur la même période, le nombre d'homicides constatés par le FBI chutait de 40 % [1169]. Il est tentant de rapprocher ces valeurs d'autres données plus générales montrant qu'aux États-Unis, près de 90 % des crimes présentés dans les émissions dédiées à la criminalité sont violents, alors que dans la réalité cette proportion dépasse tout juste 10 % [124]. Comme le dit de manière un peu provocante Mickael Medved, si la fréquence des crimes violents était la même dans la réalité physique et dans le monde audiovisuel, « alors en tout juste 50 jours, tout le monde serait tué aux États-Unis et l'ultime survivant pourrait éteindre la télé » [124]. Pourtant, ces évidences n'empêchent pas nos pipeaulogues hexagonaux d'affirmer sans rougir que la télévision aide « à une prise de conscience, en montrant le monde tel qu'il est, dans sa réalité, pas toujours facile à accepter [...] Bien sûr, nous préférerions tous que le monde soit un vaste Disneyland, dans lequel "tout le monde il est beau, tout le monde il est gentil". On y serait heureux tout le temps, il n'y aurait que joie et plaisir à y vivre. Il se trouve que ce n'est pas le cas [...] C'est comme si vous vouliez rénover votre appartement. Vous êtes obligé d'établir un état des lieux et un budget prévisionnel. Si votre constat n'est pas précis ou manque de réalisme [...], au final, vous n'aurez pas le résultat espéré ou cela vous coûtera beaucoup plus cher que prévu. Grandir c'est comprendre cela et l'accepter » [32]. Entre le rire et la consternation, j'avoue, mon cœur balance.

Indépendamment de la thèse d'acculturation proprement dite, nombre de recherches se sont penchées sur la capacité des images violentes à produire chez le spectateur des réactions de peur à court et long terme. Dans leur grande majorité, ces recherches furent menées chez l'enfant. Elles révélèrent, avec une remarquable unanimité, que les contenus violents étaient porteurs d'un profond pouvoir anxiogène [1049,1054,1170]. Une étude réalisée sur plus de 2 200 écoliers de 8 à 11 ans indiqua, par exemple, après prise en compte d'un grand nombre de covariables potentielles, que les enfants les plus téléphages obtenaient des scores significativement plus élevés à des tests d'anxiété et de dépression [1171]. D'autres travaux, déjà évoqués, révélèrent aussi un lien entre exposition audiovisuelle et survenue de cauchemars chez l'enfant ou l'adolescent [442,1050,1051]. Dans certains cas, les peurs générées par les contenus visionnés se révélèrent si intenses qu'elles durent faire l'objet d'une prise en charge psychiatrique [1052,1172,1173]. L'exemple le mieux documenté concerne deux écoliers de 10 ans qui déclenchèrent un véritable syndrome de stress post-traumatique après avoir été exposés à un film d'horreur particulièrement crédible [1053]. L'un de ces enfants, par exemple, « exprimait une peur des fantômes, des sorcières et du noir. Il en parlait constamment et cherchait à être rassuré. Il souffrait d'attaques de panique, refusait de monter seul en haut des escaliers et dormait avec la lumière allumée. Il avait des cauchemars et des flashbacks diurnes et se frappait la tête pour enlever les pensées de fantômes ». Ce genre de réactions a depuis été observé, à des degrés divers, dans de larges populations enfantines et adolescentes, après exposition à des journaux télévisés relatant des événements particulièrement catastrophiques tels que l'explosion de la navette spatiale *Challenger* [1174], l'attentat à la bombe d'Oklahoma City [1175,1176] ou l'attaque terroriste du 11 septembre 2001 [1177]. Dans ce dernier cas, près de 35 % des enfants développèrent un stress palpable. L'acuité des symptômes alors observés se révéla corrélée au volume d'exposition audiovisuelle. Ces troubles peuvent persister des années [1176].

Bien sûr, les contenus susceptibles d'effrayer les enfants varient avec l'âge de ces derniers. Les plus jeunes (2-6 ans) expriment plus aisément des réactions d'alarme en réponse aux événements qui s'avèrent perceptivement inquiétants par leurs aspects sonores et/ou graphiques [1054]. Des fantômes, des monstres, des sorcières, des bruits étranges provoquent ainsi aisément la peur chez ces sujets. Celle-ci peut alors avoir pour origine, par exemple, des personnages aussi anodins et grotesques que *L'Incroyable Hulk* ou *E.T. l'extraterrestre* [1178]. Les sujets plus âgés (7-12 ans) sont moins sensibles à ces attributs perceptifs. Ils répondent plus volontiers aux scènes de violence explicite, surtout si ces dernières sont réalistes comme cela s'avère être le cas dans les journaux télévisés. En grandissant, les enfants deviennent aussi plus sensibles aux peurs abstraites et aux événements qui « pourraient survenir ». Ainsi, par exemple, il a été montré que des écoliers de 3 à 12 ans présentaient moins de réactions d'angoisse que des adolescents de 13 à 18 ans après avoir vu un téléfilm relatant la vie d'un petit groupe d'hommes ayant survécu à une attaque nucléaire (*Le Jour d'après*) [1179].

Ainsi donc, le fait d'être exposé à des images violentes ou catastrophiques peut produire chez le spectateur, notamment s'il est jeune, des angoisses de long terme. Celles-ci peuvent naître d'une exposition brutale à un contenu particulièrement effrayant. Dans les cas extrêmes, ce mode aigu d'intoxication peut se traduire par un véritable stress post-traumatique relevant d'une prise en charge psychiatrique. En général cependant, l'effet anxiogène de la télévision opère selon une logique plus diffuse. Il se construit par accumulation pour aboutir à ce que George Gerbner nommait opportunément un « syndrome du grand méchant monde ». À force de baigner dans un cloaque d'images violentes, faites d'enlèvements, de meurtres, de bagarres, de braquages, de tortures, de viols et de vols, le spectateur finit par se persuader que le monde est infiniment plus dangereux, plus perfide et plus brutal qu'il ne l'est en réalité. Cela pousse notre heureux quidam cathodique à prendre des mesures protectives, à clamer sa foi en la peine capitale, à acheter des armes et à afficher des opinions politiques plutôt conservatrices. D'ailleurs, ne nous y trompons pas, nombre d'élus ont parfaitement compris la règle du jeu. Quand pointe une élection ou une difficulté, il n'est pas rare de voir réapparaître sur le devant de la scène médiatique les questions d'insécurité. Récemment, dans une émission de radio, un auditeur affirmait, courroucé, que nos gouvernants ne pouvaient quand même pas être aussi cyniques. J'ai alors repensé à Cherie Blair, racontant dans un livre comment sa fausse couche avait été jetée en pâture à la presse par son mari Tony, pour des raisons de stratégie politique. « Je ne pouvais pas y croire, écrit à ce sujet Mme Blair. J'étais là, je perdais du sang et ils parlaient [Tony Blair et Alastair Campbell, son conseiller en communication] de ce qui allait faire les titres de la presse. J'ai posé le combiné et je suis restée là allongée, fixant le plafond alors que la douleur commençait à me saisir. » [1180] Comme l'a montré Corey Robin dans un superbe ouvrage [1181], des individus capables de s'asseoir ainsi sur la douleur de leur femme et la mort de son fœtus, n'ont en général guère de scrupules à agiter le chiffon sécuritaire lorsque cela peut servir leurs desseins. La campagne électorale qui, en 2004, assura la réélection de George Bush au poste de président des États-Unis le démontre amplement [1181]. Durant les mois qui précédèrent le vote, chaque frémissement contraire fut contré par une opportune alerte terroriste. Lorsque le chef de la mission de recherche sur les armes de destruction massive déclara n'avoir rien trouvé en Irak, l'administration Bush répondit sous trois jours en annonçant un possible attentat à l'arme chimique contre les réseaux de bus et de trains. Lorsque des photos compromettantes surgirent pour dénoncer l'ignoble traitement infligé aux prisonniers d'Abou Ghraib, l'administration Bush répondit sous cinq jours en déclarant que la quasi-totalité des dispositions envisagées par Al-Qaïda pour attaquer les États-Unis était désormais opérationnelle. Lorsque John Kerry sembla remonter dans les sondages après avoir annoncé le nom de son colistier, l'administration Bush répondit sous deux jours en évoquant une attaque imminente d'Al-Qaïda. Lorsque la convention démocrate fut lancée à Boston, l'administration Bush répondit immédiatement en déclarant l'état d'alerte, au motif que des terroristes s'apprêtaient à faire sauter plusieurs cibles dans les États de New York et du New Jersey et à Washington DC. Toutes les télévisions du pays relayèrent bien sûr l'ensemble de ces communiqués inquiétants, qui cessèrent soudainement – est-il nécessaire de le préciser – au lendemain de la réélection de George W. Bush Jr. Étrangement, le même type de phénomène frappa la France juste avant l'élection présidentielle de 2002 lorsque Jacques Chirac parvint à imposer le thème de l'insécurité comme un enjeu central de la campagne [43,287]. Dans ce cas toutefois, la télévision ne fit pas que relayer le mouvement, elle l'accompagna et l'amplifia avec ardeur [287,1182-1184] ; une ardeur telle que certains observateurs n'hésitèrent pas à évoquer une véritable « folie sécuritaire » [287], ne pouvant que « créer l'alarmisme et une impression quasi paranoïaque d'être entouré de dangers, y compris dans les campagnes les plus paisibles et reculées, dès lors qu'elles [étaient] desservies par la télévision »[1182]. Le fait est que durant les six semaines qui précédèrent le premier tour de scrutin, les journaux de TF1 et France 2 se livrèrent à une véritable course au glauque[287,1182-1184]. Sur cette période, pas moins de 314 sujets liés à l'insécurité furent présentés avec force dramatisation, soit en moyenne 52 reportages par semaine (maximum 89, minimum 38). Durant la première semaine de l'entre-deux-tours, cette prévalence tomba soudainement à 3 unités. La semaine suivante ne fit guère mieux avec 15 petits sujets[1183]. Un décrochage prodigieux qui ne put, évidemment, être relié à aucune évolution de la criminalité réelle. Si l'orientation des journaux télévisés avait à ce point changé, c'est parce que les chaînes avaient procédé, selon les termes de Julien Terral, qui produisit une étude académique exhaustive sur le sujet, à un « sévère recadrage éditorial »[1183]. Des informations qui auraient fait les gros titres du 20 heures juste avant l'élection disparurent totalement des écrans. Par exemple, en 2002, à la veille du premier tour de la présidentielle, TF1 et France 2 firent leurs choux gras de l'histoire d'un septuagénaire roué de coups, selon les termes du présentateur Jean-Pierre Pernaut, par « deux voyous qui tentaient de lui dérober de l'argent »[287]. La victime apparut devant les caméras le visage tuméfié et la voix tremblante[287,1184]. L'effet s'avéra saisissant. Quelques mois plus tard, ce drame se répéta lorsqu'un retraité vulnérable fut tabassé à mort par des jeunes à la dérive. L'histoire ne fit même pas une brève ; ni France 2, ni TF1 ne l'évoquèrent[287] ! Autres temps, autres mœurs. Cela ne veut pas dire, toutefois, que TF1 ou France 2 aient activement cherché, en 2002, à manipuler le vote des électeurs ou à modifier le cours du débat démocratique. Il est probable, comme le suggèrent Hélène Risser[287] ou Laurent Joffrin[43], que ces deux chaînes se soient juste emparées, par intérêt commercial, d'un thème sécuritaire forcément porteur car situé au centre du débat politique. Une fois Lionel Jospin éliminé du jeu, ce thème cessa d'être un enjeu de campagne et donc, un sujet pertinent pour la télévision. Cela étant dit, il me semble évident, au vu des données expérimentales citées plus haut dans ce chapitre, que Jacques Chirac a réussi, en conduisant la télévision à s'emparer avidement de la question sécuritaire, à créer un sentiment d'insécurité favorable au développement de sa campagne. En effet, la peur constitue un puissant facteur d'influence [1181,1185]. Plus elle pénètre l'esprit et plus l'individu a de chances de se révéler réceptif aux discours sécuritaires (tenus par Jacques Chirac en 2002) et réfractaire aux soupçons de laxisme (prêtés à Lionel Jospin à la même époque). Les derniers développements de notre vie politique suggèrent que le filon électoraliste de l'insécurité a encore de beaux jours devant lui [1186,1187].

Pour conclure

Ainsi, il apparaît que l'effet délétère de la télévision sur l'agressivité est aujourd'hui solidement établi d'un point de vue scientifique. Tous les travaux de synthèse parus depuis 15 ans le clament haut et fort. Globalement, trois effets majeurs des contenus audiovisuels violents ont été démontrés : (1) désensibilisation : le spectateur apprend progressivement à tolérer sans sourciller des niveaux de violence de plus en plus marqués ; (2) syndrome du grand méchant monde : le spectateur s'imprègne graduellement de la conviction selon laquelle le monde environnant est hostile et dangereux ; (3) agressivité : le spectateur se comporte de manière plus violente et agressive, aussi bien à court qu'à long terme. Aucun argument n'a pu être apporté en faveur de la thèse cathartique selon laquelle les spectateurs se purgeraient de leurs pulsions violentes en voyant ces dernières mises en scène à la télévision.

Malgré toutes ces données, les médias grand public, les politiques et les pseudo-spécialistes *ad hoc* ne cessent d'affirmer que l'effet des images violentes n'est pas prouvé, qu'il n'y a pas de consensus entre les chercheurs, que le problème concerne seulement quelques psychopathes prédisposés, etc. Ces propos sont incompréhensibles. Ils témoignent au mieux d'une profonde incompétence et au pire d'une nauséabonde mauvaise foi. Bien sûr que la télévision n'est pas responsable à elle seule de toute la violence qui chaque jour se déverse sur nos sociétés. Bien sûr que d'autres facteurs jouent un rôle décisif (pauvreté, maltraitances parentales, etc.). Pourtant, le fait est là, incontournable : en diminuant notre exposition aux contenus violents, nous contribuerions à créer un monde significativement moins violent. Dire le contraire relève, au choix, du déni de réalité ou de l'escroquerie intellectuelle.

Conclusion

Un peu de télé en moins, c'est beaucoup de vie en plus

> « Ha ! ha ! les Compromis,
> Les Préjugés, les Lâchetés !… Que je pactise ?
> Jamais, jamais ! – Ah ! te voilà, toi, la Sottise !
> – Je sais bien qu'à la fin vous me mettrez à bas ;
> N'importe : je me bats ! je me bats ! je me bats ! »
>
> (Edmond Rostand, *Cyrano de Bergerac* [1188])

« S'opposer à tous les asservissements que peut produire la modernité deviendra l'apanage de quelques esprits miraculeusement maintenus en veille. »

(Natacha Polony, journaliste, agrégée de lettres modernes [81])

« La conscience est bien plus que l'écharde, elle est le poignard dans la chair. »

(Cioran, écrivain et philosophe [1189])

Cet été, mon épouse, moi-même et les enfants avons passé nos vacances dans un superbe petit village d'Auvergne au sein d'une maison de famille, achetée il y a quelques années. Depuis notre emménagement, tous les bâtiments environnants ont peu à peu habillé leurs façades de méchantes paraboles disgracieuses. Nos murs font aujourd'hui figure d'exception dans leur ostensible virginité. « J'ai une parabole dont je ne me sers plus et que je peux vous donner si vous voulez » nous a même proposé une voisine à qui nous ne demandions rien. « Quand on ne vient pas souvent, c'est vrai que ça fait cher », ajouta-t-elle d'ailleurs, persuadée que nos réticences ne pouvaient être que financières. Les gens ont vraiment beaucoup de mal à concevoir que l'on puisse choisir, en toute conscience, de vivre sans télé. Et le moins que l'on puisse dire c'est que, de ce point de vue, les enfants sont des gens remarquablement ordinaires. Prenez Léa, par exemple. Cette charmante petite fille de 9 ans se révéla profondément interloquée en comprenant que sa copine Charlotte (notre fille) n'avait pas de télé. « Mais tu fais comment, tu regardes dans la cuisine ? » lança Léa en imaginant, je suppose, que pas de télé cela voulait simplement dire pas de télé dans la chambre. « Non non, reprit Charlotte, on n'en a pas à la maison, mes parents ne veulent pas. » Un long silence s'ensuivit, finalement ponctué d'une désarmante réplique dont les enfants ont le secret : « Tu sais, tu peux venir voir chez moi si tu veux mon papa il est gentil lui [*sic* !] et il te laissera regarder. »

De cette autorisation parentale, effectivement, il est difficile de douter lorsque l'on examine l'emploi du temps estival de la petite Léa. Celui-ci illustre je le crains, jusqu'à la caricature, le propos du présent livre et l'effroyable prix que nos enfants payent à l'écran. Le matin, Léa « ne pouvait pas » venir jouer avec Charlotte, parce qu'il y avait *Foudre* de 10 à 11 heures sur France 2, puis juste après *Plus belle la vie* sur France 3. L'après-midi, notre jeune téléphage quittait précipitamment la plage à 18 heures pour ne rien rater de *Secret Story* sur TF1. Le soir, au moment du dîner, toute sa famille se retrouvait devant le journal télévisé. La journée s'achevait alors par deux ou trois épisodes d'une série quelconque, de préférence américaine. Au bas mot, cet empilement représentait 5 heures d'exposition quotidienne, soit pour 2 mois d'été,

300 heures au total équivalant à près de 19 jours de temps de veille[i]. 19 jours ! 19 jours de vie et des dizaines d'expériences formatives envolées à jamais dans les méandres du néant cathodique. 19 jours pollués, emplis d'incitations tabagiques, alcooliques, sexuelles et consuméristes. Un vrai désastre dont l'ampleur ne s'appréhende vraiment qu'en comparant les emplois du temps de Léa et Charlotte[ii]. Pendant ses vacances, cette dernière a été contrainte de s'occuper par elle-même, sans l'aide de la télévision. Il lui a alors fallu construire des activités, trouver des partenaires de jeux, adapter ses projets aux conditions météorologiques, etc. Au final, les heures dilapidées par Léa face à *Foudre*, *Plus belle la vie*, *Les Experts*, *Desperate Housewives* ou *Secret Story* ont été utilisées par Charlotte pour dormir, nager, rêver, faire du vélo, chasser les papillons, préparer des gâteaux, nourrir les ânes de la voisine ou simplement lire un bouquin. Concernant ce dernier point, par exemple, j'avais glissé dans les bagages de la demoiselle un livre d'histoire de France que je trouvais fort bien réalisé [1190]. Elle l'ouvrit sans entrain par une matinée lourde d'un abyssal ennui. Un ennui qui évidemment n'aurait jamais vu le jour si une télé avait été présente. Rapidement, Charlotte entra dans le récit qui lui était proposé. Elle le dévora en quelques jours avec un évident plaisir et réclama immédiatement un ouvrage sur Jeanne d'Arc et le Moyen Âge. Plusieurs fois elle se transforma en conteuse émérite au profit de sa sœur de 4 ans qui l'interrogeait sur les images du livre. Ce dernier devenait alors prétexte à toutes sortes

---

[i] Calculé sur une base moyenne de 8 heures de sommeil par nuit.

[ii] Il ne s'agit bien sûr ici nullement de faire de Charlotte un modèle. Elle est une petite fille parfaitement ordinaire qui agit comme le feraient toutes les gamines de son âge placées dans sa situation.

de jeux, d'échanges et de temps partagés. La préhistoire vit naître une cabane dans le jardin et d'étranges fresques sur le mur du garage (mieux vaut effectivement, quand on n'a pas de télé, opter pour des peintures à l'eau !). Les temps celtiques transformèrent les filles en druides cueilleurs de gui et faiseurs de potions. La période révolutionnaire conduisit à l'édification d'une guillotine avec Ken et Barbie dans les rôles respectifs de Louis XVI et Marie-Antoinette. Aucun de ces moments ne fut vécu comme une corvée ou un travail. Pourtant, chacun d'eux contribua directement à renforcer les compétences sociales, culturelles, lexicales, artistiques, cognitives et physiques des gamines. Si une télé avait été présente, ces apprentissages auraient, en grande partie, été perdus et remplacés par des temps comateux. Bien sûr, on peut dire que 300 heures, après tout, ce n'est pas grand-chose. Pourtant, à l'échelle d'une vie d'enfant, ces quelques unités estivales représentent un total de près de 13 000 heures[i]. 13 000 heures d'activités formatives engrangées par Charlotte et perdues par Léa, ce qui nous fait 812 jours de vie éveillée[ii], ou si vous préférez plus de 2 années complètes d'apprentissages inscrites, pour l'une, dans l'espace des actifs et pour l'autre, dans le champ des passifs. Confronté à ces divergences, on ne peut s'étonner, je crois, des différences profondes qui, d'ores et déjà, existent entre nos deux écolières. Charlotte est plutôt en bonne santé, bien dans sa tête, patiente avec sa sœur, solide à l'école et à l'aise en collectivité. Léa, au contraire, a redoublé son CM1. Elle lit avec difficulté, affiche un notable surpoids, semble incapable de

---

[i] Calculé sur une moyenne de visionnage plutôt basse de 1 h/jour entre 0 et 4 ans et 2 h 15/jour entre 4 et 18 ans [435].

[ii] Calculé sur une base moyenne de 8 heures de sommeil par nuit.

parler à son petit frère sans le vilipender et paraît très fière d'avoir déjà essayé de fumer « comme les grands ». Dire que la télévision explique à elle seule toutes ces différences serait stupide. Toutefois, affirmer qu'elle ne joue aucun rôle ou opère en sous-main de façon marginale le serait encore plus ! En effet, les centaines d'études présentées tout au long de cet ouvrage ne laissent aucun doute sur le fait que la télé affecte négativement la santé, l'attention, l'intelligence, la réussite scolaire, le goût de l'effort, l'agressivité et la capacité d'empathie du spectateur. Ceux qui disent le contraire se répartissent schématiquement en deux catégories : les ignorants qui, cachés derrière un titre académique, se sentent dispensés de tout travail de recherche et délivrent leurs croyances de comptoir comme autant de vérités révélées ; les escrocs qui, familiers d'un landerneau médiatique dont ils tirent bénéfice, sont prêts à toutes les compromissions intellectuelles pour ne pas scier la branche sur laquelle ils se trouvent installés.

En pratique, ignorants et escrocs ne seraient guère fâcheux s'ils n'avaient pas constamment micro ouvert et s'ils ne se voyaient pas accorder par nombre de journalistes autant – voire davantage – de crédit que les scientifiques les plus rigoureux qui travaillent activement sur la question des influences télévisuelles et connaissent les moindres recoins de la littérature spécialisée [124]. Certes, une juste impartialité impose de présenter l'ensemble des thèses en présence. Mais encore faut-il que celles-ci soient également fondées et étayées. Si ce principe d'équité est violé, alors toute notion d'impartialité disparaît et le public est irrémédiablement floué. Bien sûr, on peut arguer que les chercheurs ont, par le passé, démontré leur incroyable capacité à se tromper et à raconter n'importe quoi. Cela est vrai, nul ne le conteste [1191]. Pourtant, il faut préciser que les grandes erreurs de notre histoire scientifique ont prospéré, soit sur l'interprétation erronée de faits lourdement parcellaires, soit sur l'existence d'observations expérimentales incertaines (c.-à-d. parfois blanches, parfois noires, parfois grises) [1192,1193]. Or, le sujet de la télévision ne rentre dans aucune de ces deux cases. Le corpus de données actuel est à la fois massif par son ampleur et cohérent dans sa propension à pointer les effets délétères du petit écran sur la pensée, la santé, la peur et la sociabilité. Dans ce contexte, les risques d'erreurs portent non sur la réalité des faits, mais sur le détail des interprétations possibles. Par exemple, plus de 99 % des travaux expérimentaux disponibles montrent que le spectateur est plus agressif après avoir vu des images violentes [72]. C'est un fait. En pratique, ce fait peut être expliqué de différentes façons (par exemple : processus de *priming* ; mécanisme général d'excitation ; imitation ; etc.). Chacune de ces explications peut évidemment être valide ou erronée. Pour un scientifique, ce point est important. Pour un parent qui doit choisir ou non d'exposer ses enfants à la télévision, il est profondément secondaire. En effet, les désaccords interprétatifs de fond ne changent rien au fait que la télévision rend le spectateur violent et agressif. D'une manière générale, cet exemple rend compte de ce qui passe pour l'ensemble des champs thématiques abordés au sein des précédents chapitres. Le propos aurait pu porter sur l'intelligence, le langage, la réussite scolaire, l'alcoolisme, l'obésité, les comportements sexuels à risques ou le sommeil. Dès lors, pour toutes ces dimensions, il ne faut attendre des années à venir aucune réfutation du principe d'action délétère de la télévision. Tout au plus apprendra-t-on que certains mécanismes d'actions n'étaient pas ceux initialement décrits. Peu importe, vraiment. Sur le fond, cela ne changera rien au fait que le petit écran est un désastre ontogénétique majeur et qu'il est préférable de tenir nos enfants aussi éloignés que possible de sa présence.

Voilà donc ce travail en passe d'être achevé. Tous les éléments qui, me semblait-il, devaient être mis en discussion ont été déposés sur la table, sans cautèle ni ambages. J'espère que cette démarche contribuera à équilibrer un débat jusqu'ici largement confisqué par les gardiens du temple télévisuel. Clairement, je n'avais pas prévu, lorsque j'ai débuté la rédaction de ce texte, de produire une liste de « recommandations finales ». En effet, je pensais qu'il appartenait à chacun de définir sa position propre, en fonction d'arbitrages singuliers. Par exemple, certains parents pourront penser que s'ils ne se ménagent pas des moments de calme le week-end en gluant leur gosse devant l'écran, ils développeront une irritabilité importante dont les effets seront bien plus néfastes que ceux de la télévision. De même, une mère célibataire pourra se dire qu'elle préfère confier son fils à une voisine aimante, mais porteuse d'une contagieuse téléphagie, plutôt qu'à une nourrice inconnue ou à une crèche impersonnelle. Ces choix sont légitimes et appartiennent à la sphère des responsabilités individuelles. Cependant, à chaque fois que je termine une conférence sur le problème des influences télévisuelles, des gens viennent me voir pour me prier de résumer ma position et de leur donner une sorte de « message à emporter »[i] sur lequel ancrer leurs réflexions. Dans ces moments, il m'est souvent demandé si je suis « vraiment » pour une interdiction stricte, s'il ne peut exister un bon usage de la télévision ou si l'on doit supprimer brutalement la télé à un enfant

[i] Ce que les Anglais nomment joliment un « *take-home message* ».

habitué depuis des années à la regarder. Je vais tenter, en guise de conclusion ultime à ce travail, d'aborder ces questions en proposant cinq grandes recommandations qui me paraissent pouvoir être formulées sur la base des éléments présentés dans ce livre.

Premièrement, la télé exerce une action fortement nocive sur le développement (et le vieillissement) cognitif, le sommeil, la réussite scolaire, la santé, l'agressivité, la sociabilité intra et extra-familiale. Bien qu'il existe de (rares) bons programmes, il n'y a pas de « bon usage » du petit écran. En effet, lorsque celui-ci est accessible, les gens l'allument de manière syncrétique et ne parviennent pas (sauf cas très exceptionnels) à cibler précisément leur consommation. Cela est particulièrement vrai des enfants et adolescents qui très tôt se retrouvent exposés à des émissions totalement inadaptées. La meilleure solution me semble donc être, sans aucun doute possible, le zéro télé.

Deuxièmement, si une télé doit être présente dans la maison, elle ne devrait jamais se trouver dans la chambre à coucher, surtout chez un enfant ou un adolescent.

Troisièmement, pendant les cinq ou six premières années de vie, toute exposition audiovisuelle devrait être strictement proscrite par les parents tant la télévision trouble le sommeil, promeut l'obésité à long terme et interfère avec le développement intellectuel, affectif, physique et social de l'enfant. Les déficits acquis dans ces derniers domaines aux premiers âges de l'existence se révèlent bien souvent irréversibles. Le problème concerne aussi bien les expositions de premier (l'enfant regarde directement la télé) que d'arrière-plan (l'enfant est simplement présent dans la pièce lorsque ses parents regardent la télé).

Quatrièmement, chez les écoliers du primaire et les collégiens, le temps de télévision devrait, dans tous les cas, être maintenu en dessous de 3-4 heures par semaine (ce chiffre inclut bien sûr l'usage de vidéos). Les programmes visionnés devraient alors être dépourvus de contenus sanitaires à risques (alcool, tabac, violence, sexualité, alimentation). Les parents auraient intérêt à se montrer particulièrement intransigeants vis-à-vis des expositions publicitaires, que celles-ci soient de nature explicite (coupures) ou implicite (placement de produits). Enfants et adolescents ne devraient jamais manger devant la télévision, regarder cette dernière le soir avant de dormir ou le matin avant de partir à l'école. Il est clair que les jeunes ont parfois accès à une télé chez leurs amis. Cette possibilité de consommation est toutefois limitée et elle ne justifie nullement que soient éliminées les règles d'usage à l'intérieur du foyer.

Cinquièmement, les adultes majeurs et vaccinés font ce qu'ils veulent, cela ne concerne personne. Que ces adultes n'oublient pas cependant que la télé est un facteur d'isolement social et qu'elle expose le spectateur à des risques morbides majeurs par sa propension à favoriser la sédentarité, le déclin cognitif inhérent au processus de vieillissement, l'apparition de pathologies cérébrales dégénératives (Alzheimer) et les conduites à risques (tabac, alcool, violence, sexualité).

J'espère que chacun pourra trouver dans ces recommandations de quoi nourrir sa réflexion. À titre personnel, je ne peux que former le vœu d'une prise de conscience collective par laquelle serait à jamais révoqué le pouvoir exorbitant dont jouit aujourd'hui la clique des vendeurs de cerveaux. À la lumière des données scientifiques disponibles, il me semble impensable que nous continuions à confier nos enfants plus de 2 heures par jour aux influences d'un média aussi profondément nuisible que la télévision. Celle-ci porte directement atteinte au développement humain dans toutes ses dimensions intellectuelles, affectives, sociales et somatiques. J'espère que cette réalité pourra être entendue. Si elle ne l'est pas, au moins, ne pourrons-nous plus dire que nous ne savions pas.

Notes

1. CÉLINE L.-F., *Cahiers Céline 2 : Céline et l'actualité littéraire. 1957-1961*, Gallimard, 1976, cité *in* DOURNON J.-Y., *Grand dictionnaire des citations françaises*, Acropole, 1982, p. 798.
2. LACROIX A., « Enfin une bonne raison de jeter votre télé », *Philosophie magazine*, n° 37, mars 2010, p. 3.
3. STRASBURGER V.C., « Children, adolescents, and the media », *Curr. Probl. Pediatr. Adolesc. Health Care*, n° 34, 2004, pp. 54, 56, 92-93.
4. CHRISTAKIS D.A. *et al.*, « Media as a public health issue », *Arch. Pediatr. Adolesc. Med.*, n° 160, 2006, p. 445 *et passim*.
5. ROWLAND W., « A modest proposal: the class-action case against television », *Int. J. Media Cult Politics*, n° 1, 2005, p. 149 *et passim*.
6. GLANTZ S.A. *et al.*, *The Cigarette Papers*, University of California Press, 1998.
7. SMITH R., « Television addiction », *in* BRYANT J. *et al.* (sous la direction de), *Perspectives on Media Effects*, Lawrence Erlbaum, 1986, p. 109 *et passim*.
8. KUBEY R., « Television dependence, diagnosis and prevention », *in* MACBETH T.M. (sous la direction de), *Tuning in to Young Viewers: Social Science Perspectives on Television*, Sage Publications, 1996, p. 221 *et passim*.
9. KUBEY R. *et al.*, « Television addiction is no mere metaphor », *Sci. Am.*, n° 286, 2002, p. 74 *et passim*.

10. McIllwraith R.D., « I'm addicted to television: the personality, imagination, and TV watching patterns of self-identified TV addicts », *J. Broadcast Electronic Media*, n° 42, 1998, p. 371 *et passim*.
11. Conlin M., « America's reality-TV addiction », businessweek.com, 30 janvier 2003, accès 2 décembre 2010, http://www.businessweek.com/bwdaily/dnflash/jan2003/nf20030130_8408.htm.
12. Putnam R., *Bowling Alone*, Simon & Schuster, 2000.
13. Klein N., *No Logo*, Picador, 2000.
14. Linn S., *Consuming Kids*, Anchor Books, 2004.
15. Quart A., *Branded*, Basic Books, 2003.
16. Schor J.B., *Born to Buy*, Scribner, 2004.
17. Mahler V., *Souriez, vous êtes ciblés*, Albin Michel, 2007.
18. Bénilde M., *On achète bien les cerveaux*, Raisons d'agir, 2007.
19. Bohler S., *150 petites expériences de psychologie des médias*, Dunod, 2008, p. 4.
20. Vincent C., « Peut-on tromper le cerveau pour la bonne cause ? », lemonde.fr, 8 août 2009, accès 28 août 2009, http://www.lemonde.fr/archives/article/2009/08/08/peut-on-tromper-le-cerveau-pour-la-bonne-cause_1226801_0.html.
21. « vuàlatélé n° 1 », lettre d'information du Syndicat national de la publicité télévisée, n° 1, octobre 2003, accès 5 janvier 2009, http://www.snptv.org/plus-tv/2003/vualateleN1.pdf.
22. Georges P. *et al.*, *Le Neuromarketing en action. Parler et vendre au cerveau*, Eyrolles, 2010, p. 46.
23. Patrick Le Lay, président-directeur général de TF1, cité *in* « L'affaire Le Lay », *Télérama*, 11-17 septembre 2004, p. 9.
24. Dufour D.R., « Télévision, socialisation, subjectivation : le rôle du troisième parent », *Le Débat*, n° 132, 2004, p. 195 *et passim*.
25. Lurçat L., *Des enfances volées par la télévision. Le temps prisonnier*, François-Xavier de Guibert, 2004, 3e éd., pp. 16, 48, 173, 175.

26. Amalou F., *Le Livre noir de la pub. Quand la communication va trop loin*, Stock, 2001.
27. Ingleby R. *et al.*, « UNCROC and the prevention of childhood obesity: the right not to have food advertisements on television », *J. Law Med.*, n° 16, 2008, p. 49 *et passim*.
28. Meyer M., *Le Livre noir de la télévision*, Grasset, 2006, 4e de couverture, pp. 15 et 484.
29. Winn M., *The Plug-in-Drug*, Penguin Group, 2002, édition corrigée, pp. 29 (BBC), 97 (sondage), 151, 129-130, 204-205.
30. « Tom Cruise et Steven Spielberg surveillent leurs enfants », actustar.com, 1er octobre 2002, accès 25 septembre 2010, http://www.actustar.com/Actualites/11092/tom-cruise-et-steven-spielberg-surveillent-leurs-enfants.
31. « Madonna interdit à ses enfants télé et bonbons pour ne pas qu'ils déjantent », 20minutes.fr, 26 avril 2008, accès 25 septembre 2010, http://www.20minutes.fr/article/227821/People-Madonna-interdit-a-ses-enfants-tele-et-bonbons-pour-ne-pas-qu-ils-dejantent.php.
32. Muller C. *et al.*, *Grandir avec la télé*, Marabout, 2007, 4e de couverture, pp. 10, 21, 57, 74, 109-110, 112-113, 114, 119, 185-186, 188, 193.
33. Ferry L., « Actes de la journée thématique "La télévision pour quoi faire ?" », Commission des affaires culturelles du Sénat. Séance du 11 juin 2003, pp. 39-42 ; accès 26 septembre 2010, http://www.senat.fr/rap/r02-352/r02-3521.pdf, pp. 40-41.
34. Tisseron S., *Les Bienfaits des images*, Odile Jacob, 2002, pp. 8, 11, 12, 46, 128, 130, 163-168, 187, 190, 228-229, 231.
35. Elkabbach J.P., « Journaliste et ancien président-directeur général de France Télévisions », actes de la journée thématique « La télévision pour quoi faire ? » organisée par la Commission des affaires culturelles du Sénat, séance du 11 juin 2003, p. 14, accès 26 septembre 2010, http://www.senat.fr/rap/r02-352/r02-3521.pdf.

36. Emmanuelle Guilbart, présidente de la chaîne jeunesse Gulli, citée *in* DESBORDES J.P., *Mon enfant n'est pas un cœur de cible*, Actes Sud, 2007, pp. 192-194.
37. MIÈGE B., « Une question à dépasser : celle de l'influence de la télévision et des médias de masse », *in* COURBET D. *et al.* (sous la direction de), *La Télévision et ses influences*, De Boeck, 2003, pp. 113, 114, 120.
38. TISSERON S., « Inquiéter pour contrôler », *Le Monde diplomatique*, janvier 2003, accès 26 septembre 2010, http://www.monde-diplomatique.fr/2003/01/TISSERON/9894.
39. TISSERON S., *Enfants sous influence : les écrans rendent-ils les jeunes violents*, Armand Colin, 2000, p. 111.
40. STORA M., *Les Écrans ça rend accro… ça reste à prouver*, Hachette Littératures, 2007, 4e de couverture, pp. 8, 12, 14, 21-22, 23, 39, 103, 115.
41. BOUZOU V., *Le Vrai Visage de la téléréalité*, Jouvence, 2007, pp. 26-27, 89.
42. HALBERSTADT-HARARI S., *La Télé déchaînée*, Flammarion, 2009, pp. 21-24.
43. JOFFRIN L., *Média Paranoïa*, Éditions du Seuil, 2009, pp. 114, 123.
44. Dominique Poussier, directrice de l'unité jeunesse de TF1, citée *in* DESBORDES J.P., *Mon enfant n'est pas un cœur de cible*, Actes Sud, 2007, pp. 49-53.
45. CHOMSKY N., *Media Control: The Spectacular Achievements of Propaganda*, Seven Stories Press, 2003, 2e éd.
46. HERMAN E. *et al.*, *Manufacturing Consent*, Pantheon, 2002.
47. POPPER K.R., « Une loi pour la télévision », *in* POPPER K.R. *et al.* (sous la direction de), *La Télévision, un danger pour la démocratie*, 10-18, coll. « Bibliothèques », 1996, p. 19 *et passim*.
48. BOURDIEU P., *Sur la télévision*, Raisons d'agir, 1996.
49. LURÇAT L., *Violence à la télé. L'enfant fasciné*, Syros, 1989.
50. LURÇAT L., *Le Jeune Enfant devant les apparences télévisuelles*, Desclée de Brouwer, 1994, 2e éd.

51. LURÇAT L., *À cinq ans, seul avec Goldorak. Le jeune enfant et la télévision*, Syros, 1981, 2e éd.
52. POSTMAN N., *Amusing Ourselves to Death: Public Discourse in the Age of Show Business*, Penguin, 1985.
53. DUFOUR D.R., « Vivre en troupeau en se pensant libres », *Le Monde diplomatique*, janvier 2008, accès 25 septembre 2010, http://www.monde-diplomatique.fr/2008/01/DUFOUR/15491.
54. BENTOLILA A., *Tout sur l'école*, Odile Jacob, 2004, pp. 17, 19, 20-23, 71, 73, 81, 84, 93, 110.
55. KASSER T., *The High Price of Materialism*, MIT Press, 2002.
56. « L'affaire Le Lay », *Télérama*, 11-17 septembre 2004.
57. DESBORDES J.P., *Mon enfant n'est pas un cœur de cible*, Actes Sud, 2007.
58. KUBEY R. *et al.*, « Media and the family », *in* SINGER D.G. *et al.* (sous la direction de), *Handbook of Children and the Media*, Sage Publications, 2001, p. 323 *et passim*.
59. « L'environnement médiatique des jeunes de 0 à 18 ans : que transmettons-nous à nos enfants ? », CIEM, rapport en réponse à la mission confiée par Ségolène Royal, ministre délégué à la Famille, à l'Enfance et aux Personnes handicapées, mai 2002, accès 25 septembre 2010, http://www.cemea.asso.fr/IMG/rapportCIEM.pdf, pp. 7 et 46.
60. JOST F., *Comprendre la télévision et ses programmes*, Armand Colin, 2009, 2e éd., p. 36.
61. Voir les chapitres III et IV pour une discussion détaillée.
62. BOORSTIN D., *Histoire des Américains*, Robert Laffont, 1991.
63. MACBETH WILLIAMS T. *et al.*, « Television and other leisure activities », *in* MACBETH WILLIAMS T. (sous la direction de), *The Impact of Television: A Natural Experiment in Three Communities*, Academic Press, 1986, p. 143 *et passim*.
64. Voir le chapitre II pour une discussion détaillée.

65. Healy J.M., *Endangered Minds*, Simon & Schuster Paperbacks, 1990, p. 316.
66. Chall J.S., *Stages of Reading Development*, McGraw-Hill, 1983.
67. Dolan R.J., « Emotion, cognition, and behavior », *Science*, n° 298, 2002, p. 1191 *et passim*.
68. Labar K.S. *et al.*, « Cognitive neuroscience of emotional memory », *Nat. Rev. Neurosci.*, n° 7, 2006, p. 54 *et passim*.
69. LeDoux J.E., « Emotion: clues from the brain », *Annu. Rev. Psychol.*, n° 46, 1995, p. 209 *et passim*.
70. Von Goethe J.W., *Faust*, traduit de l'allemand par Gérard de Nerval, ouvrage numérisé, médiathèque départementale en ligne, Conseil général du Haut-Rhin, accès 2 novembre 2008, http://www.mediatheque.cg68.fr/livre_num/faust.pdf, p. 28.
71. Sokal A. *et al.*, *Impostures intellectuelles*, Odile Jacob, 1997.
72. Voir le chapitre IV pour une discussion détaillée.
73. Zorn F., *Mars*, Gallimard, 1979, pp. 39-42.
74. « Bilan de campagne Maaf », stratégies.fr, 2 octobre 2008, accès 17 octobre 2009, http://www.strategies.fr/actualites/marques/103010W/bilan-de-campagne-maaf.html ; « Maaf, publicité TV préférée des Français », stratégies.fr, 26 janvier 2005, accès 17 octobre 2009, http://www.strategies.fr/actualites/marques/r83243W/maaf-publicite-tv-preferee-des-francais.html.
75. *Cœur océan*, France 2, programmes jeunesse (KD2A), 13 août 2008.
76. « Nicolas Sarkozy et Michel Onfray. Confidences entre ennemis », *Philosophie magazine*, 8 avril 2007.
77. Pour une excellente revue critique : Jordan B., *Les Imposteurs de la génétique*, Éditions du Seuil, 2000.
78. Brighelli J.P., *La Fabrique du crétin*, Gallimard, 2005, p. 124.
79. Koskinidou Z., « Les Grecs veulent comprendre », *Métro*, 10 décembre 2008, p. 4.

80. Halimi S. *et al.*, *L'opinion ça se travaille*, Agone, 2006, 5e éd.
81. Polony N., *Nos enfants gâchés*, Lattès, 2005, pp. 21-22, 44, 66, 92, 164-166, 193.
82. *Le Jeu de la mort*, France 2, 17 mars 2010, 20 h 35.
83. Patrick, 52 ans, cité *in* « Ce *Jeu de la mort* qui fait peur », *Le Journal du dimanche*, 14 mars 2010, p. 13.
84. Durant-Parenti C., « Deux préadolescents mis en examen pour le viol d'une fillette », LePoint.fr, 16 mai 2008, accès le 8 octobre 2008 : http://www.lepoint.fr/actualites-societe/deux-preadolescents-mis-en-examen-pour-le-viol-d-une-fillette/920/0/246037.
85. Flood M., « The harms of pornography exposure among children and young people », *Child Abuse Rev.*, n° 18, 2009, p. 384 *et passim*.
86. American Academy of Pediatrics, « Committee on public education, media education », *Pediatrics*, n° 104, 1999, p. 341 *et passim*.
87. American Academy of Pediatrics, « Children, adolescents, and television », *Pediatrics*, n° 107, 2001, p. 423 *et passim*.
88. Delion P. *et al.*, « Un moratoire pour les bébés téléphages », *Le Monde*, 26 octobre 2007.
89. Gambotti C., *Brèves de pouvoir : petits meurtres sémantiques entre amis, alliés et adversaires*, Bourin, 2008, p. 93.
90. Stéphane Chomant, délégué général de l'association des Amis de l'Institut François-Mitterrand, cité *in* « La Star Ac fait couiner le Marais », libération.fr, 19 septembre 2008, accès 26 septembre 2010, http://www.liberation.fr/societe/010113189-la-starac-fait-couiner-le-marais.
91. « Nonce Paolini pose les limites », TVMag.com, 26 août 2009, accès 27 août 2009, http://www.tvmag.com/programme-tv/article/mercato/46668/nonce-paolini-assume-la-tele-realite.html?meId=3.
92. Saint-Exupéry A., *Le Petit Prince*, Gallimard, coll. « Folio », 1999, p. 76.

93. ROSE G., « Sick individuals and sick populations », *Int. J. Epidemiol.*, n° 14, 1985, p. 32 *et passim*.
94. HANCOX R.J. *et al.*, « Watching television is associated with childhood obesity: but is it clinically important? », *Int. J. Obes.(Lond.)*, n° 30, 2006, p. 171 *et passim*.
95. RIEDL R., « Les conséquences de la pensée causale », *in* WATZLAWICK P. (sous la direction de), *L'Invention de la réalité*, 1988, Éditions du Seuil, p. 79 *et passim*.
96. HANCOX R.J. *et al.*, « Association of television viewing during childhood with poor educational achievement », *Arch. Pediatr. Adolesc. Med.*, n° 159, 2005, p. 614 *et passim*.
97. « Eating disorders, body image and the media », British Medical Association, 2000.
98. ANSCHUTZ D.J. *et al.*, « Exposure to slim images in mass media: television commercials as reminders of restriction in restrained eaters », *Health Psychol.*, n° 27, 2008, p. 401 *et passim*.
99. ANSCHUTZ D.J. *et al.*, « The bold and the beautiful. Influence of body size of televised media models on body dissatisfaction and actual food intake », *Appetite*, n° 51, 2008, p. 530 *et passim*.
100. FIELD A.E. *et al.*, « Peer, parent, and media influences on the development of weight concerns and frequent dieting among preadolescent and adolescent girls and boys », *Pediatrics*, n° 107, 2001, p. 54 *et passim*.
101. JORDAN A., « The role of media in children's development: an ecological perspective », *J. Dev. Behav. Pediatr.*, n° 25, 2004, p. 196 *et passim*.
102. KILBOURNE J., *Deadly Persuasion: Why Women and Girls Must Fight the Addictive Power of Advertising*, Free Press, 1999.
103. MALONEY M.J. *et al.*, « Dieting behavior and eating attitudes in children », *Pediatrics*, n° 84, 1989, p. 482 *et passim*.

104. Petrie K.J. *et al.*, « Influence of television on demand for cosmetic surgery », *Med. J. Aust.*, n° 189, 2008, p. 244 *et passim.*
105. Markey C.N. *et al.*, « A correlational and experimental examination of reality television viewing and interest in cosmetic surgery », *Body Image*, n° 7, 2010, p. 165 *et passim.*
106. Voir le chapitre III pour une discussion détaillée.
107. Fogel J. *et al.*, « Soap operas and talk shows on television are associated with poorer cognition in older women », *South. Med. J.*, n° 99, 2006, p. 226 *et passim.*
108. Lindstrom H.A. *et al.*, « The relationships between television viewing in midlife and the development of Alzheimer's disease in a case-control study », *Brain Cogn.*, n° 58, 2005, p. 157 *et passim.*
109. Akbaraly T.N. *et al.*, « Leisure activities and the risk of dementia in the elderly: results from the Three-City Study », *Neurology*, n° 73, 2009, p. 854 *et passim.*
110. Kramer A.F. *et al.*, « Environmental influences on cognitive and brain plasticity during aging », *J. Gerontol. A. Biol. Sci. Med. Sci.*, n° 59, 2004, pp. M940-M957.
111. Milgram N.W. *et al.*, « Neuroprotective effects of cognitive enrichment », *Ageing Res. Rev.*, n° 5, 2006, p. 354 *et passim.*
112. Calvert S.L., « Children as consumers: advertising and marketing », *Fut.Child*, n° 18, 2008, p. 205 *et passim.*
113. Jennings N.A. *et al.*, « Advertising and consumer development », *in* Pecora N. *et al.* (sous la direction de), *Children and Television*, LEA, 2007, p. 149 *et passim.*
114. Schor J.B., *The Overspent American*, Harper Perennial, 1998.
115. Kappos A.D., « The impact of electronic media on mental and somatic children's health », *Int. J. Hyg. Environ. Health*, n° 210, 2007, p. 555 *et passim.*
116. Waldman M. *et al.*, « Does television causes autism? », Johnson School Research Paper Series n°s 1-7, Cornell

University, décembre 2006, accès 26 septembre 2010, http://forum.johnson.cornell.edu/faculty/waldman/AUTISM-WALDMAN-NICHOLSON-ADILOV.pdf.

117. Kriegel B., « La violence à la télévision, rapport de la mission présidée par Blandine Kriegel à M. Jean-Jacques Aillagon, ministre de la Culture et de la Communication », ministère de la Culture et de la Communication, novembre 2002, accès 16 novembre 2008, http://lesrapports.ladocumentationfrancaise.fr/BRP/024000584/0000.pdf.
118. Deschamps S., « Actes de la journée thématique "La télévision pour quoi faire ?" », Commission des affaires culturelles du Sénat, séance du 11 juin 2003, p. 36 ; accès 26 septembre 2010, http://www.senat.fr/rap/r02-352/r02-3521.pdf.
119. Sardou E., « Actes de la journée thématique "La télévision pour quoi faire ?" », Commission des affaires culturelles du Sénat, séance du 11 juin 2003, pp. 31-32 ; accès 26 septembre 2010, http://www.senat.fr/rap/r02-352/r02-3521.pdf.
120. Huesmann L.R. *et al.*, *Television and the Aggressive Child: A Cross National Comparison*, Lawrence Erlbaum, 1986.
121. Groebel J., « Media violence in a cross-cultural perspective », *in* Singer D.G. *et al.* (sous la direction de), *Handbook of Children and the Media*, 2001, Sage Publications, pp. 255, 262 *et passim*.
122. Carlsson U. *et al.*, *Children and Media Violence: Yearbook from the Unesco International Clearinghouse on Children and Violence on the Screen*, Nordicom, 1998.
123. Groebel J., « The Unesco global study on violence: report presented to the director-general of the Unesco », *in* Carlsson U. *et al.* (sous la direction de), *Children and Media Violence: Yearbook from the Unesco International Clearinghouse on Children and Violence on the Screen*, 1998, Nordicom, pp. 181-183.

124. Bushman B.J. *et al.*, « Media violence and the American public. Scientific facts versus media misinformation », *Am. Psychol.*, nº 56, 2001, pp. 477, 479 (Mickael Medved) *et passim*.
125. Garrisson M.M. *et al.*, « A teacher in the living room », The Henry Kaiser Family Foundation, accès 18 décembre 2008, http://www.kff.org/entmedia/upload/7427.pdf, pp. 14, 37, 41.
126. BabyTV, accès 26 septembre 2010, http://www.babytvchannel.fr/view_program.aspx?l=4&i=5&si=5&p=24.
127. BabyTV, accès le 26 septembre 2010, http://www.babytvchannel.fr/view_article.aspx?l=8&i=29&si=19.
128. Zimmerman F.J. *et al.*, « Associations between media viewing and language development in children under age 2 years », *J. Pediatr.*, nº 151, 2007, p. 364 *et passim*.
129. Chonchaiya W. *et al.*, « Television viewing associates with delayed language development », *Acta Paediatr.*, nº 97, 2008, pp. 977 *et passim*.
130. Anderson D.R. *et al.*, « Television and very young children », *Am. Behav. Sci.*, nº 48, 2005, p. 505 *et passim*.
131. Tanimura M. *et al.*, « Television viewing, reduced parental utterance, and delayed speech development in infants and young children », *Arch. Pediatr. Adolesc. Med.*, nº 161, 2007, p. 618 *et passim*.
132. Vandewater E.A. *et al.*, « Time well spent? Relating television use to children's free-time activities », *Pediatrics*, nº 117, 2006, pp. e181-e191.
133. Christakis D.A. *et al.*, « Audible television and decreased adult words, infant vocalizations, and conversational turns: a population-based study », *Arch. Pediatr. Adolesc. Med.*, nº 163, 2009, p. 554 *et passim*.
134. Kirkorian H.L. *et al.*, « The impact of background television on parent-child interaction », *Child Dev.*, nº 80, 2009, p. 1350 *et passim*.
135. Bloom P., *How Children Learn the Meaning of Words*, MIT Press, 2000.

136. Veneziano E., « Interaction, conversation et acquisition du langage dans les trois premières années de la vie », *in* Kail M. *et al.* (sous la direction de), *L'Acquisition du langage. Le langage en émergence. De la naissance à trois ans*, PUF, 2000, p. 231 *et passim*.
137. Bornstein M.H. *et al.*, « Maternal responsiveness and cognitive development in children », *New Dir. Child Dev.*, 1989, p. 49 *et passim*.
138. Olson S.L. *et al.*, « Mother-child interaction and children's speech progress: a longitudinal study of the first two years », *Merrill-Palmer Q*, n° 32, 1986, p. 1 *et passim*.
139. Tamis-LeMonda C.S. *et al.*, « Maternal responsiveness and children's achievement of language milestones », *Child Dev.*, n° 72, 2001, p. 748 *et passim*.
140. Rowe M.L. *et al.*, « Differences in early gesture explain SES disparities in child vocabulary size at school entry », *Science*, n° 323, 2009, p. 951 *et passim*.
141. Rowe M.L. *et al.*, « Early gesture selectively predicts later language learning », *Dev. Sci.*, n° 12, 2009, p. 182 *et passim*.
142. Zimmerman F.J. *et al.*, « Teaching by listening: the importance of adult-child conversations to language development », *Pediatrics*, n° 124, 2009, p. 342 *et passim*.
143. Hart B. *et al.*, *Meaningful Differences in the Everyday Experience of Young American Children*, Brooks, 1995.
144. Kuhl P.K. *et al.*, « Foreign-language experience in infancy: effects of short-term exposure and social interaction on phonetic learning », *Proc. Natl. Acad. Sci.USA*, n° 100, 2003, p. 9096 *et passim*.
145. Thirion M. *et al.*, *Le Sommeil, le rêve et l'enfant*, Albin Michel, 2002.
146. « Médiamat annuel 2009 », Médiamétrie, accès 26 septembre 2010, http://www.mediametrie.fr/television/communiques/mediamat-annuel-2009.php?id=178.

147. « Les Français et leur sommeil », dossier de presse, INPES, mars 2008, accès 26 septembre 2010, http://www.inpes.sante.fr/70000/dp/08/dp080310.pdf.
148. « Principaux temps sociaux au cours d'une journée moyenne selon l'âge. Enquête emploi du temps 1999 », insee.fr, accès 26 septembre 2010, http://www.insee.fr/fr/themes/tableau.asp?reg_id=0&ref_id=NATSOS05523.
149. « Espérance de vie à la naissance et taux de mortalité infantile », insee.fr, accès 26 septembre 2010, http://www.insee.fr/fr/themes/tableau.asp?reg_id=0&ref_id=NATTEF02221.
150. « Population totale par sexe et âge au 1er janvier 2010, France entière », INSEE, accès 26 septembre 2010, http://www.insee.fr/fr/themes/detail.asp?reg_id=0&ref_id=bilan-demo&page=donnees-detaillees/bilan-demo/pop_age2b.htm.
151. Darcos X., « Présentation des nouveaux programmes du primaire », ministère de l'Éducation nationale, 20 février 2008, accès 26 septembre 2010, http://www.education.gouv.fr/cid21007/presentation-des-nouveaux-programmes-du-primaire.html.
152. Rideout V. *et al.*, « Generation M: media in the lives of 8-18 year-olds », The Kaiser Family Foundation, janvier 2010, accès 26 septembre 2010, http://www.kff.org/entmedia/upload/8010.pdf.
153. Cité *in* « Dix jours sans écran ! », leparisien.fr, 19 mai 2008, accès 26 septembre 2010, http://www.leparisien.fr/societe/dix-jours-sans-ecran-19-05-2008-3298510123.php.
154. Lemoine P., *S'ennuyer, quel bonheur*, Armand Colin, 2007.
155. Teboul R., « Plaidoyer pour l'ennui », *La Lettre de l'enfance et de l'adolescence*, n° 60, 2005, p. 25 *et passim*.
156. Pour un superbe petit ouvrage sur le sujet à destination des enfants : Labbé B. *et al.*, *Prendre son temps et perdre son temps*, Milan Jeunesse, 2006.

157. CHRISTOFF K. *et al.*, « Experience sampling during fMRI reveals default network and executive system contributions to mind wandering », *Proc. Natl. Acad. Sci.USA*, 2009.
158. DE UNAMUNO M., *Mist: A Tragicomic Novel*, University of Illinois Press, 2000, p. 49.
159. CIORAN, *Syllogismes de l'amertume*, Gallimard, coll. « Folio Essais », 1952, p. 60.
160. LACROIX A., *Le Téléviathan*, Flammarion, 2010, pp. 72-73, 94.
161. BRUCKNER P., *La Tentation de l'innocence*, Le Livre de poche, 1995, pp. 28, 89-90.
162. MEYROWITZ J., *No Sense of Place*, Oxford University Press, 1985, p. 245.
163. MCGINNIS J.M. *et al.*, *Food Marketing to Children and Youth: Threat or Opportunity?*, Committee on Food Marketing and the Diets of Children and Youth, The National Academies Press, 2006.
164. MICHELET S., « Trop de télé nuit gravement aux enfants », *Psychologies magazine*, janvier 2007.
165. GROEBEL J., « Media access and media use among 12-year-olds in the world », *in* VON FEILITZEN C. *et al.* (sous la direction de), *Children and Media, Image Education Participation: Yearbook from the Unesco International Clearinghouse on Children and Violence on the Screen*, Nordicom, 1999, p. 61 *et passim*.
166. VON FEILITZEN C., « Children's amount of TV viewing: statistics from ten countries », *in* VON FEILITZEN C. *et al.* (sous la direction de), *Children and Media, Image Education Participation: Yearbook from the Unesco International Clearinghouse on Children and Violence on the Screen*, Nordicom, 1999, p. 69 *et passim*.
167. « Inequalities in young people's health. HBSC international report from the 2005/2006 survey », OMS, 2008, accès 26 septembre 2010, http://www.euro.who.int/__data/assets/pdf_file/0005/53852/E91416.pdf.

168. « Young people's health in context. HBSC international report from the 2001/2002 survey », OMS, 2004, accès 26 septembre 2010, http://www.euro.who.int/__data/assets/pdf_file/0008/110231/e82923.pdf.
169. COMSTOCK G. *et al.*, « The use of television and other film-related media », *in* SINGER D.G. *et al.* (sous la direction de), *Handbook of Children and the Media*, 2001, Sage Publications, pp. 47, 67 *et passim*.
170. LARSON R.W. *et al.*, « How children and adolescents spend time across the world: work, play, and developmental opportunities », *Psychol. Bull.*, n° 125, 1999, p. 701 *et passim*.
171. PAIK H., « The history of children's use of electronic media », *in* SINGER D.G. *et al.* (sous la direction de), *Handbook of Children and the Media*, 2001, Sage Publications, p. 7 *et passim*.
172. « Équipement des ménages en multimédia selon la catégorie socioprofessionnelle », insee.fr, enquête SRCV-SILC 2007, accès 26 septembre 2010, http://www.insee.fr/fr/themes/tableau.asp?reg_id=0&ref_id=NATnon05140.
173. « Les enfants de l'écran », Médiamétrie, *Audiences : le mag*, 24 avril 2008, accès 26 septembre 2010, http://www.audiencelemag.com/?article=22&rub=1.
174. HESS F., « Still at risk: What students don't know, even now », A report from Common Core (Washington, DC), 2008, accès 26 septembre 2010, http://www.commoncore.org/_docs/CCreport_stillatrisk.pdf.
175. SIMPSON A., « Winston Churchill didn't really exist, say teens », telegraph.co.uk, 4 février 2008, accès 26 septembre 2010, http://www.telegraph.co.uk/news/uknews/1577511/Winston-Churchill-didnt-really-exist-say-teens.html.
176. LINDLOF T. *et al.*, « Accomodation of video and television in the American family », *in* LULL J. (sous la direction de), *World Families Watch Television*, Sage, 1988, p. 158 *et passim*.

177. LULL J., « The social uses of television », *Human Comm. Res.*, n° 6, 1980, p. 197 *et passim*.
178. BASNER M. *et al.*, « Dubious bargain: trading sleep for Leno and Letterman », *Sleep*, n° 32, 2009, p. 747 *et passim*.
179. VOLATIER J.L., « Le repas traditionnel se porte encore bien », *Consommation et modes de vie*, Credoc, n° 132, 30 janvier 1999, accès 26 septembre 2010, http://www.credoc.fr/pdf/4p/132.pdf.
180. HÉBEL P., « Le petit déjeuner anglo-saxon s'installe peu à peu », *Consommation et modes de vie*, Credoc, n° 204, juillet 2007, accès 26 septembre 2010, http://www.credoc.fr/pdf/4p/204.pdf.
181. « Les grandes dates de l'histoire de la télévision française », jeanmarcmorandini.com, accès 26 septembre 2010, http://www.jeanmarcmorandini.com/article-22289,1-les-grandes-dates-de-l-histoire-de-la-television-francaise.html.
182. Groupe Canal +, accès 26 septembre 2010, http://www.canalplusgroup.com/cid5202.htm.
183. DAGNAUD M., « L'enfant, la culture et la télévision », *Journal du CNRS*, n° 189, octobre 2005, accès 26 septembre 2010, http://www2.cnrs.fr/journal/2472.htm.
184. Voir pour quelques récits édifiants au sujet de l'utilisation de la télécommande : « Jamais d'accord devant la télé : ce qu'elles nous disent ; ce qu'ils nous disent », *Femme actuelle*, 15-21 juin 2009.
185. RIDEOUT V. *et al.*, « The media family: electronic media in the lives of infants, toddlers, preschoolers and their parents », The Kaiser Family Foundation, mai 2006, accès 26 septembre 2010, http://www.kff.org/entmedia/upload/7500.pdf, pp. 4, 11, 14, 23.
186. INSERM, « Rapport collectif. Troubles des conduites chez l'enfant et l'adolescent (chapitre VII) », INSERM, 2005, accès 26 septembre 2010, http://www.inserm.fr/

index.php/content/download/7154/55249/file/troubles+des+conduites.pdf.
187. « 9e Journée nationale du sommeil, résultats de l'enquête "Sommeil et rythme de vie" – INSV/BVA Healthcare », Institut national du sommeil et de la vigilance, 18 mars 2009, accès 27 septembre 2010, http://www.institut-sommeil-vigilance.org/documents/Enquete-2009-Sommeil-rythme.ppt.
188. « *Kids' Attitudes 2005*. Où vont les préados ? », Ipsos, 2005, accès 26 septembre 2010, http://www.ipsos.fr/CanalIpsos/articles/images/1627/diaporama.htm.
189. Van den Bulck J., « Television viewing, computer game playing, and Internet use and self-reported time to bed and time out of bed in secondary-school children », *Sleep*, n° 27, 2004, p. 101 *et passim*.
190. « Baromètre annuel du rapport à l'école des enfants de quartiers populaires », Trajectoires-Reflex pour l'AFEV, 24 septembre 2008, accès 27 septembre 2010, http://www.afev.fr/file.php?id=7 ; le chiffre de 53 % n'apparaît pas dans le texte de l'étude où ne sont données que les valeurs par sexe (garçons 61 %, filles 46 %). Le pourcentage global de 53 % m'a été communiqué par M. Pascal Bavoux, responsable de l'étude.
191. Woodard E.H. *et al.*, « Media in the home: the fifth annual survey of parents and children », The Annenberg Policy Center, Survey Series n° 7, 2000, accès 27 septembre 2010, http://www.annenbergpublicpolicycenter.org/Downloads/Media_and_Developing_Child/mediasurvey/survey7.pdf.
192. Roberts D.F. *et al.*, « Generation M: media in the lives of 8-18 year-olds », The Kaiser Family Foundation, mars 2005, accès 27 septembre 2010, http://www.kff.org/entmedia/upload/Generation-M-Media-in-the-Lives-of-8-18-Year-olds-Report.pdf.
193. Roberts D.F. *et al.*, « Kids and media: the new millenium », The Kaiser Family Foundation, novembre 1999,

accès 27 septembre 2010, http://www.kff.org/entmedia/upload/Kids-Media-The-New-Millennium-Report.pdf.
194. Certain L.K. *et al.*, « Prevalence, correlates, and trajectory of television viewing among infants and toddlers », *Pediatrics*, n° 109, 2002, p. 634 *et passim*.
195. Gorely T. *et al.*, « Couch kids: correlates of television viewing among youth », *Int. J. Behav. Med.*, n° 11, 2004, p. 152 *et passim*.
196. Hancox R.J. *et al.*, « Association between child and adolescent television viewing and adult health: a longitudinal birth cohort study », *Lancet*, n° 364, 2004, pp. 257, 261 *et passim*.
197. Dagnaud M., *Enfants, consommation et publicité télévisée*, La Documentation française, 2003.
198. « Rapport Baby'Bus », Tns-Sofres, étude sur les tout-petits et la TV – 63EN12T – juin 2004.
199. Barr-Anderson D.J. *et al.*, « Characteristics associated with older adolescents who have a television in their bedrooms », *Pediatrics*, n° 121, 2008, p. 718 *et passim*.
200. Borzekowski D.L. *et al.*, « The remote, the mouse, and the no. 2 pencil », *Arch. Pediatr. Adolesc. Med.*, n° 159, 2005, p. 607 *et passim*.
201. Dennison B.A. *et al.*, « Television viewing and television in bedroom associated with overweight risk among low-income preschool children », *Pediatrics*, n° 109, 2002, p. 1028 *et passim*.
202. Vandewater E.A. *et al.*, « Digital childhood: electronic media and technology use among infants, toddlers, and preschoolers », *Pediatrics*, n° 119, 2007, pp. e1006-e1015.
203. Thompson D.A. *et al.*, « The association of maternal mental distress with television viewing in children under 3 years old », *Ambul. Pediatr.*, n° 7, 2007, p. 32 *et passim*.
204. Burdette H.L. *et al.*, « Association of maternal obesity and depressive symptoms with television-viewing time

in low-income preschool children », *Arch. Pediatr. Adolesc. Med.*, nº 157, 2003, p. 894 *et passim*.
205. Desplanques E., « Les jeunes zappent la télé », *Télérama*, nº 3040, 16 avril 2008.
206. Voir aussi : Tapscott D., « Net geners come of age », businessweek.com, 3 novembre 2008, accès 27 septembre 2010, http://www.businessweek.com/technology/content/nov2008/tc2008111_448166.htm.
207. Dominique Pasquier, sociologue, cité *in* Desplanques E., « Les jeunes zappent la télé », *Télérama*, nº 3040, 16 avril 2008.
208. Stiegler B., *La Télécratie contre la démocratie*, Flammarion, 2006.
209. « Les Français à l'ère du numérique », *Contact* (revue du Crédit mutuel), nº 55, mars 2010.
210. Édouard Le Maréchal cité *in* Desplanques E., « Les jeunes zappent la télé », *Télérama*, nº 3040, 16 avril 2008.
211. « Worldwide TV unaffected by the crisis », Médiamétrie, communiqué de presse, EurodataTV Worldwide, 16 mars 2010, accès 27 septembre 2010, http://www.mediametrie.com/eurodatatv/communiques/eurodata-tv-worldwide-one-television-year-in-the-world-2010-edition.php?id=223.
212. « Les chaînes dites "historiques" font de la résistance », Médiamétrie, *Audience : le mag*, 21 juillet 2008, accès 27 septembre 2010, http://www.audiencelemag.com/?article=24&rub=1.
213. « Les petites chaînes de la TNT dament le pion aux grandes », *Aujourd'hui en France*, 2 décembre 2008.
214. « La TNT bouscule les mesures d'audience », *Aujourd'hui en France*, 3 septembre 2008.
215. « TNT : la petite faucheuse », *Libération*, 31 mai 2008.
216. Roberts D.F. *et al.*, « Trends in media use », *Fut. Child*, nº 18, 2008, pp. 11, 19 *et passim*.

217. « How teens use media. A Nielsen report on the myths and realities of teen media trends », The Nielsen Compagny, juin 2009, accès 27 septembre 2010, http://blog.nielsen.com/nielsenwire/reports/nielsen_howteensusemedia_june09.pdf.

218. « vuàlatélé : le guide 2008-2009 », Lettre d'information du Syndicat national de la publicité télévisée, n° 5, janvier 2008, accès 27 septembre 2010, http://www.snptv.org/_files/actualites/fichiers/actualites-898-375.pdf, p. 60.

219. Desplanques E., « L'avenir de la télé publique passe-t-il par le net ? », *Télérama*, n° 3040, 16 avril 2008.

220. Pellerin M., « Ces émissions qui cartonnent sur Internet », *Aujourd'hui en France*, 11 août 2009.

221. « Quand Internet joue à la télé », *Aujourd'hui en France*, 3 janvier 2010.

222. Jones S. *et al.*, « Generations online in 2009 », Pew Research Center, 28 janvier 2009, accès 24 avril 2010, http://pewresearch.org/pubs/1093/generations-online.

223. « La "catch-up TV" progresse », 20minutes.fr, 7 octobre 2008, accès 20 octobre 2010, http://www.20minutes.fr/article/260352/Media-La-catch-up-TV-progresse.php.

224. « L'année TV 2009 : les façons de regarder la télévision changent, la mesure d'audience avance », Médiamétrie, 23 février 2010, mediametrie.fr, accès 20 octobre 2010, http://www.mediametrie.fr/television/communiques/l-annee-tv-2009-les-facons-de-regarder-la-television-changent-la-mesure-d-audience-avance.php?id=211.

225. « Pour voir cette série, rendez-vous sur le web », *Aujourd'hui en France*, 22 novembre 2009.

226. « Neuf Cegetel sort le premier téléphone-téléviseur mobile avec récepteur TNT », AFP, 20 mars 2008, accès 27 septembre 2010, http://afp.google.com/article/ALeqM5j_FTMHgfu7r_fStTnE84FPflYp5w.

227. « La télévision mobile personnelle : lancement repoussé à 2010 », LePoint.fr, 3 mars 2009, accès 27 septembre

2010, http://www.lepoint.fr/actualites-technologie-internet/television-mobile-personnelle-lancement-repousse-a-2010/1387/0/322188.

228. « TDF : “La télévision mobile personnelle dès la fin 2011” », lefigaro.fr, 8 juin 2010, accès 19 septembre 2010, http://www.lefigaro.fr/medias/2010/06/07/04002-20100607ARTFIG00485-olivier-huart-invite-du-buzz-media-orange-le-figaro.php.

229. Foehr U.G., « Media multitasking among youth: prevalence, predictors and pairings », The Kaiser Family Foundation, décembre 2006, accès 27 septembre 2010, http://www.kff.org/entmedia/upload/7592.pdf.

230. Lenhart A. *et al.*, « Teenage life online », Pew Internet & American Life Project, juin 2001, accès 27 septembre 2010, http://www.pewinternet.org/~/media//Files/Reports/2001/PIP_Teens_Report.pdf.pdf, p. 10.

231. Tapscott D., « How digital technology has changed the brain », businessweek.com, 10 novembre 2008, accès 27 septembre 2010, http://www.businessweek.com/technology/content/nov2008/tc2008117_034517.htm.

232. Christakis D.A. *et al.*, « Early television viewing is associated with protesting turning off the television at age 6 », *MedGenMed*, n° 8, 2006, p. 63.

233. Zimmerman F.J. *et al.*, « Children's television viewing and cognitive outcomes: a longitudinal analysis of national data », *Arch. Pediatr. Adolesc. Med.*, n° 159, 2005, p. 619 *et passim*.

234. Landhuis C.E. *et al.*, « Does childhood television viewing lead to attention problems in adolescence? Results from a prospective longitudinal study », *Pediatrics*, n° 120, 2007, p. 532 *et passim*.

235. Parsons T.J. *et al.*, « Television viewing and obesity: a prospective study in the 1958 British birth cohort », *Eur. J. Clin. Nutr.*, n° 62, 2008, p. 1355 *et passim*.

236. Lee S.J. *et al.*, « Predicting children's media use in the U.S.A.: differences in cross-sectional and longitudinal

analysis », *Br. J. Dev. Psychol.*, n° 27, 2009, p. 123 *et passim*.

237. Rideout V., « Parents, Media and Public Policy », The Kaiser Family Foundation, automne 2004, accès 27 septembre 2010, http://www.kff.org/entmedia/upload/Parents-Media-and-Public-Policy-A-Kaiser-Family-Foundation-Survey-Report.pdf.
238. Rideout V., « Parents, Children and Media », The Kaiser Family Foundation, juin 2007, accès 27 septembre 2010, http://www.kff.org/entmedia/upload/7638.pdf.
239. Fitzpatrick E. *et al.*, « Positive effects of family dinner are undone by television viewing », *J. Am. Diet. Assoc.*, n° 107, 2007, p. 666 *et passim*.
240. Coon K.A. *et al.*, « Relationships between use of television during meals and children's food consumption patterns », *Pediatrics*, n° 107, 2001, p. E7.
241. Matheson D.M. *et al.*, « Children's food consumption during television viewing », *Am. J. Clin. Nutr.*, n° 79, 2004, p. 1088 *et passim*.
242. Gillman M.W. *et al.*, « Family dinner and diet quality among older children and adolescents », *Arch. Fam. Med.*, n° 9, 2000, p. 235 *et passim*.
243. Rideout V.J. *et al.*, « Zero to six: electronic media in the lives of infants, toddlers and preschoolers », The Kaiser Family Foundation, automne 2003, accès 27 septembre 2010, http://www.kff.org/entmedia/upload/Zero-to-Six-Electronic-Media-in-the-Lives-of-Infants-Toddlers-and-Preschoolers-PDF.pdf.
244. Feierabend D. *et al.*, « Was Kinder sehen. Eine Analyse der Fernsehnutzung Drei-bis 13-Jähriger 2008 », *Media Perspektiven*, n° 3, 2009, p. 113 *et passim*.
245. Myrtek M. *et al.*, « Physiological, behavioral, and psychological effects associated with television viewing in schoolboys: an exploratory study », *J. Early Adolesc.*, n° 16, 1996, p. 301 *et passim*.

246. HUSTON A.C. *et al.*, « How young children spend their time: television and other activities », *Dev. Psychol.*, nº 35, 1999, p. 912 *et passim*.
247. « Marketing télévisé pour les produits alimentaires à destination des enfants », UFC-Que Choisir, décembre 2010, accès 7 décembre 2010, http://www.quechoisir.org/content/download/98841/845978/file/marketing-televise-produits-alimentaires-enfants.pdf.
248. MOREAU C., « *Secret Story* jugé trop vulgaire par le CSA », *Aujourd'hui en France*, 8 août 2009.
249. DEREUX S., « TF1 doit-elle arrêter *Secret Story* ? », *14 jours TV*, 22 août-4 septembre 2009.
250. « *Secret Story* / Cindy à FX : "T'es qu'un fils de p**e" », jeanmarcmorandini.com, accès 27 août 2009, http://www.jeanmarcmorandini.com/article-29757-secret-story-cindy-a-fx-t-es-qu-un-fils-de-p-e.html.
251. « Langue française : attention, la télé tue ! », tvmag.com, 23 juillet 2010, accès 27 septembre 2010, http://www.tvmag.com/programme-tv/article/information/54362/langue-francaise-attention-la-tele-tue.html.
252. *The Punisher*, pour le synopsis et la bande-annonce, voir allocine.fr, accès 27 septembre 2010, http://www.allocine.fr/film/fichefilm_gen_cfilm=52410.html.
253. KOOLSTRA C.M. *et al.*, « Viewing behavior of children and TV guidance by parents: A comparison of parent and child reports », *Communications*, nº 29, 2004, p. 179 *et passim*.
254. « La télévision à la maison : regard croisé des parents et des enfants », CSA / *La Croix* / Unapel, 26 mars 2003, accès 27 septembre 2010, http://www.csa-fr.com/fra/dataset/data2003/opi20030130a.htm.
255. SCHMIDT K.L., « Public policy, family rules and children's media use in the home », The Annenberg Public Policy Center, Report Series nº 35, 2000, accès 27 septembre 2010, http://www.annenbergpublicpolicy

center.org/Downloads/Media_and_Developing_Child/20000626_public_policy_Vchip_report.pdf.
256. Belpois M., « La pub pour les enfants à la télé : un problème de poids », *Télérama*, n° 3092, 15 avril 2009.
257. « Les spots télévisés vantant les produits gras ou sucrés ne seront pas interdits », *Le Figaro*, 11 mars 2009.
258. « Obésité infantile : 23 sociétés savantes et 17 associations appellent les députés à réglementer la publicité télévisée pour les produits alimentaires à destination des enfants », quechoisir.org, 3 mars 2009, accès 27 septembre 2010, http://www.quechoisir.org/communiques/23-societes-savantes-et-17-associations-appellent-les-deputes-a-reglementer-la-publicite-televisee-pour-les-produits-alimentaires-a-destination-des-enfants/C4F95011F9960D2BC125756E0057FADC.htm.
259. Freud A., *Le Moi et les mécanismes de défense*, PUF, 2001, 15e éd.
260. Ionescu S. *et al.*, *Les Mécanismes de défense. Théorie et clinique*, Armand Colin, 2005.
261. Laplanche J. *et al.*, *Vocabulaire de la psychanalyse*, PUF, 1988, 9e éd., pp. 115 et 387.
262. « MédiaCabSat, communiqué de presse, 14 septembre 2009 / 28 février 2010 », mediametrie.fr, 23 mars 2010, accès 6 avril 2010, http://www.mediametrie.fr/television/communiques/l-audience-des-chaines-du-cable-et-de-canalsat-du-14-septembre-2009-au-28-fevrier-2010.php?id=227.
263. « La télé mode d'emploi », parents.fr, accès 27 septembre 2010, http://www.parents.fr/parent/vie-pratique/loisirs-enfant/dossiers/tele-mode-d-emploi/(gid)/29696/(offset)/0/(breve)/179875.
264. Bermejo Berros J., *Génération télévision*, De Boeck, 2007, pp. 224-225, 312.
265. Roberts D.F. *et al.*, *Kids & Media in America*, Cambridge University Press, 2004.

266. Arendt H., « La crise de l'éducation », *in* Arendt H. (sous la direction de), *La Crise de la culture*, Gallimard, 1972, pp. 223, 233 *et passim*.
267. Polony N., « Rendez-nous les petites filles modèles ! », *Marianne*, 4-10 octobre 2008.
268. Jordan A.B. *et al.*, « Reducing children's television-viewing time: a qualitative study of parents and their children », *Pediatrics*, n° 118, 2006, pp. e1303-e1310.
269. Zimmerman F.J. *et al.*, « Television and DVD/video viewing in children younger than 2 years », *Arch. Pediatr. Adolesc. Med.*, n° 161, 2007, pp. 473 et 477.
270. Davison W.P., « The third-person effect in communication », *Public Opin. Q*, n° 47, 1983, p. 1 *et passim*.
271. Perloff R.M., « The third-person effect », *in* Bryant J. *et al.* (sous la direction de), *Media Effects: Advances in Theory and Research*, Lawrence Erlbaum, 2002, p. 489 *et passim*.
272. Paul B. *et al.*, « The third-person effect: a meta-analysis of the perceptual hypothesis », *in* Preiss R. *et al.* (sous la direction de), *Mass Media Effects Research: Advances Through Meta-Analysis*, Lawrence Erlbaum, 2007, p. 81 *et passim*.
273. « Teens, sex and TV », The Kaiser Family Foundation, mai 2002, accès 28 septembre 2010, http://www.kff.org/entmedia/loader.cfm?url=/commonspot/security/getfile.cfm&PageID=14061.
274. Sondage IFOP-*TV Magazine*, août 2005, cité *in* Meyer M., *Le Livre noir de la télévision*, Grasset, 2006, p. 21.
275. « Le documentaire, programme télé favori des Français », sondage Ipsos / *France-Soir*, 22 février 2010, accès 20 juin 2010, http://www.ipsos.fr/CanalIpsos/articles/2999.asp?rubId=23.
276. « L'image des chaînes de télévision au crible », ipsos.com, Canal Ipsos, 21 mars 2002, accès 19 juin 2009, http://www.ipsos.fr/CanalIpsos/articles/929.asp.

277. « 60 % des Français sont mécontents des programmes télé », Canal Ipsos, 25 mars 2004, accès 28 septembre 2010, http://www.ipsos.fr/CanalIpsos/articles/1315.asp?rubId=1315.
278. « Baromètre Ifop », tele-2-semaines.fr, 21 février 2008, accès 19 juin 2009, http://www.tele-2-semaines.fr/contenu_editorial/pages/echos-tv/1609-exclusif-france-3-et-france-5-chaines-preferees-des-francais.
279. « Découvrez les 100 meilleures audiences de 2009 », ozap.com, 31 décembre 2009, accès 28 septembre 2010, http://www.ozap.com/actu/top-100-meilleures-audiences-2009-television/318170.
280. « *Home*, le plus gros éco-événement de l'Histoire en libre accès sur YouTube », LePoint.fr, 4 juin 2009, accès 20 janvier 2010, http://www.lepoint.fr/actualites-cinema/2009-06-04/yann-arthus-bertrand-home-le-plus-gros-eco-evenement-de-l-histoire-en-libre-acces-sur/903/0/349245.
281. « TF1 a réalisé en 2007 les 100 meilleures audiences », 20minutes.fr, 1er janvier 2008, accès 19 juin 2009, http://www.20minutes.fr/article/203784/Media-TF1-a-realise-en-2007-les-100-meilleures-audiences.php.
282. « TF1 chute, le groupe voit une baisse de 9 % de ses ventes en 2009 », lefigaro.fr, 12 février 2009, accès 28 septembre 2010, http://www.lefigaro.fr/societes/2009/02/19/04015-20090219ARTFIG00365-tf1-chute-le-groupe-voit-une-baisse-de-9-de-ses-ventes-en-2009-.php.
283. « TF1 rafle 96 des 100 meilleures audiences 2009 », lefigaro.fr, 31 décembre 2009, accès 1er janvier 2010, http://www.lefigaro.fr/medias/2009/12/31/04002-20091231ARTFIG00277-tf1-rafle-96-des-100-meilleures-audiences-2009-.php.
284. « 98 des 100 meilleures audiences 2006 pour TF1 », TF1.lci.fr, 2 janvier 2007, accès 28 septembre 2010, http://lci.tf1.fr/economie/medias/2007-01/100-meilleures-audiences-2006-pour-tf1-4881447.html.

285. « Faible audience pour Nicolas Sarkozy », libération.fr, 25 avril 2008, accès 19 juin 2009, http://www.liberation.fr/actualite/010127129-faible-audience-pour-nicolas-sarkozy.
286. « 12,1 millions de téléspectateurs pour l'interview de Nicolas Sarkozy », 7,4 millions sur TF1 et 4,7 millions sur France 2, AFP, 24 septembre 2009, accès 28 septembre 2010, http://www.google.com/hostednews/afp/article/ALeqM5iHpLZAo6z9JPGGVB3P8wGXYvfZnw.
287. Risser H., *L'Audimat à mort*, Éditions du Seuil, 2004, pp. 63, 170, 174, 182, 186, 231, 240 (Jean-Pierre Pernaut), 242.
288. Eveno P., *Les Médias sont-ils sous influence ?*, Larousse, 2008, pp. 12, 41, 88-89.
289. Mander J., *Four Arguments for the Elimination of Television*, Perennial, 1978, pp. 241-242.
290. McKibben B., *The Age of Missing Information*, Random House, 1992, pp. 40-41, 48, 75 (Wolfang Bayer), 77, 213-216, 219 (Unesco).
291. Canel-Depitre B., « L'expérience de la consommation d'images et la construction identitaire », 6e congrès « Les tendances du marketing en Europe », Paris, 26-27 janvier 2007, disponible en ligne, accès 19 juin 2009, http://www.escp-eap.net/conferences/marketing/2007_cp/Materiali/Paper/Fr/CanelDepitre.pdf.
292. *L'Odyssée de l'espèce*, descriptif disponible sur france3.fr, accès 28 septembre 2010, http://odysseedelespece.france3.fr/.
293. « Nos lointains ancêtres, stars de la télé », RFI, 10 janvier 2005, accès 12 septembre 2010, http://www.rfi.fr/actufr/articles/061/article_33143.asp.
294. Calvet L.J. *et al.*, *Les Mots de Nicolas Sarkozy*, Éditions du Seuil, 2008.
295. Schuck N., « Sarkozy malmène le français », *Aujourd'hui en France*, 22 mars 2009.

296. Le Bel P., « *Madame, Monsieur, Bonsoir...* » *Les dessous du premier JT de France*, Éditions du Panama, 2007, p. 107.

297. Cité in *Closer*, n° 209, 13-19 juin 2009, pp. 72-73.

298. « *Pékin Express* : M6 cernée par les soupçons de tricherie », LePoint.fr, 10 mars 2008, accès 1er décembre 2009, http://www.lepoint.fr/actualites-medias/2008-03-11/polemique-pekin-express-m6-cernee-par-les-soupcons-de-tricherie/1253/0/228146.

299. « Polémique *Pékin Express* : M6 n'a pas porté plainte ! », jeanmarcmorandini.com, 18 juin 2009, accès 1er décembre 2009, http://www.jeanmarcmorandini.com/article-16304-polemique-pekin-express-m6-n-a-pas-porte-plainte.html.

300. « La cérémonie était truquée », *Libération*, 13 août 2008.

301. « La retransmission de la cérémonie d'ouverture était truquée », *Aujourd'hui en France*, 13 août 2008.

302. « *Le Grand Frère* : et si TF1 avait tout écrit à l'avance... », leParisien.fr, 30 novembre 2009, accès 1er décembre 2009, http://www.leparisien.fr/loisirs-et-spectacles/le-grand-frere-et-si-tf-1-avait-tout-ecrit-a-l-avance-30-11-2009-728554.php.

303. « Bidon ? Regardez comment TF1 monte *Le Grand Frère* », lepost.fr, 30 novembre 2009, accès le 1er décembre 2009, http://www.lepost.fr/article/2009/11/30/1817454_comment-tf1-bidonne-le-grand-frere.html.

304. « *Le Grand Frère*, séquencier Dylan, tournage du 29 octobre au 7 novembre 2009 », leParisien.fr, 30 novembre 2009, accès 1er décembre 2009, http://preview.leparisien.fr/complements/2009/11/30/729097_sequencier-le-grand-frere.pdf.

305. Sigman A., « Visual voodoo: the biological impact of watching TV », *Biologist*, n° 54, 2007, p. 12 *et passim*.

306. Huston A.C. *et al.*, « Communicating more than content: formal features of children's television programs », *J. Commun.*, n° 31, 1981, p. 32 *et passim*.

307. Berlyne D.E., *Conflict, Arousal and Curiosity*, McGraw-Hill, 1960.
308. Richards J.E. *et al.*, « Attentional inertia in children's extended looking at television », *Adv. Child. Dev. Behav.*, n° 32, 2004, p. 163 *et passim*.
309. Anderson D.R. *et al.*, « Attentional inertia reduces distractibility during young children's TV viewing », *Child. Dev.*, n° 58, 1987, p. 798 *et passim*.
310. Anderson D.R. *et al.*, « Watching children watch television », *in* Hale G. *et al.* (sous la direction de), *Attention and Cognitive Development*, Plenum, 1979, pp. 331, 339 *et passim*.
311. Bickam D.S. *et al.*, « Attention, comprehension and the educational influences of television », *in* Singer D.G. *et al.* (sous la direction de), *Handbook of Children and the Media*, Sage Publications, 2001, p. 101 *et passim*.
312. Lang A. *et al.*, « The effects of edits on arousal, attention and memory for television messages », *J. Broadcast Electronic Media*, n° 44, 2000, p. 94 *et passim*.
313. Lang A. *et al.*, « The effects of production pacing and arousing content on the information processing of television messages », *J. Broadcast Electronic Media*, n° 43, 1999, p. 451 *et passim*.
314. Anderson D.R. *et al.*, « The effects of TV program comprehensibility on preschool children's visual attention to television », *Child. Dev.*, n° 52, 1981, p. 151 *et passim*.
315. Lorch E.P. *et al.*, « The relationship of visual attention to children's comprehension of television », *Child Dev.*, n° 50, 1979, p. 722 *et passim*.
316. Thierry Ardisson, animateur et producteur de talk-show, cité *in* Risser H., *L'Audimat à mort*, Éditions du Seuil, 2004, p. 67.
317. Adatto K., « The incredible shrinking sound bite », *The New Republic*, 28 mai 1990, accès 20 juin 2009, http://www.arts.mcgill.ca/programs/history/faculty/

TROYWEB/Courseweb/TheIncredibleShrinkingSound Bite.pdf.

318. Voir aussi : Rosen R., « For overloaded eyes and ears, bite makes right bite makes right », *New York Times*, 10 juin 1990, accès 20 juin 2009, http://www.nytimes.com/1990/06/10/arts/tv-view-for-overloaded-eyes-and-ears-bite-makes-right-bite-makes-right.html.

319. La Mennais F. de, *Œuvres complètes. Tome VI*, Cailleux et Cie, 1836, p. 407.

320. Didier Daeninckx, cité *in* « L'affaire Le Lay », *Télérama*, 11-17 septembre 2004, p. 16.

321. Roquefort B. de, *Dictionnaire étymologique de la langue française*, Decourchant, 1829, définition p. 62.

322. Maschino M.T., *L'École de la lâcheté*, Flammarion, coll. « J'ai lu », 2007, pp. 7 et 16.

323. Boutonnet R., *Journal d'une institutrice clandestine*, Ramsay/Poche, 2005.

324. Combes F. *et al.*, *La Destruction de la culture*, Delga, 2005 (en particulier chapitre I), pp. 25 et 39.

325. Le Bris M., *Et vos enfants ne sauront pas lire... ni compter*, Stock, 2004.

326. Morel G. *et al.*, *L'Horreur pédagogique*, Ramsay, 1999.

327. Abensour C. *et al.*, *De la destruction du savoir en temps de paix*, Mille et une nuits, 2007.

328. Khaldi E. *et al.*, *Main basse sur l'école publique*, Demopolis, 2008.

329. Courbet J., « Ça peut vous arriver », RTL, 7 avril 2010.

330. « Scientologie : dissolution requise », jdd.fr, 15 juin 2009, accès 28 septembre 2010, http://www.lejdd.fr/Societe/Actualite/Scientologie-Dissolution-requise-17338/.

331. Communication personnelle Martine Taharo, cadre de santé, membre du jury (2008).

332. Pour la vidéo et le récit de l'incident, voir : « Justin Bieber humilié en direct à la télé ! Regardez », jeanmarcmorandini.com, 5 mai 2010, accès le 21 mai 2010,

http://www.jeanmarcmorandini.com/article-38972-justin-bieber-humilie-en-direct-a-la-tele-regardez.html.
333. M. Mathieu-Colas cité *in* « Fautes en vrac… à la fac », nouvelObs.com, 6 septembre 2007, accès 28 septembre 2010, http://hebdo.nouvelobs.com/sommaire/dossier/073519/fautes-en-vrac-a-la-fac.html.
334. Mathieu-Colas M., « Maîtrise du français », lefigaro.fr, 11 mars 2008, accès 9 février 2009, http://www.lefigaro.fr/debats/2008/03/11/01005-20080311ARTFIG00399-maitrise-du-francais-par-michel-mathieu-colas-.php.
335. Carle G., « Mention très bien au bac et 30 fautes en dictée », leParisien.fr, 22 septembre 2006, accès 9 février 2009, http://www.leparisien.fr/societe/mention-tres-bien-au-bac-et-30-fautes-en-dictee-22-09-2006-2007352449.php.
336. Reveillon J.-M., « L'orthographe dans les copies d'invention », collectif Sauver les lettres, octobre 2003, accès 9 février 2009, http://www.sauv.net/orthoinvent.php.
337. Linares J. de, « Fautes en vrac… à la fac », nouvelObs.com, 6 septembre 2007, accès 28 septembre 2010, http://hebdo.nouvelobs.com/sommaire/dossier/073519/fautes-en-vrac-a-la-fac.html.
338. Leclair A., « Quand le langage SMS envahit les copies du bac », lefigaro.fr, 19 mai 2008, accès 9 février 2009, http://www.lefigaro.fr/actualites/2008/05/17/01001-20080517ARTFIG00653-quand-le-langage-sms-envahit-les-copies-du-bac.php.
339. « Résultats provisoires du baccalauréat France métropolitaine et DOM, session de juin 2010 », *Les Notes d'information – DEPP*, n° 10.10, juillet 2010, accès 28 septembre 2010, http://www.education.gouv.fr/cid52534/resultats-provisoires-du-baccalaureat-session-de-juin-2010-france-metropolitaine-et-dom.html.
340. Camus R., *La Grande Déculturation*, Fayard, 2008.

341. ZEMMOUR E., « Z comme Zemmour », RTL, 15 avril 2010, « C'est le bac lui-même qui ne veut plus rien dire. Un examen qui connaît un taux de réussite de près de 90 % n'est plus un examen, c'est un cadeau, un mythe, un miroir aux alouettes. »
342. REVEILLON J.-M., « Autopsie d'un paquet de copies de bac ordinaire », collectif Sauver les lettres, 2003, accès 9 février 2009, http://www.sauv.net/autopsiebac.php.
343. Patrick Porcheron cité *in* « Les facs s'attaquent aux fautes d'orthographe », *Aujourd'hui en France*, 4 octobre 2010.
344. « Les facs s'attaquent aux fautes d'orthographe » ; « Paris XIII université pionnière » ; « Trop de fautes... pas de diplômes », *Aujourd'hui en France*, 4 octobre 2010.
345. « Rentrée 2008 : évaluation du niveau d'orthographe et de grammaire des élèves qui entrent en classe de seconde », collectif Sauver les lettres, janvier 2009, accès 1er juillet 2009, http://www.sauv.net/eval2008analyse.php.
346. CONDILLAC E. DE, *Cours d'étude pour l'instruction du prince de Parme. Tome premier*, Du Villard Fils et Nouffer, 1780.
347. « La littéracie à l'ère de l'information : rapport final de l'enquête internationale sur la littéracie des adultes », OCDE, 2000, accès 9 février 2009, http://www.oecd.org/dataoecd/24/62/39438013.pdf, citation p xi.
348. MURAT F., « L'évaluation des compétences des adultes : des méthodes en plein développement », *Éducation & Formation*, n° 78, 2008, p. 85 *et passim*.
349. « La lecture moteur de changement (PISA 2000) », OCDE, 2002, accès 9 février 2009, http://www.pisa.oecd.org/dataoecd/43/33/33690971.pdf, p. 13, tableau 8.5.
350. « L'école primaire, bilan des résultats de l'école », Haut Conseil de l'Éducation, 2007, accès 9 février 2009,

http://www.hce.education.fr/gallery_files/site/21/40.pdf, p. 7.

351. DAVIDENKOFF E., « Du CM2 au lycée, le niveau baisse », france-info.com, 31 janvier 2009, accès 1er juillet 2009, http://www.france-info.com/spip.php?article245892&theme=81&sous_theme=133.

352. « Lire, écrire, compter : les performances des élèves de CM2 à vingt ans d'intervalle 1987-2007 », Direction de l'évaluation, de la prospective et de la performance, note d'information 08-38, décembre 2008, accès 30 juin 2009, http://media.education.gouv.fr/file/2008/23/9/NI0838_41239.pdf, p. 1.

353. DEJONGHE V. *et al.*, « Connaissance en français et en calcul des élèves des années 20 et d'aujourd'hui », *Dossiers d'éducation et formations*, n° 62, 1996.

354. MANESSE D. *et al.*, *Orthographe : à qui la faute ?*, ESF, 2007.

355. « PISA 2006 : science competencies for tomorrow's world (volume I : Analysis) », OCDE, 2007, accès 1er juillet 2009, http://www.oecd.org/dataoecd/30/17/39703267.pdf.

356. « PISA 2006 : science competencies for tomorrow's world (volume II : Data) », OCDE, 2007, accès 1er juillet 2009,
http://www.oecd.org/dataoecd/30/18/39703566.pdf.

357. « Vaincre l'échec à l'école primaire », Institut Montaigne, avril 2010, accès 5 mai 2010, http://www.institutmontaigne.org/medias/documents/rapport_echec_scolaire.pdf.

358. « Maîtrise de la langue en seconde : la dégringolade prévisible se poursuit ! », collectif Sauver les lettres, 27 janvier 2009, accès 1er juillet 2009, http://www.sauv.net/fx090127.php.

359. BRANNON E.M., « The independence of language and mathematical reasoning », *Proc. Natl. Acad. Sci. USA*, n° 102, 2005, p. 3177 *et passim*.

360. Varley R.A. *et al.*, « Agrammatic but numerate », *Proc. Natl. Acad. Sci. USA*, n° 102, 2005, p. 3519 *et passim*.

361. Kahn D.S., « How low can we go? », online.wsj.com, 26 mai 2006, accès 29 septembre 2010, http://online.wsj.com/article/SB114861116410663937-search.html.

362. Hayes D.P. *et al.*, « Schoolbook simplification and its relation to the decline in SAT-verbal scores », *Am. Educ. Res. J.*, n° 33, 1996, p. 489 *et passim*.

363. Nathalie Brion commentant une étude du collectif Sauver les lettres sur le déclin de l'orthographe, in *On refait le monde*, RTL, 30 janvier 2009.

364. Clara Dupont-Monod commentant une étude du collectif Sauver les lettres sur le déclin de l'orthographe, in *On refait le monde*, RTL, 30 janvier 2009.

365. Voir par exemple : Closets F. de, *Zéro faute. L'orthographe, une passion française*, Mille et une nuits, 2009.

366. « Orthographe : zéro pointé aux diplômés », *Aujourd'hui en France*, 28 septembre 2009.

367. Amalou F., « Les fautes d'orthographe deviennent un handicap pour faire carrière », *Le Monde*, 4 mai 2006.

368. Levy A., « L'enfer des handicapés de l'orthographe », LePoint.fr, 28 juin 2007, accès 1er juillet 2009, http://www.lepoint.fr/actualites-societe/2007-06-28/l-enfer-des-handicapes-de-l-orthographe/920/0/190124.

369. Sérès A., « Les fautes d'orthographe inondent les entreprises », lefigaro.fr, 15 octobre 2007, accès 1er juillet 2009, http://www.lefigaro.fr/actualite/2007/03/15/01001-20070315ARTFIG90266-les_fautes_d_orthographe_inondent_les_entreprises.php.

370. Linares J. de, « Stages d'orthographe dans les entreprises », nouvelObs.com, 6 septembre 2007, accès 29 septembre 2010, http://hebdo.nouvelobs.com/hebdo/parution/p2235/dossier/a353659-stages_dorthographe_dans_les_entreprises.html.

371. « La science des ânes retrouve ses lettres de noblesse », yahoo finance, 29 mars 2010, accès 2 avril 2010, http://fr.biz.yahoo.com/29032010/395/la-science-des-anes-retrouve-ses-lettres-de-noblesse.html.
372. Downey K., « Illiteracy slows American output », *Detroit News*, 12 septembre 1995.
373. Gautier-Loisel M., « L'orthographe est un réel critère de sélection », *Aujourd'hui en France*, 28 septembre 2009.
374. « Zéro pointé en orthographe pour la rentrée de Luc Chatel », france-info.com, 2 septembre 2009, accès 5 septembre 2009, http://www.france-info.com/spip.php?article337233&theme=9&sous_theme=43.
375. « Zéro pointé pour Luc Chatel », LePoint.fr, 3 septembre 2009, accès 3 septembre 2009, http://www.lepoint.fr/actualites-societe/2009-09-03/education-nationale-zero-en-orthographe-pour-luc-chatel/920/0/373739.
376. Brizard C., « Le scandale de l'illettrisme », nouvelObs.com, 6 septembre 2007, accès 2 juillet 2009, http://hebdo.nouvelobs.com/hebdo/parution/p2235/dossier/a353656-le_scandale_de_lilletrisme.html.
377. Observation personnelle sur un groupe d'étudiants de seconde année.
378. Leclec'h-Lucas J. *et al.*, *1 000 problèmes : CM*, Hachette, 2001, p. 61.
379. Polony N., « La fracture linguistique. Mais quel français parlent les adolescents ? », *Marianne*, 4 septembre 2004.
380. Lecherbonnier F., *Pourquoi veulent-ils tuer le français*, Albin Michel, 2005.
381. Potet F., « Vivre avec 400 mots », *Le Monde*, 19 mars 2005.
382. Carruthers P., *Language, Thought and Consciousness*, Cambridge University Press, 1996.
383. Vygotsky L.S., *Thought and Language*, MIT Press, 1962.
384. Orwell G., *1984*, Gallimard, coll. « Folio », 1950, p. 396.

385. Klemperer V., *LTI. La langue du IIIe Reich*, Albin Michel, 1996, pp. 38-39.

386. Eco U., *Cinq questions de morale*, Livre de poche, 2000, pp. 68-69.

387. Huxley A., *Retour au meilleur des mondes*, Pocket, 1958, pp. 137-138 et 154.

388. Hazan E., *LQR. La propagande au quotidien*, Raisons d'agir, 2006.

389. Delporte C., *Une histoire de la langue de bois*, Flammarion, 2009, p. 227.

390. Voir pour une discussion fort divertissante sur ce point : Chétochine G., *Le Marketing des émotions*, Eyrolles, 2008.

391. « Information behaviour of the researcher of the future », University College London, étude commanditée par la British Library et JISC, 11 janvier 2008, accès 24 mars 2009, http://www.bl.uk/news/pdf/googlegen.pdf, pp. 18 et 20.

392. « Les jeunes, les journaux et les nouveaux médias électroniques », ipsos.fr, 18 mars 2006, accès 2 mai 2009, http://www.ipsos.fr/CanalIpsos/articles/images/1810/diaporama.htm.

393. « The appropriation of new media by youth », Mediappro (avec le support de la Commission européenne), 2006, accès 3 mai 2009, http://www.mediappro.org/publications/finalreport.pdf.

394. Fourgous J.M., « Réussir l'école numérique », rapport de la mission parlementaire de Jean-Michel Fourgous, député des Yvelines, sur la modernisation de l'école par le numérique, août 2009, accès 23 août 2010, http://www.reussirlecolenumerique.fr/pdf/Rapport_mission_fourgous.pdf, p. 8.

395. Bienvault P., « Ces enfants nés avec une souris dans la main », la-croix.com, 19 août 2010, accès 23 août 2010, http://www.la-croix.com/Ces-enfants-nes-avec-une-souris-dans-la-main/article/2436203/4076.

396. Minoui D., « Iran : mystérieux assassinat d'un universitaire », *Le Figaro*, 13 janvier 2010.
397. « Ségolène Royal tombe dans le piège de Wikipédia », lefigaro.fr, 8 juin 2010, accès 8 juin 2010, http://www.lefigaro.fr/politique/2010/06/08/01002-20100608ARTFIG00346-segolene-royal-tombe-dans-le-piege-de-wikipedia.php.
398. pubmed, http://www.ncbi.nlm.nih.gov/sites/entrez.
399. Thirion P. *et al.*, « Enquête sur les compétences documentaires et informationnelles des étudiants qui accèdent à l'enseignement supérieur en communauté française de Belgique », EduDOC / Conseil interuniversitaire de la Communauté française de Belgique (CIUF), juin 2008, accès 24 mars 2009, http://www.edudoc.be/synthese.pdf, pp. 4 et 18.
400. Aratani L., « Teens can multitask, but what are costs? », washingtonpost.com, 26 fevrier 2007, accès 24 mars 2009, http://www.washingtonpost.com/wp-dyn/content/article/2007/02/25/AR2007022501600.html.
401. Lohr S., « Slow down, brave multitasker, and don't read this in traffic », nytimes.com, 25 mars 2007, accès 24 mars 2009, http://www.nytimes.com/2007/03/25/business/25multi.html.
402. Edwards E., « Study shows ever more kids embrace a plugged-in lifestyle », washingtonpost.com, 10 mars 2005, accès 24 mars 2009, http://www.washingtonpost.com/wp-dyn/articles/A22138-2005Mar9.html.
403. Healy M., « We're all multitasking, but what's the cost? », latimes.com, 19 juillet 2004, accès 24 mars 2009, http://articles.latimes.com/2004/jul/19/health/he-multitasking19.
404. Wallis C., « The multitasking generation », time.com, 27 mars 2006, accès 24 mars 2009, http://www.time.com/time/magazine/article/0,9171,1174696,00.html.

405. MISEREY Y., « Multizappeurs mais bons à rien », lefigaro.fr, 26 août 2009, accès 8 octobre 2010, http://www.lefigaro.fr/sciences/2009/08/27/01008-20090827ARTFIG00007-multizappeurs-mais-bons-a-rien-.php.
406. GREENFIELD P.M., « Technology and informal education: what is taught, what is learned », *Science*, n° 323, 2009, p. 69 *et passim*.
407. HEMBROOKE H. *et al.*, « The lecture and the laptop: multitasking in wireless learning environments », *J. Comput. High Educ.*, n° 15, 2003, p. 46 *et passim*.
408. BERGEN L. *et al.*, « How attention partitions itself during simultaneous message presentations », *Human Comm. Res.*, n° 31, 2005, p. 311 *et passim*.
409. BELLIENI C.V. *et al.*, « Distracting effect of TV watching on children's reactivity », *Eur. J. Pediatr.*, 2010.
410. MAROIS R. *et al.*, « Capacity limits of information processing in the brain », *Trends Cogn. Sci.*, n° 9, 2005, p. 296 *et passim*.
411. DUX P.E. *et al.*, « Isolation of a central bottleneck of information processing with time-resolved FMRI », *Neuron*, n° 52, 2006, p. 1109 *et passim*.
412. JIANG Y. *et al.*, « Functional magnetic resonance imaging provides new constraints on theories of the psychological refractory period », *Psychol. Sci.*, n° 15, 2004, p. 390 *et passim*.
413. RUBINSTEIN J.S. *et al.*, « Executive control of cognitive processes in task switching », *J. Exp. Psychol. Hum. Percept. Perform.*, n° 27, 2001, p. 763 *et passim*.
414. PASHLER H., « Dual-task interference in simple tasks: data and theory », *Psychol. Bull.*, n° 116, 1994, p. 220 *et passim*.
415. BRAVER T.S. *et al.*, « The role of frontopolar cortex in subgoal processing during working memory », *Neuroimage.*, n° 15, 2002, p. 523 *et passim*.

416. Koechlin E. *et al.*, « The role of the anterior prefrontal cortex in human cognition », *Nature*, n° 399, 1999, p. 148 *et passim*.
417. Foerde K. *et al.*, « Modulation of competing memory systems by distraction », *Proc. Natl. Acad. Sci.USA*, n° 103, 2006, p. 11778 *et passim*.
418. Ophir E. *et al.*, « Cognitive control in media multitaskers », *Proc. Natl. Acad. Sci. USA*, n° 106, 2009, p. 15583 *et passim*.
419. Pool M.M. *et al.*, « Background television as an inhibitor of performance on easy and difficult homework assignments », *Communication Research*, n° 27, 2000, p. 293 *et passim*.
420. Pool M.M. *et al.*, « The impact of background radio or television on high school students' homework performance », *J. Commun.*, n° 53, 2003, p. 74 *et passim*.
421. Pool M.M. *et al.*, « Distraction effects of background soap operas on homework performance: an experimental study enriched with observational data », *Educ. Psychol.*, n° 23, 2003, p. 361 *et passim*.
422. Armstrong G.B. *et al.*, « Background television as an inhibitor of cognitive processing », *Human Comm. Res.*, n° 16, 1990, p. 355 *et passim*.
423. Bushman B.J. *et al.*, « Effect of televised violence on aggression », *in* Singer D.G. *et al.* (sous la direction de), *Handbook of Children and the Media*, Sage Publications, 2001, p. 223, 236 *et passim*.
424. « Digest of education statistics 2008 », US Department of Education, NCES 2009-020, mars 2009, accès 21 juillet 2009, http://nces.ed.gov/pubs2009/2009020.pdf.
425. MacBeth Williams T., *The Impact of Television: A Natural Experiment in Three Communities*, Academic Press, 1986.
426. Corteen R.S. *et al.*, « Television and reading skills », *in* MacBeth Williams T. (sous la direction de), *The Impact*

of Television: A Natural Experiment in Three Communities, Academic Press, 1986, p. 39 *et passim*.
427. JOHNSON P. *et al.*, « Remediation », *in* BARR R. *et al.* (sous la direction de), *Handbook of Reading Research*, Longman, 1991, vol. II, p. 984 *et passim*.
428. JUEL C., « Learning to read and write: a longitudinal study of 54 children from first through fourth grades », *J. Educ. Psychol.*, n° 80, 1988, p. 437 *et passim*.
429. COMSTOCK G., « Television and the American child », *in* HEDLEY C.N. *et al.* (sous la direction de), *Thinking and Literacy: The Mind at Work*, LEA, 1995, pp. 101, 102, 119 *et passim*.
430. SCHMIDT M.E. *et al.*, « Media and attention, cognition and school achievement », *Fut. Child*, n° 18, 2008, p. 63 *et passim*.
431. SCHMIDT M.E. *et al.*, « The impact of television on cognitive development and educational achievement », *in* PECORA N. *et al.* (sous la direction de), *Children and Television*, LEA, 2007, p. 65 *et passim*.
432. VAN EVRA J., *Television and Child Development*, Lawrence Erlbaum Associates, 2004.
433. WRIGHT J.C. *et al.*, « The relations of early television viewing to school readiness and vocabulary of children from low-income families », *Child Dev.*, n° 72, 2001, p. 1347 *et passim*.
434. ANDERSON D.R. *et al.*, « Early childhood television viewing and adolescent behavior: the recontact study », *Monogr. Soc. Res. Child Dev.*, n° 66, 2001, p. 1 *et passim*.
435. Voir le chapitre I pour une discussion détaillée.
436. ZILL N., « Does Sesame Street enhance school readiness: evidence from a national survey of children », *in* FISH S.M. *et al.* (sous la direction de), *"G" Is for "Growing": Thirty Years of Research on Children and Sesame Street*, LEA, 2001, p. 115 *et passim*.

437. Gadberry S., « Effects of restricting first graders' TV viewing on leisure time use, IQ change, and cognitive style », *J. Appl. Dev. Psychol.*, n° 1, 1980, p. 45 *et passim*.
438. Johnson J.G. *et al.*, « Extensive television viewing and the development of attention and learning difficulties during adolescence », *Arch. Pediatr. Adolesc. Med.*, n° 161, 2007, p. 480 *et passim*.
439. Sharif I. *et al.*, « Effect of visual media use on school performance: a prospective study », *J. Adolesc. Health*, n° 46, 2010, p. 52 *et passim*.
440. Johnson J.G. *et al.*, « Association between television viewing and sleep problems during adolescence and early adulthood », *Arch. Pediatr. Adolesc. Med.*, n° 158, 2004, p. 562 *et passim*.
441. Li S. *et al.*, « The impact of media use on sleep patterns and sleep disorders among school-aged children in China », *Sleep*, n° 30, 2007, p. 361 *et passim*.
442. Owens J. *et al.*, « Television-viewing habits and sleep disturbance in school children », *Pediatrics*, n° 104, 1999, p. e27.
443. Paavonen E.J. *et al.*, « TV exposure associated with sleep disturbances in 5 to 6-year-old children », *J. Sleep Res.*, n° 15, 2006, p. 154 *et passim*.
444. Sadeh A. *et al.*, « The effects of sleep restriction and extension on school-age children: what a difference an hour makes », *Child Dev.*, n° 74, 2003, p. 444 *et passim*.
445. Wolfson A.R. *et al.*, « Understanding adolescents' sleep patterns and school performance: a critical appraisal », *Sleep Med. Rev.*, n° 7, 2003, p. 491 *et passim*.
446. Asaoka S. *et al.*, « Does television viewing cause delayed and/or irregular sleep-wake patterns? », *Sleep Biol. Rhythms*, n° 5, 2007, p. 23 *et passim*.
447. Ennemoser M. *et al.*, « Relations of television viewing and reading: findings from a 4-year longitudinal study », *Journal of Educational Psychology*, n° 99, 2007, p. 349 *et passim*.

448. Pagani L.S. *et al.*, « Prospective associations between early childhood television exposure and academic, psychosocial, and physical well-being by middle childhood », *Arch. Pediatr. Adolesc. Med.*, n° 164, 2010, p. 425 *et passim*.

449. Winterstein P. *et al.*, « Medienkonsum und passivrauchen bei vorschulkindern », *Kinder und Jugendarzt*, n° 37, 2006, p. 205 *et passim*.

450. Shin N., « Exploring pathways from television viewing to academic achievement in school age children », *J. Genet. Psychol.*, n° 165, 2004, p. 367 *et passim*.

451. Williams P.A. *et al.*, « The impact of leisure-time television on school learning: a research synthesis », *Am. Educ. Res. J.*, n° 19, 1982, p. 19 *et passim*.

452. « Le soutien scolaire : un business très juteux », TF1, journal de 20 heures, 25 août 2009, accès 29 septembre 2010, http://videos.tf1.fr/jt-20h/le-soutien-scolaire-un-business-tres-juteux-4525052.html.

453. « Les fausses promesses du soutien scolaire », *Envoyé spécial*, France 2, 22 janvier 2009.

454. Rueff J., « Des petits cours qui rapportent gros », libération.fr, 10 mars 2004, accès 30 août 2009, http://www.liberation.fr/vous/0101481258-des-petits-cours-qui-rapportent-gros.

455. Ramadier S., « Soutien scolaire : le gros business des petits cours », lesechos.fr, 1er septembre 2004, accès 30 août 2009, http://archives.lesechos.fr/archives/2004/LesEchos/19234-47-ECH.htm.

456. « Soutien scolaire : un bon business », *Alternatives économiques*, n° 266, février 2008.

457. Duckworth A.L. *et al.*, « Self-discipline outdoes IQ in predicting academic performance of adolescents », *Psychol. Sci.*, n° 16, 2005, p. 939 *et passim*.

458. Cooper H., « Synthesis of research on homework », *Educ. Leadersh.*, n° 47, 1991, p. 85 *et passim*.

459. Paschal R.A. *et al.*, « The effects of homework on learning: a quantitative synthesis », *J. Educ. Res.*, n° 78, 1984, p. 97 *et passim*.
460. Chouinard R. *et al.*, « Les devoirs, corvée inutile ou élément essentiel de la réussite scolaire ? », *Rev. Sci. Edu.*, n° 32, 2006, p. 307 *et passim*.
461. Schramm W. *et al.*, *Television in the Lives of Our Children*, Stanford University Press, 1961.
462. Furu T., *Television and Children's Life: A Before-After Study*, Japan Broadcasting Corp., 1962.
463. Maccoby E.E., « Television: its impact on school children », *Public Opin. Q*, n° 15, 1951, p. 421 *et passim*.
464. Wiecha J.L. *et al.*, « Household television access: associations with screen time, reading, and homework among youth », *Ambul. Pediatr.*, n° 1, 2001, p. 244 *et passim*.
465. Donnat O. *et al.*, « Approche générationnelle des pratiques culturelles et médiatiques », DEPS, ministère de la Culture et de la Communication, juin 2007, accès 21 septembre 2009, http://www2.culture.gouv.fr/culture/deps/2008/pdf/Cprospective07_3.pdf, p. 1.
466. Robinson J.P., « Television's impact on everyday life: some cross-national evidence », *in* Rubinstein E.A. *et al.* (sous la direction de), *Television and Social Behavior. Reports and Papers, Vol. IV. Television in Day-to-Day Life: Patterns of Use*, US Government Printing Office, 1972, p. 410 *et passim*.
467. Parker E.B., « The Effects of Television on Public Library Circulation », *Public Opin. Q*, n° 27, 1963, p. 578 *et passim*.
468. Wolfe D.A. *et al.*, « A parent-administered program to reduce children's television viewing », *J. Appl. Behav. Anal.*, n° 17, 1984, p. 267 *et passim*.
469. Koolstra C.M. *et al.*, « Television's impact on children's reading comprehension and decoding skills: a 3-year panel study », *Read. Res. Q*, n° 32, 1997, p. 128 *et passim*.

470. VANDEWATER E.A. *et al.*, « When the television is always on: heavy television exposure and young children's development », *Am. Behav. Sci.*, n° 48, 2005, p. 562 *et passim*.
471. DONNAT O., *Les Pratiques culturelles des Français à l'ère numérique. Enquête 2008*, La Découverte, 2009.
472. TOMOPOULOS S. *et al.*, « Is exposure to media intended for preschool children associated with less parent-child shared reading aloud and teaching activities? », *Ambul. Pediatr.*, n° 7, 2007, p. 18 *et passim*.
473. SNOW C. *et al.*, *Preventing Reading Difficulties in Young Children*, National Academy Press, 1998.
474. KRUGMAN H., « Brain wave measures of media involvement », *J. Adver. Res.*, n° 11, 1971, p. 3 *et passim*.
475. FEATHERMAN G. *et al.*, « Electroencephalographic and electrooculographic correlates of television watching. Final Technical Report », National Science Foundation Student-Oriented Studies, Hampshire College, Amherst (MA), 1979.
476. WEINSTEIN S. *et al.*, « Brain activity responses to magazine and television advertising », *J. Adver. Res.*, n° 20, 1980, p. 57 *et passim*.
477. SALOMON G., « Television is "easy" and print is "tough": the differential investment of mental effort in learning as a function of perceptions and attribution », *J. Educ. Psychol.*, n° 76, 1984, p. 647 *et passim*.
478. CHAULET G., *Fantômette contre le géant*, Hachette, 2006.
479. BENTOLILA A., « La maternelle : au front des inégalités linguistiques et sociales », rapport commandé par Xavier Darcos, ministre de l'Éducation nationale, ministère de l'Éducation nationale, décembre 2007, accès 5 octobre 2009, http://ia73.ac-grenoble.fr/IMG/rapport_Bentolila_maternelle.pdf.
480. LANCHON A., « Ne les obligez pas à lire ! », *Psychologies magazine*, n° 247, décembre 2005.
481. *Voici*, n° 1143, 2-8 octobre 2009, p. 63 *et passim*.
482. KISHIMOTO M., *Naruto*, n° 29, Kana, 2007.

483. MICHAUDON H., « La lecture, une affaire de famille », *INSEE Première*, n° 777, 2001.
484. « Une cagnotte pour les lycéens qui ne sèchent plus les cours », leParisien.fr, 2 octobre 2009, accès 11 octobre 2009, http://www.leparisien.fr/societe/une-cagnotte-pour-les-lyceens-qui-ne-sechent-plus-les-cours-02-10-2009-659222.php.
485. « Marseille. Places de foot contre présence en cours », lci.tf1.fr, 5octobre 2009, accès 11 octobre 2009, http://lci.tf1.fr/france/societe/2009-10/places-de-foot-contre-presence-en-cours-4887943.html.
486. FISHER M., « Desperation time in D.C.: school is money? », washingtonpost.com, 22 août 2008, accès 11 octobre 2009, http://voices.washingtonpost.com/rawfisher/2008/08/desperation_time_in_dc_school.html.
487. Europe 1, *La Matinale*, 9 juin 2009.
488. GIOVANNINI S. *et al.*, « Parent-and teacher-reported behavior problems of first graders », *Prax. Kinderpsychol. Kinderpsychiatr.*, n° 54, 2005, p. 104 *et passim*.
489. LEGRAND C. *et al.*, « Nos enfants ont-ils perdu le goût d'apprendre ? », la-croix.com, 12 novembre 2003, accès 15 octobre 2009, http://www.la-croix.com/parents-enfants/article/index.jsp?docId=2209252&rubId=24303.
490. CLERC S., *Au secours ! Sauvons notre école*, Oh Éditions, 2008, pp. 142-145.
491. TESTEFORT J.P., « Des miettes de philosophie », *in* ABENSOUR C. *et al.* (sous la direction de), *De la destruction du savoir en temps de paix*, Mille et une nuits, 2007, pp. 279, 283 *et passim*.
492. ANDERSON D.R. *et al.*, « The impact on children's education: television's influence on cognitive development », US Department of Education, Office of Educational Research and Improvement, Working paper n° 2, accès 11 décembre 2010, http://www.eric.ed.gov/PDFS/ED295271.pdf.

493. Singer J.L. *et al.*, « Family patterns and television viewing as predictors of children's beliefs and aggression », *J. Commun.*, n° 34, 1984, p. 73 *et passim.*
494. Koolstra C.M. *et al.*, « Longitudinal effects of television on children's leisure-time reading: a test of three explanatory models », *Hum. Commun. Res.*, n° 23, 1996, p. 4 *et passim.*
495. Anderson C.C. *et al.*, « The effect of TV viewing on the educational performance of elementary school children », *Alberta J. Educ. Res.*, n° 24, 1978, p. 156 *et passim.*
496. Levine L.E. *et al.*, « Television viewing and attentional abilities in fourth and fifth grade children », *J. Appl. Dev. Psychol.*, n° 21, 2000, p. 667 *et passim.*
497. Christakis D.A. *et al.*, « Early television exposure and subsequent attentional problems in children », *Pediatrics*, n° 113, 2004, p. 708 *et passim.*
498. Christakis D.A., « The effects of infant media usage: what do we know and what should we learn? », *Acta Paediatr.*, n° 98, 2009, p. 8 *et passim.*
499. Zimmerman F.J. *et al.*, « Associations between content types of early media exposure and subsequent attentional problems », *Pediatrics*, n° 120, 2007, p. 986 *et passim.*
500. Lawson K.R. *et al.*, « Early focused attention predicts outcome for children born prematurely », *J. Dev. Behav. Pediatr.*, n° 25, 2004, pp. 399, 404 *et passim.*
501. Colombo J. *et al.*, « A cognitive neuroscience approach to individual differences in infant cognition », *in* Richards J.E. (sous la direction de), *Cognitive Neuroscience of Attention: A Developmental Perspective*, Lawrence Erlbaum, 1998, p. 363 *et passim.*
502. Nelson C.A. *et al.*, « A cognitive neuroscience perspective on the relation between attention and memory development », *in* Richards J.E. (sous la direction de), *Cognitive Neuroscience of Attention: A Developmental Perspective*, Lawrence Erlbaum, 1998, p. 327 *et passim.*

503. Ruff H.A. *et al.*, *Attention in Early Development*, Oxford University Press, 1996.
504. Hartmann T., *Beyond ADD: Hunting for Reasons in the Past and Present*, Underwood, 1996.
505. Singer J.L., « The power and limits of television: a cognitive-affective analysis », *in* Tannenbaum P. (sous la direction de), *The Entertainment Function of Television*, Lawrence Erlbaum, 1980, p. 312 *et passim*.
506. Leontiev A.N., « The development of voluntary attention in the child », *in* Lloyd P. *et al.* (sous la direction de), *Lev Vygotsky: Critical Assessments*, Routledge, 1999, p. 89 *et passim*.
507. Brown R.G. *et al.*, « Internal versus external cues and the control of attention in Parkinson's disease », *Brain*, n° 111, 1988, p. 323 *et passim*.
508. Landau A.N. *et al.*, « Different effects of voluntary and involuntary attention on EEG activity in the gamma band », *J. Neurosci.*, n° 27, 2007, p. 11986 *et passim*.
509. Valkenburg P.M., « Television and the child developing imagination », *in* Singer D.G. *et al.* (sous la direction de), *Handbook of Children and the Media*, Sage Publications, 2001, p. 121 *et passim*.
510. Christakis D.A. *et al.*, « Effect of block play on language acquisition and attention in toddlers: a pilot randomized controlled trial », *Arch. Pediatr. Adolesc. Med.*, n° 161, 2007, p. 967 *et passim*.
511. Singer J.L., « Cognitive and affective implications of imaginative play in childhood », *in* Lewis M. (sous la direction de), *Child and Adolescent Psychiatry: A Comprehensive Textbook*, Lippincott Williams & Wilkins, 2002, 3e éd., p. 252 *et passim*.
512. Terenzini P. *et al.*, « Influences affecting the development of students' critical thinking skills », *Research in Higher Education*, n° 36, 1995, p. 23 *et passim*.
513. Shmukler D., « Preschool Imaginative Play Predisposition and Its Relationship to Subsequent Third Grade

Assessment », *Imagin. Cogn. Pers.*, n° 2, 1982, p. 231 *et passim.*
514. Schmidt M.E. *et al.*, « The effects of background television on the toy play behavior of very young children », *Child Dev.*, n° 79, 2008, p. 1137 *et passim.*
515. Ruff H.A. *et al.*, « Long-term stability of individual differences in sustained attention in the early years », *Child Dev.*, n° 61, 1990, p. 60 *et passim.*
516. Lawson K.R. *et al.*, « Early attention and negative emotionality predict later cognitive and behavioural function », *Int. J. Behav. Dev.*, n° 28, 2004, p. 157 *et passim.*
517. Handen B.L. *et al.*, « A playroom observation procedure to assess children with mental retardation and ADHD », *J. Abnorm.Child Psychol.*, n° 26, 1998, p. 269 *et passim.*
518. Faden V.B. *et al.*, « Maternal substance use during pregnancy and developmental outcome at age three », *J. Subst. Abuse*, n° 12, 2000, p. 329 *et passim.*
519. Vig S., « Young children's object play: a window on development », *J. Dev. Phys. Disabil.*, n° 19, 2007, p. 201 *et passim.*
520. Westby C., « A scale for assessing development of children's play », *in* Gitlin-Weiner K. *et al.* (sous la direction de), *Play Diagnosis and Assessment*, Wiley, 2000, 2e éd., p. 15 *et passim.*
521. Piaget J., *La Naissance de l'intelligence chez l'enfant*, Delachaux et Niestlé, 1977, 9e éd.
522. Tomopoulos S. *et al.*, « Books, toys, parent-child interaction, and development in young Latino children », *Ambul. Pediatr.*, n° 6, 2006, p. 72 *et passim.*
523. Wallon H., *De l'acte à la pensée*, Flammarion, 1970, p. 9.
524. Lyytinen P. *et al.*, « Language and symbolic play in toddlers », *Int. J. Behav. Dev.*, n° 21, 1997, p. 289 *et passim.*
525. McCune L., « A normative study of representational play at the transition to language », *Dev. Psychol.*, n° 31, 1995, p. 198 *et passim.*

526. Tamis-Le Monda C.S. *et al.*, « Specificity in mother-toddler language-play relations across the second year », *Dev. Psychol.*, n° 30, 1994, p. 283 *et passim*.
527. Ogura T., « A longitudinal study of the relationship between early language development and play development », *J. Child Lang.*, n° 18, 1991, p. 273 *et passim*.
528. Bruner J., *Child's Talk: Learning to Use Language*, WW Norton & Company, 1983.
529. Wechsler D., *Wais-III* (traduction française), ECPA, 2000, voir en particulier l'annexe C.
530. Aubin G. *et al.*, *Neuropsychologie de la mémoire de travail*, Solal, 2007.
531. Gaonac'h D. *et al.*, *Mémoire et fonctionnement cognitif. La mémoire de travail*, Armand Colin, 2000.
532. Courage M.L. *et al.*, « When the television is on: the impact of infant-directed video on 6- and 18-month-olds' attention during toy play and on parent-infant interaction », *Infant Behav. Dev.*, n° 33, 2010, p. 176 *et passim*.
533. Schreckenberg G. *et al.*, « Neural plasticity of MUS musculus in response to disharmonic sound », *Bull. N. J. Acad. Sci.*, n° 32, 1987, p. 77 *et passim*.
534. Wachs T.D., « Noise in the nursery : ambient background noise and early development », *Child Environ. Q*, n° 3, 1986, p. 23 *et passim*.
535. Wachs T.D. *et al.*, *Early Experience and Human Development*, Plenum Press, 1982.
536. Anderson D.R. *et al.*, « Television viewing at home: age trends in visual attention and time with TV », *Child Dev.*, n° 57, 1986, p. 1024 *et passim*.
537. Anderson D.R. *et al.*, « Young children's attention to *Sesame Street* », *Child Dev.*, n° 47, 1976, p. 806 *et passim*.
538. Schmidt K.L., « Infants, toddlers, and television: the ecology of the home », *Zero to Three*, n° 22, 2001, p. 17 *et passim*.

539. Thompson D.A. *et al.*, « The association between television viewing and irregular sleep schedules among children less than 3 years of age », *Pediatrics*, n° 116, 2005, p. 851 *et passim*.
540. Christakis D.A. *et al.*, « Preschool-aged children's television viewing in child care settings », *Pediatrics*, n° 124, 2009, p. 1627 *et passim*.
541. BabyFirst, accès 2 octobre 2010, http://babyfirsttv.com/fr/parents.asp?xml_id=1627&subXml_id=1775.
542. « Trésor de la langue française informatisé », atilf, CNRS, universités de Nancy 1 et 2, accès 2 octobre 2010, http://atilf.atilf.fr/tlf.htm.
543. Desmurget M., *Mad in U.S.A.*, Max Milo, 2008.
544. Gillie O., « Crucial data was faked by eminent psychologist », *The Sunday Times*, 24 octobre 1976.
545. Broad W. *et al.*, *Betrayers of the Truth*, Simon & Schuster, 1982.
546. Gould S.J., *La Mal-Mesure de l'homme*, Odile Jacob, 1997.
547. Judson H.F., *The Great Betrayal*, Harcourt, 2004.
548. Kohn A., *The False Prophets*, Barnes & Noble, 1986.
549. Hebb D.O., « The effects of early experience on problem solving at maturity », *Am. Psychol.*, n° 2, 1947, p. 306 *et passim*.
550. Hubel D.H. *et al.*, « The period of susceptibility to the physiological effects of unilateral eye closure in kittens », *J. Physiol.*, n° 206, 1970, p. 419 *et passim*.
551. Wiesel T.N. *et al.*, « Extent of recovery from the effects of visual deprivation in kittens », *J. Neurophysiol.*, n° 28, 1965, p. 1060 *et passim*.
552. Greenough W.T. *et al.*, « Experience and brain development », *Child Dev.*, n° 58, 1987, p. 539 *et passim*.
553. Van Praag H. *et al.*, « Neural consequences of environmental enrichment », *Nat. Rev. Neurosci.*, n° 1, 2000, p. 191 *et passim*.

554. PERRY B.D., « Childhood experience and the expression of genetic potential: what childhood neglect tells us about nature and nurture », *Brain and Mind*, n° 3, 2002, p. 79 *et passim*.
555. MOHAMMED A.H. *et al.*, « Environmental enrichment and the brain », *Prog. Brain Res.*, n° 138, 2002, p. 109 *et passim*.
556. SALE A. *et al.*, « Enrich the environment to empower the brain », *Trends Neurosci.*, n° 32, 2009, p. 233 *et passim*.
557. TURNER A.M. *et al.*, « Differential rearing effects on rat visual cortex synapses. I. Synaptic and neuronal density and synapses per neuron », *Brain Res.*, n° 329, 1985, p. 195 *et passim*.
558. BENNETT E.L. *et al.*, « Chemical and anatomical plasticity brain », *Science*, n° 146, 1964, p. 610 *et passim*.
559. VAN IJZENDOORN M.H. *et al.*, « Adoption and cognitive development: a meta-analytic comparison of adopted and nonadopted children's IQ and school performance », *Psychol. Bull.*, n° 131, 2005, p. 301.
560. Voir pour l'exemple le plus récent : RYMER R., *Genie. A Scientific Tragedy*, HarperPerennial, 1994.
561. GRIMSHAW G.M. *et al.*, « First-language acquisition in adolescence: evidence for a critical period for verbal language development », *Brain Lang.*, n° 63, 1998, p. 237 *et passim*.
562. DUYME M. *et al.*, « How can we boost IQs of "dull children" ? : a late adoption study », *Proc. Natl. Acad. Sci. USA*, n° 96, 1999, p. 8790 *et passim*.
563. SCHWEINHART L.J. *et al.*, *Lifetime Effects: The High/Scope Perry Preschool Study Through Age 40. Monographs of the High/Scope Educational Research Foundation*, High/Scope Press, 2005, tome XIV.
564. CAMPBELL F.A. *et al.*, « The development of cognitive and academic abilities: growth curves from an early childhood educational experiment », *Dev. Psychol.*, n° 37, 2001, p. 231 *et passim*.

565. Reynolds A.J., *Success in Early Intervention. The Chicago Child-Parent Centers*, University of Nebraska Press, 2000.
566. Voir pour un résumé détaillé : Schweinhart L.J., « The High/Scope Perry Preschool Study through age 40 : summary, conclusions and frequently asked questions », High/Scope Educational Research Foundation, 2006, accès 17 decembre 2009, http://www.highscope.org/file/Research/PerryProject/3_special summary%20col%2006%2007.pdf.
567. Desmurget M., *Imitation et apprentissages moteurs*, Solal, 2006.
568. Dolle J.M. *et al.*, *Ces enfants qui n'apprennent pas*, Éditions du Centurion, 1989.
569. Danset A., *Éléments de psychologie du développement*, Armand Colin, 1983.
570. Dolle J.M., *Pour comprendre Jean Piaget*, Dunod, 1999, p. 48.
571. Sachs J. *et al.*, « Language learning with restricted input: case studies of two hearing children of deaf parents », *Appl. Psycholinguist.*, n° 2, 1981, p. 33 *et passim*.
572. Naigles L.R. *et al.*, « Television as incidental language teacher », *in* Singer D.G. *et al.* (sous la direction de), *Handbook of Children and the Media*, 2001, Sage Publications, p. 135 *et passim*.
573. Boysson-Bardies B. de *et al.*, « A crosslinguistic investigation of vowel formants in babbling », *J. Child Lang.*, n° 16, 1989, p. 1 *et passim*.
574. Boysson-Bardies B. de *et al.*, « Discernible differences in the babbling of infants according to target language », *J. Child Lang.*, n° 11, 1984, p. 1 *et passim*.
575. Forgays D.G. *et al.*, « The nature of the effect of free-environmental experience in the rat », *J. Comp. Physiol. Psychol.*, n° 45, 1952, p. 322 *et passim*.

576. Ferchmin P.A. *et al.*, « Direct contact with enriched environment is required to alter cerebral weights in rats », *J. Comp. Physiol. Psychol.*, n° 88, 1975, p. 360 *et passim*.
577. Held R. *et al.*, « Movement-produced stimulation in the development of visually guided behavior », *J. Comp. Physiol. Psychol.*, n° 56, 1963, p. 872 *et passim*.
578. Barr R. *et al.*, « Developmental changes in imitation from television during infancy », *Child Dev.*, n° 70, 1999, p. 1067 *et passim*.
579. Hayne H. *et al.*, « Imitation from television by 24- and 30-month-olds », *Dev. Sci.*, n° 6, 2003, p. 254 *et passim*.
580. Troseth G.L. *et al.*, « The medium can obscure the message: young children's understanding of video », *Child. Dev.*, n° 69, 1998, p. 950 *et passim*.
581. Schmidt K.L. *et al.*, « Television and reality: toddlers'use of visual information from video to guide behavior », *Media Psychol.*, n° 4, 2002, p. 51 *et passim*.
582. Schmidt K.L. *et al.*, « Two-year-olds' object retrieval based on television: testing a perceptual account », *Media Psychol.*, n° 9, 2007, p. 389 *et passim*.
583. BabyFirst, accès 2 octobre 2010, http://www.babyfirst.fr/parents.asp.
584. BabyTV, accès 6 janvier 2010, http://www.babytvchannel.fr/view_article.aspx?l=8&i=72&si=60.
585. Boysson-Bardies B. de, *Comment la parole vient aux enfants*, Odile Jacob, 1996.
586. Robb M.B. *et al.*, « Just a talking book? Word learning from watching baby videos », *Br. J. Dev. Psychol.*, n° 27, 2009, p. 27 *et passim*.
587. Richert R.A. *et al.*, « Word learning from baby videos », *Arch. Pediatr. Adolesc. Med.*, n° 164, 2010, p. 432 *et passim*.
588. Loache J.S. de *et al.*, « Do babies learn from baby media? », *Psychol. Sci.*, n° 21, 2010, p. 1570 *et passim*.

589. Krcmar M. *et al.*, « Can toddlers learn vocabulary from television? An experimental approach », *Media Psychol.*, n° 10, 2007, p. 41 *et passim*.
590. Koolstra C.M. *et al.*, « Children's vocabulary acquisition in a foreign language through watching subtitled television programs at home », *Education Tech. Res. Dev.*, n° 47, 1999, p. 51 *et passim*.
591. Van Lommel S. *et al.*, « Foreign-grammar acquisition while watching subtitled television programmes », *Br. J. Educ. Psychol.*, n° 76, 2006, p. 243 *et passim*.
592. Schoon I. *et al.*, « Children's language ability and psychosocial development: a 29-year follow-up study », *Pediatrics*, n° 126, 2010, pp. e73-e80 *et passim*.
593. Schoon I. *et al.*, « Childhood language skills and adult literacy: a 29-year follow-up study », *Pediatrics*, n° 125, 2010, pp. e459-e466 *et passim*.
594. Dehaene-Lambertz G. *et al.*, « Bases cérébrales de l'acquisition du langage », *in* Kail M. *et al.* (sous la direction de), *L'Acquisition du langage. Le langage en émergence. De la naissance à trois ans*, 2000, PUF, pp. 61, 65 *et passim*.
595. BabyFirst, accès 14 janvier 2010, http://www.babyfirst.fr/programs.asp?xml_id=1601&subXml_id=1670.
596. BabyFirst, accès 14 janvier 2010, http://www.babyfirst.fr/programs.asp?xml_id=1605&subXml_id=1909.
597. BabyFirst, accès 14 janvier 2010, http://www.babyfirst.fr/programs.asp?xml_id=1599&subXml_id=1913.
598. BabyFirst, accès 14 janvier 2010, http://www.babyfirst.fr/programs.asp?xml_id=1603&subXml_id=1896.
599. BabyFirst, accès 19 janvier 2010, http://www.babyfirst.fr/programs.asp?xml_id=1603&subXml_id=1888.
600. Rowe M.L. *et al.*, « Learning words by hand: gesture's role in predicting vocabulary development », *First. Lang.*, n° 28, 2008, p. 182 *et passim*.

601. Chouinard M.M. *et al.*, « Adult reformulations of child errors as negative evidence », *J. Child Lang.*, n° 30, 2003, p. 637 *et passim*.
602. Mendelsohn A.L. *et al.*, « Infant television and video exposure associated with limited parent-child verbal interactions in low socioeconomic status households », *Arch. Pediatr. Adolesc. Med.*, n° 162, 2008, p. 411 *et passim*.
603. Risley T. *et al.*, « Promoting early language development », *in* Watt N.F. *et al.* (sous la direction de), *The Crisis in Youth Mental Health : Critical Issues and Effective Programs, Volume IV, Early Intervention Programs and Policies*, Praeger, 2006, p. 83 *et passim*.
604. Piéron H., *Vocabulaire de la psychologie*, PUF, 1987, 7e éd.
605. Harrison L.F. *et al.*, « Television and cognitive development », *in* MacBeth Williams T. (sous la direction de), *The Impact of Television: A Natural Experiment in Three Communities*, Academic Press, 1986, p. 87 *et passim*.
606. Meline C.W., « Does the medium matter? », *J. Commun.*, n° 26, 1976, p. 81 *et passim*.
607. Greenfield P. *et al.*, « Is the medium the message ? An experimental comparison of the effects of radio and television on imagination. », *J. Appl. Dev. Psychol.*, n° 7, 1986, p. 201 *et passim*.
608. Greenfield P. *et al.*, « Radio vs. television: their cognitive impact on children of different socioeconomic and ethnic groups », *J. Commun.*, n° 38, 1988, p. 71 *et passim*.
609. Valkenburg P.M. *et al.*, « Children's creative imagination in response to radio and television stories », *J. Commun.*, n° 47, 1997, p. 21 *et passim*.
610. Bettelheim B., « Parents vs. television », *Redbook*, novembre 1963.
611. Harris D.B., *Children's Drawings as a Measure of Intellectual Maturity*, Harcourt Brace & World, 1963.

612. Ohayon D., « Regarder la télé... tue ! », Chronique info médias, France Info, 12 janvier 2010, accès 2 septembre 2010, http://www.france-info.com/chroniques-info-tele-2010-01-12-regarder-la-tele-tue-391387-81-168.html.
613. Mokdad A.H. *et al.*, « Actual causes of death in the United States, 2000 », *JAMA*, n° 291, 2004, p. 1238 *et passim*.
614. Dunstan D.W. *et al.*, « Television viewing time and mortality: the Australian diabetes, obesity and lifestyle study (AusDiab) », *Circulation*, n° 121, 2010, p. 384 *et passim*.
615. Thorp A.A. *et al.*, « Deleterious associations of sitting time and television viewing time with cardiometabolic risk biomarkers: Australian diabetes, obesity and lifestyle (AusDiab) study 2004-2005 », *Diabetes Care*, n° 33, 2010, p. 327 *et passim*.
616. Wijndaele K. *et al.*, « Television viewing time independently predicts all-cause and cardiovascular mortality: the EPIC Norfolk Study », *Int. J. Epidemiol.*, 2010.
617. Wijndaele K. *et al.*, « Increased cardiometabolic risk is associated with increased TV viewing time », *Med. Sci. Sports Exerc.*, n° 42, 2010, p. 1511 *et passim*.
618. Baughcum A.E. *et al.*, « Maternal perceptions of overweight preschool children », *Pediatrics*, n° 106, 2000, p. 1380 *et passim*.
619. Campbell M.W. *et al.*, « Maternal concern and perceptions of overweight in Australian preschool-aged children », *Med. J. Aust.*, n° 184, 2006, p. 274 *et passim*.
620. Wake M. *et al.*, « Parent-reported health status of overweight and obese Australian primary school children: a cross-sectional population survey », *Int. J. Obes. Relat. Metab. Disord.*, n° 26, 2002, p. 717 *et passim*.
621. Jain A. *et al.*, « Why don't low-income mothers worry about their preschoolers being overweight? », *Pediatrics*, n° 107, 2001, p. 1138 *et passim*.
622. Deitel M., « Overweight and obesity worldwide now estimated to involve 1.7 billion people », *Obes. Surg.*, n° 13, 2003, p. 329 *et passim*.

623. FLEGAL K.M. *et al.*, « Prevalence and trends in obesity among US adults, 1999-2008 », *JAMA*, n° 303, 2010, p. 235 *et passim*.
624. OGDEN C.L. *et al.*, « Prevalence of high body mass index in US children and adolescents, 2007-2008 », *JAMA*, n° 303, 2010, p. 242 *et passim*.
625. « Étude nationale nutrition santé ENNS, 2006 », Institut de veille sanitaire, décembre 2007, accès 3 février 2010, http://www.invs.sante.fr/publications/2007/nutrition_enns/RAPP_INST_ENNS_Web.pdf.
626. BELLANGER T.M. *et al.*, « Obesity related morbidity and mortality », *J. La State Med. Soc.*, n° 157, Spec. n° 1, 2005, pp. S42-S49.
627. KOPELMAN P.G., « Obesity as a medical problem », *Nature*, n° 404, 2000, p. 635 *et passim*.
628. BRAY G.A., « Health hazards of obesity », *Endocrinol. Metab. Clin. North Am.*, n° 25, 1996, p. 907 *et passim*.
629. ALLISON D.B. *et al.*, « Annual deaths attributable to obesity in the United States », *JAMA*, n° 282, 1999, p. 1530 *et passim*.
630. BANEGAS J.R. *et al.*, « A simple estimate of mortality attributable to excess weight in the European Union », *Eur. J. Clin. Nutr.*, n° 57, 2003, p. 201 *et passim*.
631. « Principales causes de décès », INSEE, 2006, accès 3 février 2009, http://www.insee.fr/fr/themes/tableau.asp?reg_id=0&ref_id=NATFPS06205.
632. STURM R., « The effects of obesity, smoking, and drinking on medical problems and costs », *Health Aff. (Millwood)*, n° 21, 2002, p. 245 *et passim*.
633. « The surgeon general's call to action to prevent and decrease overweight and obesity », US Department of Health and Human Services, 2001, accès 25 février 2010, http://www.surgeongeneral.gov/topics/obesity/calltoaction/CalltoAction.pdf.

634. Consumer Price Index Inflation Calculator, Bureau of Labor Statistics, accès 25 février 2010, http://www.bls.gov/data/inflation_calculator.htm.
635. US Census Bureau, http://www.census.gov/main/www/popclock.html.
636. Banque de France, http://www.banque-france.fr/fr/statistiques/taux/parites-quotidiennes.htm.
637. Coon K.A. *et al.*, « Television and children's consumption patterns. A review of the literature », *Minerva Pediatr.*, n° 54, 2002, p. 423 *et passim*.
638. Ludwig D.S. *et al.*, « Programming obesity in childhood », *Lancet*, n° 364, 2004, p. 226 *et passim*.
639. « The role of media in childhood obesity », The Henry Kaiser Family Foundation, février 2004, accès 4 février 2010, http://www.kff.org/entmedia/upload/The-Role-Of-Media-in-Childhood-Obesity.pdf.
640. Jordan A., « Heavy television viewing and childhood obesity », *J. Child Media*, n° 1, 2007, p. 45 *et passim*.
641. Escobar-Chaves S. *et al.*, « Media and risky behavior », *Fut. Child*, n° 18, 2008, p. 147 *et passim*.
642. Chaput J.P. *et al.*, « Modern sedentary activities promote overconsumption of food in our current obesogenic environment », *Obes. Rev.*, 2010.
643. Morgenstern M. *et al.*, « Relation between socioeconomic status and body mass index: evidence of an indirect path via television use », *Arch. Pediatr. Adolesc. Med.*, n° 163, 2009, p. 731 *et passim*.
644. Jackson D.M. *et al.*, « Increased television viewing is associated with elevated body fatness but not with lower total energy expenditure in children », *Am. J. Clin. Nutr.*, n° 89, 2009, p. 1031 *et passim*.
645. Foster J.A. *et al.*, « Altering TV viewing habits: an unexplored strategy for adult obesity intervention? », *Am. J. Health Behav.*, n° 30, 2006, p. 3 *et passim*.
646. Utter J. *et al.*, « Associations between television viewing and consumption of commonly advertised foods among

New Zealand children and young adolescents », *Public Health Nutr.*, n° 9, 2006, p. 606 *et passim*.
647. Bowman S.A., « Television-viewing characteristics of adults: correlations to eating practices and overweight and health status », *Prev.Chronic. Dis.*, n° 3, 2006, p. A38.
648. Kuepper-Nybelen J. *et al.*, « Major differences in prevalence of overweight according to nationality in preschool children living in Germany: determinants and public health implications », *Arch. Dis. Child*, n° 90, 2005, p. 359 *et passim*.
649. Janssen I. *et al.*, « Comparison of overweight and obesity prevalence in school-aged youth from 34 countries and their relationships with physical activity and dietary patterns », *Obes. Rev.*, n° 6, 2005, p. 123 *et passim*.
650. Janssen I. *et al.*, « Overweight and obesity in Canadian adolescents and their associations with dietary habits and physical activity patterns », *J. Adolesc. Health.*, n° 35, 2004, p. 360 *et passim*.
651. Hu F.B. *et al.*, « Television watching and other sedentary behaviors in relation to risk of obesity and type 2 diabetes mellitus in women », *JAMA*, n° 289, 2003, p. 1785 *et passim*.
652. Crespo C.J. *et al.*, « Television watching, energy intake, and obesity in US children: results from the third National Health and Nutrition Examination Survey, 1988-1994 », *Arch. Pediatr. Adolesc. Med.*, n° 155, 2001, p. 360 *et passim*.
653. Andersen R.E. *et al.*, « Relationship of physical activity and television watching with body weight and level of fatness among children: results from the Third National Health and Nutrition Examination Survey », *JAMA*, n° 279, 1998, p. 938 *et passim*.
654. Obarzanek E. *et al.*, « Energy intake and physical activity in relation to indexes of body fat: the National

Heart, Lung, and Blood Institute Growth and Health Study », *Am. J. Clin. Nutr.*, n° 60, 1994, p. 15 *et passim*.
655. DIETZ W.H. Jr. *et al.*, « Do we fatten our children at the television set? Obesity and television viewing in children and adolescents », *Pediatrics*, n° 75, 1985, p. 807 *et passim*.
656. GORTMAKER S.L. *et al.*, « Television viewing as a cause of increasing obesity among children in the United States, 1986-1990 », *Arch. Pediatr. Adolesc. Med.*, n° 150, 1996, p. 356 *et passim*.
657. LOWRY R. *et al.*, « Television viewing and its associations with overweight, sedentary lifestyle, and insufficient consumption of fruits and vegetables among US high school students : differences by race, ethnicity, and gender », *J. Sch. Health*, n° 72, 2002, p. 413 *et passim*.
658. LUMENG J.C. *et al.*, « Television exposure and overweight risk in preschoolers », *Arch. Pediatr. Adolesc. Med.*, n° 160, 2006, p. 417 *et passim*.
659. EPSTEIN L.H. *et al.*, « A randomized trial of the effects of reducing television viewing and computer use on body mass index in young children », *Arch. Pediatr. Adolesc. Med.*, n° 162, 2008, p. 239 *et passim*.
660. DOAK C.M. *et al.*, « The prevention of overweight and obesity in children and adolescents: a review of interventions and programmes », *Obes. Rev.*, n° 7, 2006, p. 111 *et passim*.
661. ROBINSON T.N., « Reducing children's television viewing to prevent obesity: a randomized controlled trial », *JAMA*, n° 282, 1999, p. 1561 *et passim*.
662. LANDHUIS C.E *et al.*, « Programming obesity and poor fitness: the long-term impact of childhood television », *Obesity (Silver Spring)*, n° 16, 2008, pp. 1457, 1459 *et passim*.
663. VINER R.M. *et al.*, « Television viewing in early childhood predicts adult body mass index », *J. Pediatr.*, n° 147, 2005, p. 429 *et passim*.

664. ZIMMERMAN F.J. *et al.*, « Associations of television content type and obesity in children », *Am. J. Public Health,* n° 100, 2010, p. 334 *et passim.*
665. BIRCH L.L., « Development of food preferences », *Annu. Rev. Nutr.*, n° 19, 1999, p. 41 *et passim.*
666. KELDER S.H. *et al.*, « Longitudinal tracking of adolescent smoking, physical activity, and food choice behaviors », *Am. J. Public Health*, n° 84, 1994, p. 1121 *et passim.*
667. HALLER R. *et al.*, « The influence of early experience with vanillin on food preference later in life », *Chem. Senses*, n° 24, 1999, p. 465 *et passim.*
668. « Il mange de la *junk-food* et perd 12 kilos », metrofrance.com, accès 7 décembre 2010, http://www.metrofrance.com/info/il-mange-de-la-junk-food-et-perd-12-kilos/mjki!xKlKXmiP3haM/.
669. KLESGES R.C. *et al.*, « Effects of television on metabolic rate: potential implications for childhood obesity », *Pediatrics*, n° 91, 1993, p. 281 *et passim.*
670. HILL J.O. *et al.*, « Obesity and the environment: where do we go from here? », *Science*, n° 299, 2003, p. 853 *et passim.*
671. COOPER T.V. *et al.*, « An assessment of obese and non obese girls' metabolic rate during television viewing, reading, and resting », *Eat. Behav.*, n° 7, 2006, p. 105 *et passim.*
672. BUIJZEN M. *et al.*, « A test of three alternative hypotheses explaining the link between children's television viewing and weight status », *J. Child Media*, n° 2, 2008, p. 67 *et passim.*
673. BENNETT G.G. *et al.*, « Television viewing and pedometer-determined physical activity among multiethnic residents of low-income housing », *Am. J. Public Health*, n° 96, 2006, p. 1681 *et passim.*
674. SALMON J. *et al.*, « Television viewing habits associated with obesity risk factors: a survey of Melbourne schoolchildren », *Med. J. Aust.*, n° 184, 2006, p. 64 *et passim.*

675. SALMON J. *et al.*, « The association between television viewing and overweight among Australian adults participating in varying levels of leisure-time physical activity », *Int. J. Obes. Relat. Metab. Disord.*, nº 24, 2000, p. 600 *et passim*.
676. JAGO R. *et al.*, « BMI from 3-6 years of age is predicted by TV viewing and physical activity, not diet », *Int. J. Obes.(Lond.)*, nº 29, 2005, p. 557 *et passim*.
677. HU F.B. *et al.*, « Physical activity and television watching in relation to risk for type 2 diabetes mellitus in men », *Arch. Intern. Med.*, nº 161, 2001, p. 1542 *et passim*.
678. TARAS H.L. *et al.*, « Television's influence on children's diet and physical activity », *J. Dev. Behav. Pediatr.*, nº 10, 1989, p. 176 *et passim*.
679. WIECHA J.L. *et al.*, « When children eat what they watch: impact of television viewing on dietary intake in youth », *Arch. Pediatr. Adolesc. Med.*, nº 160, 2006, p. 436 *et passim*.
680. AKTAS ARNAS Y., « The effects of television food advertisement on children's food purchasing requests », *Pediatr. Int.*, nº 48, 2006, p. 138 *et passim*.
681. THOMSON M. *et al.*, « The association of television viewing with snacking behavior and body weight of young adults », *Am. J. Health Promot.*, nº 22, 2008, p. 329 *et passim*.
682. TEMPLE J.L. *et al.*, « Television watching increases motivated responding for food and energy intake in children », *Am. J. Clin. Nutr.*, nº 85, 2007, p. 355 *et passim*.
683. BELLISSIMO N. *et al.*, « Effect of television viewing at mealtime on food intake after a glucose preload in boys », *Pediatr. Res*, nº 61, 2007, p. 745 *et passim*.
684. EPSTEIN L.H. *et al.*, « Allocation of attentional resources during habituation to food cues », *Psychophysiology*, nº 34, 1997, p. 59 *et passim*.

685. STROEBELE N. *et al.*, « Listening to music while eating is related to increases in people's food intake and meal duration », *Appetite*, n° 47, 2006, p. 285 *et passim*.
686. BELLISLE F. *et al.*, « Non food-related environmental stimuli induce increased meal intake in healthy women: comparison of television viewing versus listening to a recorded story in laboratory settings », *Appetite*, n° 43, 2004, p. 175 *et passim*.
687. HETHERINGTON M.M. *et al.*, « Situational effects on meal intake: a comparison of eating alone and eating with others », *Physiol. Behav.*, n° 88, 2006, p. 498 *et passim*.
688. BLASS E.M. *et al.*, « On the road to obesity : television viewing increases intake of high-density foods », *Physiol. Behav.*, n° 88, 2006, p. 597 *et passim*.
689. STROEBELE N. *et al.*, « Television viewing is associated with an increase in meal frequency in humans », *Appetite*, n° 42, 2004, p. 111 *et passim*.
690. HIGGS S. *et al.*, « Television watching during lunch increases afternoon snack intake of young women », *Appetite*, n° 52, 2009, p. 39 *et passim*.
691. HIGGS S., « Cognitive influences on food intake: the effects of manipulating memory for recent eating », *Physiol. Behav.*, n° 94, 2008, p. 734 *et passim*.
692. HIGGS S., « Memory and its role in appetite regulation », *Physiol. Behav.*, n° 85, 2005, p. 67 *et passim*.
693. HIGGS S., « Memory for recent eating and its influence on subsequent food intake », *Appetite*, n° 39, 2002, p. 159 *et passim*.
694. HIGGS S. *et al.*, « Recall of recent lunch and its effect on subsequent snack intake », *Physiol. Behav.*, n° 94, 2008, p. 454 *et passim*.
695. DIJKSTERHUIS A. *et al.*, « The perception-behavior expressway: automatic effects of social perception on social behavior », *Adv. Exp. Soc. Psychol.*, n° 33, 2001, p. 1 *et passim*.

696. Bargh J.A. *et al.*, « Automaticity of social behavior: direct effects of trait construct and stereotype-activation on action », *J. Pers. Soc. Psychol.*, n° 71, 1996, p. 230 *et passim*.
697. Cornell C.E. *et al.*, « Stimulus-induced eating when satiated », *Physiol. Behav.*, n° 45, 1989, p. 695 *et passim*.
698. Halford J.C. *et al.*, « Children's food preferences: effects of weight status, food type, branding and television food advertisements (commercials) », *Int. J. Pediatr. Obes.*, n° 3, 2008, p. 31 *et passim*.
699. Halford J.C. *et al.*, « Beyond-brand effect of television food advertisements on food choice in children: the effects of weight status », *Public Health Nutr.*, n° 11, 2008, p. 897 *et passim*.
700. Halford J.C. *et al.*, « Beyond-brand effect of television (TV) food advertisements/commercials on caloric intake and food choice of 5-7-year-old children », *Appetite*, n° 49, 2007, p. 263 *et passim*.
701. Halford J.C. *et al.*, « Effect of television advertisements for foods on food consumption in children », *Appetite*, n° 42, 2004, p. 221 *et passim*.
702. Harris J.L. *et al.*, « Priming effects of television food advertising on eating behavior », *Health Psychol.*, n° 28, 2009, p. 404 *et passim*.
703. Koordeman R. *et al.*, « Exposure to soda commercials affects sugar-sweetened soda consumption in young women. An observational experimental study », *Appetite*, n° 54, 2010, p. 619 *et passim*.
704. « The marketing of unhealthy food to children in Europe. A report of Phase 1 of the "Children, obesity and associated avoidable chronic diseases" project », European Heart Network, 2005, accès 3 octobre 2010, http://www.ehnheart.org/downloads/47.html.
705. Harris J.L. *et al.*, « A crisis in the marketplace: how food marketing contributes to childhood obesity and what

can be done », *Annu. Rev. Public Health*, n° 30, 2009, p. 211 *et passim*.

706. HASTINGS G. *et al.*, « Review of research on the effects of food promotion to children, Final Report for the Food Standards Agency », University of Strathclyde, septembre 2003, accès 24 février 2010, http://www.food.gov.uk/multimedia/pdfs/foodpromotiontochildren1.pdf.

707. STORY M. *et al.*, « Food advertising and marketing directed at children and adolescents in the US », *Int. J. Behav. Nutr. Phys. Act.*, n° 1, 2004, pp. 3 et 14.

708. « vuàlatélé n° 22 », Lettre d'information du Syndicat national de la publicité télévisée, février 2009, accès 23 février 2010, http://www.snptv.org/_files/actualites/fichiers/actualites-949-401.pdf.

709. « Le guide des médias », Dufresne Corrigan Scarlett, 2008.

710. DIBB S. *et al.*, *A Spoonful of Sugar. Television Food Advertising Aimed at Children: An International Comparative Study*, Consumers International, 1996.

711. « Marketing food to children and adolescents : a review of industry expenditures, activities, and self-regulation », Federal Trade Commission, Report to Congress, juillet 2008, dernier accès 23 février 2010, http://www.ftc.gov/os/2008/07/P064504foodmktingreport.pdf.

712. GANTZ W. *et al.*, « Food for thought: television food advertising to children in the United States », The Kaiser Family Foundation, mars 2007, accès 23 février 2010, http://www.kff.org/entmedia/upload/7618.pdf, p. 1.

713. KUNKEL D. *et al.*, « The impact of industry self-regulation on the nutritional quality of foods advertised on television to children », rapport ordonné par Children Now, décembre 2009, accès 27 juin 2010,

http://www.childrennow.org/uploads/documents/adstudy_2009.pdf.
714. RADNITZ C. *et al.*, « Food cues in children's television programs », *Appetite*, n° 52, 2009, p. 230 *et passim.*
715. POWELL L.M. *et al.*, « Nutritional content of television food advertisements seen by children and adolescents in the United States », *Pediatrics*, n° 120, 2007, p. 576 *et passim.*
716. POWELL L.M. *et al.*, « Adolescent exposure to food advertising on television », *Am. J. Prev. Med.*, n° 33, 2007, pp. S251-S256.
717. MALEYSSON F. *et al.*, « Publicité télé. Écrans plats et ventres ronds », *Que Choisir*, n° 441, 2006, p. 26 *et passim.*
718. HARRISON K. *et al.*, « Nutritional content of foods advertised during the television programs children watch most », *Am. J. Public Health*, n° 95, 2005, p. 1568 *et passim.*
719. BYRD-BREDBENNER C., « Saturday morning children's television advertising: a longitudinal content analysis », *Fam. Consum. Sci. Re. J.*, n° 30, 2002, p. 382 *et passim.*
720. BATADA A. *et al.*, « 9 out of 10 food advertisements shown during Saturday morning children's television programming are for foods high in fat, sodium, or added sugars, or low in nutrients », *J. Am. Diet. Assoc.*, n° 108, 2008, p. 673 *et passim.*
721. GURAN T. *et al.*, « Content analysis of food advertising in Turkish television », *J. Paediatr. Child Health*, n° 46, 2010, p. 427 *et passim.*
722. KELLY B. *et al.*, « Television food advertising to children: a global perspective », *Am. J. Public Health*, n° 100, 2010, p. 1730 *et passim.*
723. MINK M. *et al.*, « Nutritional imbalance endorsed by televised food advertisements », *J. Am. Diet. Assoc.*, n° 110, 2010, p. 904 *et passim.*

724. RODD H.D. *et al.*, « Content analysis of children's television advertising in relation to dental health », *Br. Dent. J.*, n° 199, 2005, p. 710 *et passim*.
725. DIXON H.G. *et al.*, « The effects of television advertisements for junk food versus nutritious food on children's food attitudes and preferences », *Soc. Sci. Med.*, n° 65, 2007, p. 1311 *et passim*.
726. BOYNTON-JARRETT R. *et al.*, « Impact of television viewing patterns on fruit and vegetable consumption among adolescents », *Pediatrics*, n° 112, 2003, p. 1321 *et passim*.
727. BUIJZEN M. *et al.*, « Associations between children's television advertising exposure and their food consumption patterns: a household diary-survey study », *Appetite*, n° 50, 2008, p. 231 *et passim*.
728. FRENCH S.A. *et al.*, « Fast food restaurant use among adolescents : associations with nutrient intake, food choices and behavioral and psychosocial variables », *Int. J. Obes. Relat. Metab. Disord.*, n° 25, 2001, p. 1823 *et passim*.
729. KREMERS S.P. *et al.*, « Adolescent screen-viewing behaviour is associated with consumption of sugar-sweetened beverages: the role of habit strength and perceived parental norms », *Appetite*, n° 48, 2007, p. 345 *et passim*.
730. MILLER S.A. *et al.*, « Association between television viewing and poor diet quality in young children », *Int. J. Pediatr. Obes.*, n° 3, 2008, p. 168 *et passim*.
731. PARVANTA S.A. *et al.*, « Television use and snacking behaviors among children and adolescents in China », *J. Adolesc. Health*, n° 46, 2010, p. 339 *et passim*.
732. SIGNORIELLI N. *et al.*, « Television and children's conception of nutrition: unhealthy messages », *Health Comm.*, n° 4, 1992, p. 245 *et passim*.
733. SIGNORIELLI N. *et al.*, « Television and children's conception of nutrition », *Health Comm.*, n° 9, 1997, p. 289 *et passim*.

734. SCULLY M. *et al.*, « Association between commercial television exposure and fast food consumption among adults », *Public Health Nutr.*, n° 12, 2009, p. 105 *et passim*.
735. VEREECKEN C.A. *et al.*, « Television viewing behaviour and associations with food habits in different countries », *Public Health Nutr.*, n° 9, 2006, p. 244 *et passim*.
736. GALST J.P. *et al.*, « The unhealthy persuader: the reinforcing value of television and children's purchase-influencing attempts at the supermarket », *Child Dev.*, n° 47, 1976, pp. 1089, 1094-1095 *et passim*.
737. CHAMBERLAIN L.J. *et al.*, « Does children's screen time predict requests for advertised products? Cross-sectional and prospective analyses », *Arch. Pediatr. Adolesc. Med.*, n° 160, 2006, p. 363 *et passim*.
738. GOLDBERG M.E. *et al.*, « TV messages for snack and breakfast foods: do they influence children's preferences? », *J. Consum. Res.*, n° 5, 1978, p. 73 *et passim*.
739. GOLDBERG M.E., « A quasi-experiment assessing the effectiveness of TV advertising directed to children », *J. Market Res.*, n° 27, 1990, p. 445 *et passim*.
740. GORN G.J. *et al.*, « Behavioral evidence of the effects of televised food messages on children », *J. Consum. Res.*, n° 9, 1982, p. 200 *et passim*.
741. BORZEKOWSKI D.L. *et al.*, « The 30-second effect: an experiment revealing the impact of television commercials on food preferences of preschoolers », *J. Am. Diet. Assoc.*, n° 101, 2001, p. 42 *et passim*.
742. ROBINSON T.N. *et al.*, « Effects of fast food branding on young children's taste preferences », *Arch. Pediatr. Adolesc. Med.*, n° 161, 2007, p. 792 *et passim*.
743. ROBERTO C.A. *et al.*, « Influence of licensed characters on children's taste and snack preferences », *Pediatrics*, n° 126, 2010, p. 88 *et passim*.

744. McClure S.M. *et al.*, « Neural correlates of behavioral preference for culturally familiar drinks », *Neuron*, n° 44, 2004, p. 379 *et passim*.
745. Auty S. *et al.*, « Exploring children's choice: the reminder effect of product placement », *Psychol. Market*, n° 21, 2004, p. 699 *et passim*.
746. Sutherland L.A. *et al.*, « Prevalence of food and beverage brands in movies: 1996-2005 », *Pediatrics*, n° 125, 2010, pp. 468, 473 *et passim*.
747. Shapiro S. *et al.*, « The effects of incidental ad exposure on the formation of consideration sets », *J. Consum. Res.*, n° 24, 1997, pp. 94, 102 *et passim*.
748. Larousse.fr, accès 25 février 2010 ; http://www.larousse.fr/dictionnaires/francais/viol.
749. Mignot F. *et al.*, *Les Enfants et la publicité télévisée*, La Documentation française, 2002.
750. Signature de la charte pour promouvoir une alimentation et une activité physique favorables à la santé dans les programmes et les publicités diffusés à la télévision, 18 février 2009, accès 25 février 2010, http://www.culture.gouv.fr/culture/actualites/communiq/albanel/dpsante09.pdf.
751. « Charte sur la publicité alimentaire : des engagements significatifs et inédits des professionnels de l'audiovisuel », communiqué collectif, 19 février 2009, accès 26 février 2010, http://www.snptv.org/_files/actualites/fichiers/actualites-950-399.pdf.
752. Kelly C., « Lutte contre l'obésité infantile : les paradoxes de la télévision, partenaire d'une régulation à la française », lemonde.fr, 17 février 2010, accès 25 février 2010, http://www.lemonde.fr/opinions/article/2010/02/17/lutte-contre-l-obesite-infantile-les-paradoxes-de-la-television-partenaire-d-une-regulation-a-la-francaise-par-christine-kelly_1307382_3232.html.

753. « Biographie de Christine Kelly », csa.fr, accès 17 mars 2010, http://www.csa.fr/conseil/composition/college_conseillers_biographie_ck.php.
754. « 23 sociétés savantes et 17 associations appellent les députés à réglementer la publicité télévisée pour les produits alimentaires à destination des enfants », communiqué de presse, 3 mars 2009, accès 26 février 2010, http://www.sfsp.fr/activites/file/CP3mars.pdf.
755. ANDERSON P., « The impact of alcohol advertising : ELSA project report on the evidence to strengthen regulation to protect young people », National Foundation for Alcohol Prevention, mai 2007, accès 20 mai 2010, http://www.stap.nl/content/bestanden/elsa_4_report_on_impact.pdf.
756. « Youth exposure to alcohol advertising on television, 2001 to 2007 », The Center on Alcohol Marketing and Youth, juin 2008, accès 3 octobre 2010, http://www.camy.org/bin/c/o/Youth_Exposure_to_Alcohol_Advertising_on_Television.pdf.
757. VENDRAME A. *et al.*, « Assessment of self-regulatory code violations in Brazilian television beer advertisements », *J. Stud. Alcohol Drugs*, n° 71, 2010, p. 445 *et passim*.
758. « Smoke-free movies: from evidence to action », OMS, 2009, accès 19 avril 2010, http://whqlibdoc.who.int/publications/2009/9789241597937_eng.pdf.
759. « Stratégies visant à réduire l'usage nocif de l'alcool : projet de stratégie mondiale », Organisation mondiale de la santé, rapport A63/13 soumis à la 63e Assemblée mondiale de la santé, 25 mars 2010, accès 21 mai 2010, http://apps.who.int/gb/ebwha/pdf_files/WHA63/A63_13-fr.pdf, pp. 4 et 16.
760. BELPOIS M., « On se retrouve après une page spéciale obésité… », télérama.fr, 19 avril 2009, accès 26 février 2010, http://television.telerama.fr/television/on-se-retrouve-apres-une-page-speciale-obesite,41780.php.

761. Bar-on M.E., « The effects of television on child health: implications and recommendations », *Arch. Dis. Child*, n° 83, 2000, p. 289 *et passim*.
762. Metcalf B.S. *et al.*, « Fatness leads to inactivity, but inactivity does not lead to fatness: a longitudinal study in children (EarlyBird 45) », *Arch. Dis. Child*, 2010.
763. Wong N.D. *et al.*, « Television viewing and pediatric hypercholesterolemia », *Pediatrics*, n° 90, 1992, p. 75 *et passim*.
764. Martinez-Gomez D. *et al.*, « Associations between sedentary behavior and blood pressure in young children », *Arch. Pediatr. Adolesc. Med.*, n° 163, 2009, p. 724 *et passim*.
765. Pardee P.E. *et al.*, « Television viewing and hypertension in obese children », *Am. J. Prev. Med.*, n° 33, 2007, p. 439 *et passim*.
766. Krishnan S. *et al.*, « Physical activity and television watching in relation to risk of type 2 diabetes: the Black Women's Health Study », *Am. J. Epidemiol.*, n° 169, 2009, p. 428 *et passim*.
767. Hardy L.L. *et al.*, « Screen time and metabolic risk factors among adolescents », *Arch. Pediatr. Adolesc. Med.*, n° 164, 2010, p. 643 *et passim*.
768. Wang F. *et al.*, « The influence of childhood obesity on the development of self-esteem », *Health Rep.*, n° 20, 2009, p. 21 *et passim*.
769. Wang F. *et al.*, « Self-esteem and cognitive development in the era of the childhood obesity epidemic », *Obes. Rev.*, n° 9, 2008, p. 615 *et passim*.
770. Erickson S.J. *et al.*, « Are overweight children unhappy?: body mass index, depressive symptoms, and overweight concerns in elementary school children », *Arch. Pediatr. Adolesc. Med.*, n° 154, 2000, p. 931 *et passim*.
771. Pitrou I. *et al.*, « Child overweight, associated psychopathology, and social functioning: a French school-based

survey in 6- to 11-year-old children », *Obesity (Silver Spring)*, nº 18, 2010, p. 809 *et passim*.
772. Corbo G.M. *et al.*, « Wheeze and asthma in children: associations with body mass index, sports, television viewing, and diet », *Epidemiology*, nº 19, 2008, p. 747 *et passim*.
773. Sherriff A. *et al.*, « Association of duration of television viewing in early childhood with the subsequent development of asthma », *Thorax*, nº 64, 2009, p. 321 *et passim*.
774. Vlaski E. *et al.*, « Influence of physical activity and television-watching time on asthma and allergic rhinitis among young adolescents: preventive or aggravating? », *Allergol. Immunopathol.(Madr.)*, nº 36, 2008, p. 247 *et passim*.
775. Ishida S. *et al.*, « Photosensitive seizures provoked while viewing *Pocket Monsters*, a made-for-television animation program in Japan », *Epilepsia*, nº 39, 1998, p. 1340 *et passim*.
776. Wipfli H. *et al.*, « Global economic and health benefits of tobacco control: part 2 », *Clin. Pharmacol. Ther.*, nº 86, 2009, p. 272 *et passim*.
777. Wipfli H. *et al.*, « Global economic and health benefits of tobacco control : part 1 », *Clin. Pharmacol. Ther.*, nº 86, 2009, p. 263 *et passim*.
778. « Rapport de l'OMS sur l'épidémie mondiale de tabagisme », OMS, 2008, accès 19 avril 2010, http://whqlibdoc.who.int/publications/2008/9789242596281_fre.pdf, pp. 21 et 36.
779. Site de l'Union européenne, accès 13 avril 2010, http://europa.eu/abc/european_countries/eu_members/denmark/index_fr.htm.
780. Weinstein H., « R.J. Reynolds targeted kids, records show », latimes.com, 15 janvier 1998, accès 19 avril 2010, http://articles.latimes.com/1998/jan/15/news/mn-8487.

781. « Tobacco company marketing to kids », tobaccofreekids.org, juillet 2010, accès 3 octobre 2010, http://www.tobaccofreekids.org/research/factsheets/pdf/0008.pdf.
782. « Prévention du tabagisme chez les jeunes », Philip Morris International, accès 4 octobre 2010, http://www.pmi.com/fra/about_us/how_we_operate/pages/youth_smoking_prevention.aspx.
783. « Publicité et marketing », Philip Morris International, accès 4 octobre 2010, http://www.pmi.com/fra/tobacco_regulation/regulating_tobacco/pages/advertising_and_marketing.aspx.
784. « Directive du 2010/13/UE du Parlement européen et du conseil du 10 mars 2010 », *Journal officiel de l'Union européenne*, 15 avril 2010, accès 30 avril 2010, http://eur-lex.europa.eu/LexUriServ/LexUriServ.do?uri=OJ:L:2010:095:0001:0024:FR:PDF.
785. « Master Settlement Agreement », Office of the Attorney General, accès 26 mars 2010, http://ag.ca.gov/tobacco/msa.php.
786. Sargent J.D. *et al.*, « Brand appearances in contemporary cinema films and contribution to global marketing of cigarettes », *Lancet*, n° 357, 2001, p. 29 *et passim*.
787. « Character smoking in top box office movies », American Legacy Foundation, 18 octobre 2007, accès 19 avril 2010, http://www.legacyforhealth.org/PDFPublications/Character_Smoking_in_Top_Box_Office_Movies.pdf.
788. Titus K. *et al.*, « Smoking presentation trends in US movies 1991-2008 », Breathe California of Sacramento-Emigrant Trails and the Center for Tobacco Control Research and Education, University of California San Francisco, février 2009, accès 19 avril 2010, http://escholarship.org/uc/item/30q9j424.
789. Polansky J.R. *et al.*, « First-run smoking presentations in US movies 1999-2006 », Center for Tobacco Control Research and Education, University of California San

Francisco, avril 2007, accès 19 avril 2010, http://escholarship.org/uc/item/67c514kh.
790. Heatherton T.F. *et al.*, « Does watching smoking in movies promote teenage smoking? », *Curr. Dir. Psychol. Sci.*, n° 18, 2009, p. 63 *et passim*.
791. « The role of the media in promoting and reducing tobacco use », National Cancer Institute, Tobacco Control Monograph n° 19, US Department of Health and Human Services, National Institutes of Health, National Cancer Institute. NIH pub. n° 07-6242, juin 2008, accès 4 octobre 2010, http://cancercontrol.cancer.gov/tcrb/monographs/19/m19_complete.pdf.
792. Hanewinkel R. *et al.*, « Exposure to smoking in popular contemporary movies and youth smoking in Germany », *Am. J. Prev. Med.*, n° 32, 2007, p. 466 *et passim*.
793. Hanewinkel R. *et al.*, « Exposure to smoking in internationally distributed American movies and youth smoking in Germany: a cross-cultural cohort study », *Pediatrics*, n° 121, 2008, pp. e108-e117.
794. Miller T. *et al.*, *Global Hollywood 2*, BFI Publishing, 2005.
795. Ling P.M. *et al.*, « Why and how the tobacco industry sells cigarettes to young adults: evidence from industry documents », *Am. J. Public Health*, n° 92, 2002, p. 908 *et passim*.
796. Charlesworth A. *et al.*, « Smoking in the movies increases adolescent smoking: a review », *Pediatrics*, n° 116, 2005, p. 1516 *et passim*.
797. « Semi-annual report on tobacco in current movies », The thumbs up! thumbs down!, juin 2004, accès 19 avril 2010, http://www.scenesmoking.org/docs/2004report.pdf.
798. « Tobacco use in the movies, annual report card », The thumbs up! thumbs down!, 2005, accès 19 avril 2010, http://www.scenesmoking.org/ReportCard2004-05.pdf.

799. SARGENT J.D. *et al.*, « Effect of seeing tobacco use in films on trying smoking among adolescents: cross sectional study », *BMJ*, n° 323, 2001, p. 1394 *et passim*.
800. SARGENT J.D. *et al.*, « Exposure to movie smoking: its relation to smoking initiation among US adolescents », *Pediatrics*, n° 116, 2005, p. 1183 *et passim*.
801. SARGENT J.D. *et al.*, « Exposure to smoking depictions in movies: its association with established adolescent smoking », *Arch. Pediatr. Adolesc. Med.*, n° 161, 2007, p. 849 *et passim*.
802. DALTON M.A. *et al.*, « Effect of viewing smoking in movies on adolescent smoking initiation: a cohort study », *Lancet*, n° 362, 2003, p. 281 *et passim*.
803. DALTON M.A. *et al.*, « Early exposure to movie smoking predicts established smoking by older teens and young adults », *Pediatrics*, n° 123, 2009, pp. e551-e558.
804. TITUS-ERNSTOFF L. *et al.*, « Longitudinal study of viewing smoking in movies and initiation of smoking by children », *Pediatrics*, n° 121, 2008, p. 15 *et passim*.
805. SARGENT J.D. *et al.*, « Comparison of trends for adolescent smoking and smoking in movies, 1990-2007 », *JAMA*, n° 301, 2009, p. 2211 *et passim*.
806. PECHMANN C. *et al.*, « Smoking scenes in movies and antismoking advertisements before movies: effects on youth », *J. Mark.*, n° 63, 1999, p. 1 *et passim*.
807. GOLDBERG M.E. *et al.*, « Cross-country attraction as a motivation for product consumption », *J. Bus. Res.*, n° 55, 2002, p. 901 *et passim*.
808. GOLDBERG M.E., « American media and the smoking-related behaviors of Asian adolescents », *J. Advert. Res.*, n° 43, 2003, p. 2 *et passim*.
809. LAUGESEN M. *et al.*, « R-rated film viewing and adolescent smoking », *Prev. Med.*, n° 45, 2007, p. 454 *et passim*.
810. THRASHER J.F. *et al.*, « Exposure to smoking imagery in popular films and adolescent smoking in Mexico », *Am. J. Prev. Med.*, n° 35, 2008, p. 95 *et passim*.

811. Hunt K. *et al.*, « An examination of the association between seeing smoking in films and tobacco use in young adults in the West of Scotland: cross-sectional study », *Health Educ. Res.*, n° 24, 2009, p. 22 *et passim*.
812. Song A.V. *et al.*, « Smoking in movies and increased smoking among young adults », *Am. J. Prev. Med.*, n° 33, 2007, p. 396 *et passim*.
813. Pour le classement américain, voir The Classification and Rating Administration (CARA), accès le 4 octobre 2010, http://www.filmratings.com/filmRatings_Cara/ ; pour le classement français, voir le site du Centre national du cinéma et de l'image animée (base de données de la Commission de classification des films), accès 4 octobre 2010, http://www.cnc.fr/Site/Template/A2.aspx?SELECTID=18&ID=19&t=1.
814. Polansky J.R. *et al.*, « Two years later: are MPAA's tobacco labels protecting movie audiences? », Center for Tobacco Control Research and Education, University of California San Francisco, mai 2009, accès 19 avril 2010, http://www.escholarship.org/uc/item/5sr9w2s1.
815. Tanski S.E. *et al.*, « Parental R-rated movie restriction and early-onset alcohol use », *J. Stud. Alcohol Drugs*, n° 71, 2010, p. 452 *et passim*.
816. Dalton M.A. *et al.*, « Relation between parental restrictions on movies and adolescent use of tobacco and alcohol », *Eff. Clin. Pract.*, n° 5, 2002, p. 1 *et passim*.
817. Dalton M.A. *et al.*, « Parental rules and monitoring of children's movie viewing associated with children's risk for smoking and drinking », *Pediatrics*, n° 118, 2006, p. 1932 *et passim*.
818. Jackson C. *et al.*, « R-rated movies, bedroom televisions, and initiation of smoking by white and black adolescents », *Arch. Pediatr. Adolesc. Med.*, n° 161, 2007, p. 260 *et passim*.

819. HANEWINKEL R. *et al.*, « Longitudinal study of parental movie restriction on teen smoking and drinking in Germany », *Addiction*, n° 103, 2008, p. 1722 *et passim* (cette étude fut réalisée en Allemagne en prenant pour base les films dits FSK-16, dont l'accès en salle est interdit aux moins de 16 ans).
820. SARGENT J.D. *et al.*, « Effect of parental R-rated movie restriction on adolescent smoking initiation: a prospective study », *Pediatrics*, n° 114, 2004, p. 149 *et passim*.
821. THOMPSON K.M. *et al.*, « Violence, sex and profanity in films: correlation of movie ratings with content », *MedGenMed.*, n° 6, 2004, p. 3.
822. NALKUR P.G. *et al.*, « The effectiveness of the Motion Picture Association of America's rating system in screening explicit violence and sex in top-ranked movies from 1950 to 2006 », *J. Adolesc. Health*, n° 47, 2010, p. 440 *et passim*.
823. CIEPLY M., « *Avatar* joins holiday movies that fail an antismoking test », nytimes.com, 3 janvier 2010, accès 13 avil 2010, http://www.nytimes.com/2010/01/04/business/04smoke.html.
824. LÉVY A., « *Avatar* nuit gravement à la santé ? », libération.fr, 6 janvier 2010, accès 13 avril 2010, http://www.liberation.fr/culture/0101612145-avatar-nuit-gravement-a-la-sante.
825. TICKLE J.J. *et al.*, « Tobacco, alcohol, and other risk behaviors in film: how well do MPAA ratings distinguish content? », *J. Health Commun.*, n° 14, 2009, p. 756 *et passim*.
826. TICKLE J.J. *et al.*, « Favourite movie stars, their tobacco use in contemporary movies, and its association with adolescent smoking », *Tob. Control*, n° 10, 2001, p. 16 *et passim*.
827. PIERCE J.P. *et al.*, « Validation of susceptibility as a predictor of which adolescents take up smoking in the

United States », *Health Psychol.*, n° 15, 1996, p. 355 *et passim*.

828. SARGENT J.D. *et al.*, « Movie smoking and urge to smoke among adult smokers », *Nicotine Tob. Res.*, n° 11, 2009, p. 1042 *et passim*.
829. BAUMANN S.B. *et al.*, « Smoking cues in a virtual world provoke craving in cigarette smokers », *Psychol. Addict. Behav.*, n° 20, 2006, p. 484 *et passim*.
830. TONG C. *et al.*, « Smoking-related videos for use in cue-induced craving paradigms », *Addict. Behav.*, n° 32, 2007, p. 3034 *et passim*.
831. SHMUELI D. *et al.*, « Effect of smoking scenes in films on immediate smoking: a randomized controlled study », *Am. J. Prev. Med.*, n° 38, 2010, p. 351 *et passim*.
832. VISWANATH K. *et al.*, « Movies and TV influence tobacco use in India: findings from a national survey », *PLoS.One.*, n° 5, 2010, p. e11365.
833. WATKINS S.S. *et al.*, « Neural mechanisms underlying nicotine addiction: acute positive reinforcement and withdrawal », *Nicotine Tob. Res.*, n° 2, 2000, p. 19 *et passim*.
834. GIDWANI P.P. *et al.*, « Television viewing and initiation of smoking among youth », *Pediatrics*, n° 110, 2002, p. 505 *et passim*.
835. GUTSCHOVEN K. *et al.*, « Television viewing and smoking volume in adolescent smokers: a cross-sectional study », *Prev. Med.*, n° 39, 2004, p. 1093 *et passim*.
836. GUTSCHOVEN K. *et al.*, « Television viewing and age at smoking initiation: does a relationship exist between higher levels of television viewing and earlier onset of smoking? », *Nicotine Tob. Res.*, n° 7, 2005, p. 381 *et passim*.
837. REHM J. *et al.*, « Global burden of disease and injury and economic cost attributable to alcohol use and alcohol-use disorders », *Lancet*, n° 373, 2009, p. 2223 *et passim*.

838. Rehm J. *et al.*, « Alcohol use », *in* Ezzati M. *et al.* (sous la direction de), *Comparative Quantification of Health Risks. Global and Regional Burden of Disease Attributable to Selected Major Risk Factors*, OMS, 2004, vol. I, pp. 959.
839. Thavorncharoensap M. *et al.*, « The economic impact of alcohol consumption: a systematic review », *Subst. Abuse Treat. Prev. Policy*, n° 4, 2009, p. 20.
840. « Global status report on alcohol 2004 », OMS, 2004, accès 16 mai 2010, http://www.who.int/substance_abuse/publications/global_status_report_2004_overview.pdf.
841. « The global burden of disease : 2004 update », OMS, 2008, accès 16 mai 2010, http://www.who.int/healthinfo/global_burden_disease/GBD_report_2004update_full.pdf.
842. « Food, nutrition, physical activity, and the prevention of cancer: a global perspective », World Cancer Research Fund / American Institute for Cancer Research, 2007, accès 11 décembre 2010, http://www.dietandcancerreport.org/.
843. Corrao G. *et al.*, « A meta-analysis of alcohol consumption and the risk of 15 diseases », *Prev. Med.*, n° 38, 2004, p. 613 *et passim*.
844. « Alcohol and Injuries », OMS, 2009, accès 16 mai 2010, http://www.who.int/substance_abuse/msbalcinuries.pdf.
845. Taylor B. *et al.*, « Determination of lifetime injury mortality risk in Canada in 2002 by drinking amount per occasion and number of occasions », *Am. J. Epidemiol.*, n° 168, 2008, p. 1119 *et passim*.
846. Taylor B. *et al.*, « The more you drink, the harder you fall: a systematic review and meta-analysis of how acute alcohol consumption and injury or collision risk increase together », *Drug Alcohol Depend.*, n° 110, 2010, p. 108 *et passim*.
847. Rehm J. *et al.*, « The relationship of average volume of alcohol consumption and patterns of drinking to burden

of disease: an overview », *Addiction*, n° 98, 2003, p. 1209 *et passim*.
848. leParisien.fr, 21 novembre 2009, accès 25 avril 2010, http://www.leparisien.fr/seine-et-marne-77/brulee-a-l-essence-par-son-mari-ivre-21-11-2009-719075.php.
849. LaProvence.com, 20 octobre 2009, accès 25 avril 2010, http://www.laprovence.com/actu/ivre-il-frappe-a-coups-de-pied-sa-femme-enceinte.
850. nouvelObs.com, 3 avril 2010, accès 25 avril 2010, http://tempsreel.nouvelobs.com/actualite/societe/20100403.OBS1863/un-bebe-dans-le-coma-apres-avoir-ete-frappe-par-sa-nourrice-ivre.html.
851. ouest-france.fr, 22 janvier 2010, accès 25 avril 2010, http://www.ouest-france.fr/actu/actuLocale_-Une-femme-ivre-tue-son-nourrisson-en-s-endormant-sur-lui_6346-1236070-fils-tous--44036-abd_filDMA.Htm.
852. LePoint.fr, 10 avril 2010, accès 25 avril 2010, http://www.lepoint.fr/actualites-societe/2010-04-10/un-bebe-de-13-mois-dans-sa-poussette-tue-par-une-conductrice-ivre/920/0/442948.
853. lefigaro.fr, 18 avril 2008, accès 25 avril 2010, http://www.lefigaro.fr/actualites/2008/04/18/01001-20080418ARTFIG00375-deux-policiers-tues-par-un-chauffard-ivre-en-isere.php.
854. MidiLibre.com, 24 août 2009, accès 25 avril 2010, http://www.midilibre.com/articles/2009/08/24/BEZIERS-Beziers-Accident-de-la-RN-9-qui-a-fait-5-morts-le-conducteur-etait-ivre-894235.php5.
855. LePoint.fr, 6 juillet 2008, accès 25 avril 2010, http://www.lepoint.fr/actualites-societe/2008-07-06/apres-avoir-fete-son-bac-un-jeune-homme-meurt-d-un-coma-ethylique/920/0/258466.
856. 20minutes.ch, 29 mars 2007, accès 25 avril 2010, http://www.20min.ch/ro/news/monde/story/16030077.

857. elle.fr, 2 novembre 2009, accès 25 avril 2010, http://www.elle.fr/elle/Societe/News/Une-ado-frole-la-mort-avec-3-10g-d-alcool-dans-le-sang/.
858. ouest-france.fr, 3 janvier 2010, accès 25 avril 2010, http://www.ouest-france.fr/actu/actuLocale_-L%E2%80%99adolescent-ivre-tombe-dans-la-Loire_-1211502------44055-abd_actu.Htm.
859. 20minutes.fr, 14 mai 2010, accès 16 mai 2010, http://www.20minutes.fr/article/404410/France-Apero-Facebook-de-Nantes-le-mort-avait-2-40-g-d-alcool-dans-le-sang.php.
860. *France-Soir*, 2 juin 2010.
861. KLATSKY A.L. *et al.*, « Alcohol drinking and total mortality risk », *Ann. Epidemiol.*, 2007, pp. S63-S67.
862. KLONER R.A. *et al.*, « To drink or not to drink? That is the question », *Circulation*, n° 116, 2007, p. 1306 *et passim*.
863. DI CASTELNUOVO A. *et al.*, « Alcohol dosing and total mortality in men and women: an updated meta-analysis of 34 prospective studies », *Arch. Intern. Med.*, n° 166, 2006, p. 2437 *et passim*.
864. HVIDTFELDT U.A. *et al.*, « Alcohol intake and risk of coronary heart disease in younger, middle-aged, and older adults », *Circulation*, n° 121, 2010, p. 1589 *et passim*.
865. MUKAMAL K.J. *et al.*, « Alcohol consumption and cardiovascular mortality among US adults, 1987 to 2002 », *J. Am. Coll. Cardiol.*, n° 55, 2010, p. 1328 *et passim*.
866. FUCHS F.D. *et al.*, « Is the cardioprotective effect of alcohol real? », *Alcohol*, n° 41, 2007, p. 399 *et passim*.
867. FILLMORE K.M. *et al.*, « Moderate alcohol use and reduced mortality risk: systematic error in prospective studies and new hypotheses », *Ann. Epidemiol.*, n° 17, 2007, pp. S16-S23.
868. KLATSKY A.L., « Alcohol and cardiovascular mortality: common sense and scientific truth », *J. Am. Coll. Cardiol.*, n° 55, 2010, p. 1336 *et passim*.

869. REHM J. *et al.*, « Method for moderation: measuring lifetime risk of alcohol-attributable mortality as a basis for drinking guidelines », *Int. J. Methods Psychiatr. Res.*, n° 17, 2008, p. 141 *et passim.*
870. BORGES G. *et al.*, « Multicentre study of acute alcohol use and non-fatal injuries: data from the WHO collaborative study on alcohol and injuries », *Bull. World Health Organ.*, n° 84, 2006, p. 453 *et passim.*
871. « Framework for alcohol policy in the WHO European Region », OMS, 2006, accès 17 mai 2010, http://www.euro.who.int/document/e88335.pdf, p. 15.
872. « Australian guidelines to reduce health risks from drinking alcohol », National Health and Medical Council, 2009, accès 17 mai 2010, http://www.nhmrc.gov.au/_files_nhmrc/file/publications/synopses/ds10-alcohol.pdf.
873. « Guide pratique pour faire le point sur votre consommation d'alcool », Institut national de prévention et d'éducation pour la santé, document 210-05-111-B, accès 17 mai 2010, http://www.inpes.sante.fr/CFESBases/catalogue/pdf/861.pdf.
874. « Tableaux de l'économie française », INSEE, 2010, accès 17 mai 2010, http://www.insee.fr/fr/ffc/tef/tef2010/tef2010.pdf.
875. « Baromètre santé 2005 : attitudes et comportements de santé », Institut national de prévention et d'éducation pour la santé, accès 17 mai 2010, http://www.ofdt.fr/BDD/publications/docs/BS2005_Alcool.pdf, p. 121.
876. « The surgeon general's call to action to prevent and reduce underage drinking », Department of Health and Human Services, Office of the Surgeon General, 2007, accès 17 mai 2010, http://www.surgeongeneral.gov/topics/underagedrinking/calltoaction.pdf.
877. BONNIE R.J. *et al.*, *Reducing Underage Drinking: A Collective Responsibility. Committee on Developing a Strategy to Reduce and Prevent Underage Drinking*, National

Research Council and Institute of Medicine, The National Academies Press, 2004, pp. 58-59.
878. « Minimum Age Limits Worldwide », International Center for Alcohol Policies, janvier 2010, accès 17 mai 2010, http://www.icap.org/Table/MinimumAgeLimitsWorldwide.
879. « The 2007 ESPAD report: substance use among students in 35 European countries, European School Survey Project on Alcohol and Other Drugs », European School Survey Project on Alcohol and Other Drugs, février 2009, accès 17 mai 2010, http://www.espad.org/documents/Espad/ESPAD_reports/2007/The_2007_ESPAD_Report-FULL_091006.pdf.
880. Faden V. *et al.*, « The effects of alcohol on physiological processes and biological development », *Alcohol Res. Health*, n° 28, 2005, p. 125 *et passim*.
881. Taffe M.A. *et al.*, « Long-lasting reduction in hippocampal neurogenesis by alcohol consumption in adolescent nonhuman primates », *Proc. Natl. Acad. Sci.USA*, n° 107, 2010, p. 11104 *et passim*.
882. Grant B.F. *et al.*, « Age at onset of alcohol use and its association with DSM-IV alcohol abuse and dependence: results from the National Longitudinal Alcohol Epidemiologic Survey », *J. Subst. Abuse*, n° 9, 1997, p. 103 *et passim*.
883. « Self-regulation in the alcohol industry », Report of the Federal Trade Commission, juin 2008, accès 18 mai 2010,
http://www.ftc.gov/os/2008/06/080626alcoholreport.pdf.
884. « Wine Institute Code of Advertising Standards », septembre 2005, accès 18 mai 2010, http://www.wineinstitute.org/initiatives/issuesandpolicy/adcode/details.
885. « Beer institute advertising and marketing code », janvier 2006, accès 18 mai 2010, http://www.beerinstitute.org/BeerInstitute/files/ccLibraryFiles/Filename/000000000384/2006ADCODE.pdf.

886. « Code of responsible practices for beverage alcohol advertising and marketing », Distilled Spirits Council of the United States, janvier 2009, accès 18 mai 2010, http://www.discus.org/pdf/61332_DISCUS.pdf.
887. « Record 106.5 million Americans watch Super Bowl », reuters.com, 8 février 2010, accès 18 mai 2010, http://www.reuters.com/article/idUSTRE6174AY20100208.
888. « Budweiser's Super Bowl beer ads fuel underage drinking », The Marin Institute, accès 18 mai 2010, http://www.marininstitute.org/alcohol_industry/ad_alert.htm.
889. « Youth video winners announced in Free The Bowl(TM) Contest », reuters.com, 4 février 2010, accès 4 octobre 2010, http://www.reuters.com/article/idUS25361+05-Feb-2010+PRN20100205.
890. « Most Super Bowl viewers tune in for the commercials, Nielsen says », The Nielsen Company, 20 janvier 2010, accès 4 octobre 2010, http://en-us.nielsen.com/content/nielsen/en_us/news/news_releases/2010/january/most_super_bowl_viewers.html.
891. Eliott S., « Anheuser-Busch pushes the big beers for the Super Bowl », nytimes.com, 22 janvier 2008, accès 5 octobre 2010, http://www.nytimes.com/2008/01/22/business/media/22adco.html?_r=1&ref=alcoholic_beverages.
892. Newman A.A., « Youngsters enjoy beer ads, arousing industry's critics », nytimes.com, 13 février 2006, accès 5 octobre 2010, http://query.nytimes.com/gst/fullpage.html?res=9501E3DD123EF930A25751C0A9609C8B63.
893. « Children vote beer commercials among their favorite Super Bowl ads », Drug Free Action Alliance, 4 février 2009, accès 5 octobre 2010, http://www.drugfreeactionalliance.org/documents/SB09.pdf.
894. « Children vote beer commercials among their favorite Super Bowl ads », Drug Free Action Alliance, 7 février

2008, accès 5 octobre 2010, http://www.drugfree actionalliance.org/documents/superbowlonlinepr.pdf.
895. « Études de législation comparée. La publicité pour l'alcool en Europe », Assemblée nationale, juillet 2004, accès 1er juin 2010, http://www.assemblee-nationale.fr/europe/comparaisons/alcool.asp.
896. « Décret nº 92-280 du 27 mars 1992, article 8. Modifié par décret nº 2003-960 du 7 octobre 2003 – article 1 », *JORF*, 8 octobre 2003 en vigueur le 1er janvier 2004, accès 5 octobre 2010, http://www.legifrance.gouv.fr/affichTexteArticle.do;jsessionid=5D4154105889D8BAD638B3F717FD5904.tpdjo14v_3?idArticle=LEGIARTI000006424478&cidTexte=LEGITEXT000006078905&dateTexte=20100915.
897. « Under the influence. The damaging effect of alcohol marketing on young people », British Medical Association, septembre 2009, accès 16 mai 2010, http://www.bma.org.uk/images/undertheinfluence_tcm41-190062.pdf.
898. « Testimony to committee on underage drinking, the board on children, youth and families of the National Research Council and the Institute of Medicine: developing a strategy to reduce and prevent underage drinking », American Medical Association, 18 novembre 2002, accès 18 mai 2010, http://www.ama-assn.org/ama1/pub/upload/mm/388/statementuad.pdf.
899. « Does marketing communication impact on the volume and patterns of consumption of alcoholic beverages, especially by young people? A review of longitudinal studies », scientific opinion of the Science Group of the European Alcohol and Health Forum, 2009, accès 9 juin 2010, http://ec.europa.eu/health/ph_determinants/life_style/alcohol/Forum/docs/science_o01_en.pdf.
900. Anderson P. *et al.*, « Impact of alcohol advertising and media exposure on adolescent alcohol use: a systematic

review of longitudinal studies », *Alcohol Alcohol*, n° 44, 2009, pp. 1, 229 *et passim*.
901. COLLINS R.L. *et al.*, « Early adolescent exposure to alcohol advertising and its relationship to underage drinking », *J. Adolesc. Health*, n° 40, 2007, p. 527 *et passim*.
902. STACY A.W. *et al.*, « Exposure to televised alcohol ads and subsequent adolescent alcohol use », *Am. J. Health Behav.*, n° 28, 2004, p. 498 *et passim*.
903. EVERETT S.A. *et al.*, « Tobacco and alcohol use in top-grossing American films », *J. Community Health*, n° 23, 1998, p. 317 *et passim*.
904. HANEWINKEL R. *et al.*, « Exposure to alcohol use in motion pictures and teen drinking in Germany », *Int. J. Epidemiol.*, n° 36, 2007, p. 1068 *et passim*.
905. HANEWINKEL R. *et al.*, « Longitudinal study of exposure to entertainment media and alcohol use among German adolescents », *Pediatrics*, n° 123, 2009, p. 989 *et passim*.
906. DAL CIN S. *et al.*, « Youth exposure to alcohol use and brand appearances in popular contemporary movies », *Addiction*, n° 103, 2008, p. 1925 *et passim*.
907. SARGENT J.D. *et al.*, « Alcohol use in motion pictures and its relation with early-onset teen drinking », *J. Stud. Alcohol*, n° 67, 2006, p. 54 *et passim*.
908. WILLS T.A. *et al.*, « Movie exposure to alcohol cues and adolescent alcohol problems: a longitudinal analysis in a national sample », *Psychol. Addict. Behav.*, n° 23, 2009, p. 23 *et passim*.
909. LORCH E.P., « Health, drugs, and values », *in* PECORA N. *et al.* (sous la direction de), *Children and Television*, LEA, 2007, p. 205 *et passim*.
910. ENGELS R.C. *et al.*, « Alcohol portrayal on television affects actual drinking behaviour », *Alcohol Alcohol*, n° 44, 2009, p. 244 *et passim*.
911. ROBINSON T.N. *et al.*, « Television and music video exposure and risk of adolescent alcohol use », *Pediatrics*, n° 102, 1998, p. E54.

912. Van den Bulck J. *et al.*, « Television and music video exposure and adolescent alcohol use while going out », *Alcohol Alcohol*, n° 40, 2005, p. 249 *et passim*.
913. Thompson K.M. *et al.*, « Depiction of alcohol, tobacco, and other substances in G-rated animated feature films », *Pediatrics*, n° 107, 2001, p. 1369 *et passim*.
914. ivs, « Surveillance du VIH-sida en France. Données du 30 septembre 2009 », Institut de veille sanitaire, accès 15 juin 2010, http://www.invs.sante.fr/publications/2010/vih_sida_donnees_septembre_2009/vih_sida_donnees_septembre_2009.pdf.
915. Direction de la recherche des études de l'évaluation et des statistiques (drees), « Les interruptions volontaires de grossesse en 2007 », *Études et résultats*, n° 713, 2009.
916. Singh S. *et al.*, « Adolescent pregnancy and childbearing: levels and trends in developed countries », *Fam. Plann. Perspect.*, n° 32, 2000, p. 14 *et passim*.
917. Panchaud C. *et al.*, « Sexually transmitted diseases among adolescents in developed countries », *Fam. Plann. Perspect.*, n° 32, 2000, pp. 24, 45 *et passim*.
918. « US teenage pregnancies, births and abortions : national and state trends and trends by race and ethnicity », Guttmacher Institute, janvier 2010, accès 2 juillet 2010, http://www.guttmacher.org/pubs/USTPtrends.pdf.
919. Finer L.B. *et al.*, « Disparities in rates of unintended pregnancy in the United States, 1994 and 2001 », *Perspect. Sex Reprod. Health*, n° 38, 2006, p. 90 *et passim*.
920. « Naissances vivantes par statut matrimonial et âge de la mère en années révolues », données Eurostat relatives à l'année 2007, accès 6 octobre 2010, http://epp.eurostat.ec.europa.eu/portal/page/portal/product_details/dataset?p_product_code=DEMO_FAGEC.
921. Coleman P.K., « Resolution of unwanted pregnancy during adolescence through abortion versus childbirth : individual and family predictors and psychological

consequences », *J. Youth Adolesc.*, n° 35, 2006, p. 903 *et passim*.
922. MAJOR B., « Psychological implications of abortion – highly charged and rife with misleading research », *CMAJ*, n° 168, 2003, p. 1257 *et passim*.
923. FERGUSSON D.M. *et al.*, « Abortion and mental health disorders: evidence from a 30-year longitudinal study », *Br. J. Psychiatry*, n° 193, 2008, p. 444 *et passim*.
924. FERGUSSON D.M. *et al.*, « Abortion in young women and subsequent mental health », *J. Child Psychol. Psychiatry*, n° 47, 2006, p. 16 *et passim*.
925. PEDERSEN W., « Abortion and depression: a population-based longitudinal study of young women », *Scand. J. Public Health*, n° 36, 2008, p. 424 *et passim*.
926. SAVIO BEERS L.A. *et al.*, « Approaching the adolescent-headed family : a review of teen parenting », *Curr. Probl. Pediatr. Adolesc. Health Care*, n° 39, 2009, p. 216 *et passim*.
927. HAMANI Y. *et al.*, « Misconceptions about oral contraception pills among adolescents and physicians », *Hum. Reprod.*, n° 22, 2007, p. 3078 *et passim*.
928. MOLLEN C.J. *et al.*, « Assessing attitudes about emergency contraception among urban, minority adolescent girls: an in-depth interview study », *Pediatrics*, n° 122, 2008, pp. e395-e401.
929. KFF, « Sexsmarts : birth control and protection », The Kaiser Family Foundation, juillet 2004, accès 2 juillet 2010, http://www.kff.org/entpartnerships/upload/Sex-Smarts-Birth-Control-and-Protection-Bruchure.pdf.
930. INPES, « Contraception : que savent les Français ? », Institut national de prévention et d'éducation pour la santé, dossier de presse, juin 2007, accès 2 juillet 2010, http://www.inpes.sante.fr/70000/dp/07/dp070605.pdf.
931. GOMEZ C.A. *et al.*, « The development of sex-related knowledge, attitudes, perceived norms and behavior in a longitudinal cohort of middle school children », *in*

Albert B. *et al.* (sous la direction de), *14 and Younger. The Sexual Behavior of Young Adolescents*, National Campaign to Prevent Teen Pregnancy, 2003, p. 67 *et passim*.

932. IGAS, « La prévention des grossesses non désirées : information, éducation et communication », Inspection générale des affaires sociales, rapport RM2009-118A, octobre 2009, disponible en ligne, accès 6 octobre 2010, http://lesrapports.ladocumentationfrancaise.fr/BRP/104000048/0000.pdf, pp. 3 et 5.
933. « L'éducation à la sexualité dans les écoles, les collèges et les lycées », ministère de la Jeunesse, de l'Éducation nationale et de la Recherche, circulaire n° 2003-027 du 17 février 2003, accès 2 juillet 2010, http://www.education.gouv.fr/botexte/bo030227/MENE0300322C.htm.
934. Pour la dernière campagne en date : « La pub qui met les hommes enceints », lejdd.fr, accès 2 juillet 2010, http://www.lejdd.fr/Societe/Sante/Actualite/La-pub-qui-met-les-hommes-enceintes-185047/.
935. Bennia-Bouraï S. *et al.*, « Contraception et adolescence : une enquête un jour donné auprès de 232 lycéens (Caen) », *Médecine*, 2006, p. 84 *et passim*.
936. « Contraception : Bachelot veut " mettre le paquet dans le milieu scolaire" », leParisien.fr, 2 février 2010, accès 3 juillet 2010, http://www.leparisien.fr/societe/contraception-bachelot-veut-mettre-le-paquet-dans-le-milieu-scolaire-02-02-2010-800577.php.
937. Watzlawick P., *Comment réussir à échouer : trouver l'ultrasolution*, Éditions du Seuil, 1991.
938. American Academy of Pediatrics, « Policy statement – sexuality, contraception, and the media », *Pediatrics*, n° 126, 2010, p. 576 *et passim*.
939. Villani S., « Impact of media on children and adolescents: a 10-year review of the research », *J. Am. Acad. Child Adolesc. Psychiatry*, n° 40, 2001, p. 392 *et passim*.

940. STRASBURGER V.C. *et al.*, « Health effects of media on children and adolescents », *Pediatrics*, n° 125, 2010, p. 756 *et passim*.
941. « Le jeu et le sexe hantent nos télés », lexpress.fr, 1er avril 2008, accès 2 juillet 2010, http://www.lexpress.fr/actualite/societe/le-jeu-et-le-sexe-hantent-nos-teles_471630.html.
942. STRASBURGER V.C., « Adolescents, sex, and the media: ooooo, baby, baby-a Q & A », *Adolesc. Med. Clin.*, n° 16, 2005, pp. 269, 273 *et passim*.
943. WARD L.M., « Understanding the role of entertainment media in the sexual socialization of American youth: a review of empirical research », *Dev. Rev.*, n° 23, 2003, p. 347 *et passim*.
944. DONNERSTEIN E. *et al.*, « Sex in the media », *in* SINGER D.G. *et al.* (sous la direction de), *Handbook of Children and the Media*, 2001, Sage Publications, p. 289 *et passim*.
945. KUNKEL D. *et al.*, « Sex on TV4 », The Kaiser Family Foundation, novembre 2005, accès 2 juillet 2010, http://www.kff.org/entmedia/upload/Sex-on-TV-4-Full-Report.pdf.
946. RIVADENEYRA R. *et al.*, « The association between television-viewing behaviors and adolescent dating role attitudes and behaviors », *J. Adolesc.*, n° 31, 2008, p. 291 *et passim*.
947. « Fall Colors: prime time diversity report 2003-2004 », Children Now, avril 2004, accès 2 juillet 2010, http://www.childrennow.org/uploads/documents/fall_colors_2003.pdf.
948. KIMBALL M.M., « Television and sex-role attitudes », *in* MACBETH WILLIAMS T. (sous la direction de), *The Impact of Television : A Natural Experiment in Three Communities*, Academic Press, 1986, p. 265 *et passim*.
949. AUBREY J.S. *et al.*, « Variety versus timing: gender differences in college students' sexual expectations as

predicted by exposure to sexually oriented television », *Comm. Res.*, n° 30, 2003, p. 432 *et passim*.

950. Ward L.M., « Does television exposure affect emerging adults' attitudes and assumptions about sexual relationships? Correlational and experimental confirmation », *J. Youth Adolescence*, n° 31, 2002, p. 1 *et passim*.

951. Ward L.M. *et al.*, « Using TV as a guide: associations between television viewing and adolescents' sexual attitudes and behavior », *J. Res. Adolesc.*, n° 16, 2006, p. 133 *et passim*.

952. Martino S.C. *et al.*, « It's better on TV: does television set teenagers up for regret following sexual initiation? », *Perspect. Sex Reprod. Health*, n° 41, 2009, p. 92 *et passim*.

953. Ferris A.L. *et al.*, « The content of reality dating shows and viewer perceptions of dating », *J. Commun.*, n° 57, 2007, p. 490 *et passim*.

954. Eyal K. *et al.*, « The effects of sex in television drama shows on emerging adults' sexual attitudes and moral judgments », *J. Broadcast Electronic Media*, n° 52, 2008, p. 161 *et passim*.

955. « Premiers résultats de l'enquête CSF "Contexte de la sexualité en France" », ANRS/Inserm/INED, dossier de presse, 13 mars 2007, accès 3 juillet 2010, http://www.anrs.fr/index.php/anrs/content/download/483/3662/file/DP%2013%20mars%2007%20-%20Premiers%20r%C3%A9sultats%20de%20l/%27enqu%C3%AAte%20CSF.pdf.

956. Price M.N. *et al.*, « When two isn't better than one: predictors of early sexual activity in adolescence using a cumulative risk model », *J. Youth Adolesc.*, n° 38, 2009, p. 1059 *et passim*.

957. Brown J.D. *et al.*, « Sexy media matter: exposure to sexual content in music, movies, television, and magazines predicts black and white adolescents' sexual behavior », *Pediatrics*, n° 117, 2006, p. 1018 *et passim*.

958. Ashby S.L. *et al.*, « Television viewing and risk of sexual initiation by young adolescents », *Arch. Pediatr. Adolesc. Med.*, n° 160, 2006, p. 375 *et passim*.
959. Collins R.L. *et al.*, « Watching sex on television predicts adolescent initiation of sexual behavior », *Pediatrics*, n° 114, 2004, pp. e280-e289.
960. Kirby D. *et al.*, « Sexual risk and protective factors », Education Training Research Associates and The National Campaign to Prevent Teen and Unplanned Pregnancy Report, novembre 2007, accès 3 juillet 2010, http://www.thenationalcampaign.org/ea2007/protective_factors_FULL.pdf.
961. Sandfort T.G. *et al.*, « Long-term health correlates of timing of sexual debut: results from a national US study », *Am. J. Public Health*, n° 98, 2008, p. 155 *et passim*.
962. Kaestle C.E. *et al.*, « Young age at first sexual intercourse and sexually transmitted infections in adolescents and young adults », *Am. J. Epidemiol.*, n° 161, 2005, p. 774 *et passim*.
963. Santelli J.S. *et al.*, « Multiple sexual partners among US adolescents and young adults », *Fam. Plann. Perspect.*, n° 30, 1998, p. 271 *et passim*.
964. Coker A.L. *et al.*, « Correlates and consequences of early initiation of sexual intercourse », *J. Sch. Health*, n° 64, 1994, p. 372 *et passim*.
965. Mosher W.D. *et al.*, « Use of contraception and use of family planning services in the United States: 1982-2002 », *Adv. Data*, 2004, p. 1 *et passim*.
966. Flanigan C., « Sexual activity among girls under 15 », *in* Albert B. *et al.* (sous la direction de), *14 and Younger. The Sexual Behavior of Young Adolescents*, 2003, National Campaign to Prevent Teen Pregnancy, p. 57 *et passim*.

967. Jacobson D.L. *et al.*, « Histologic development of cervical ectopy: relationship to reproductive hormones », *Sex Transm. Dis.*, n° 27, 2000, p. 252 *et passim*.
968. Kahn J.A. *et al.*, « Mediators of the association between age of first sexual intercourse and subsequent human papillomavirus infection », *Pediatrics*, n° 109, 2002, p. E5.
969. Chandra A. *et al.*, « Does watching sex on television predict teen pregnancy? Findings from a national longitudinal survey of youth », *Pediatrics*, n° 122, 2008, p. 1047 *et passim*.
970. Wingood G.M. *et al.*, « A prospective study of exposure to rap music videos and African American female adolescents' health », *Am. J. Public Health*, n° 93, 2003, p. 437 *et passim*.
971. Harrison K., « Adolescent body image and eating in the media », *in* Jamieson P.E. *et al.* (sous la direction de), *The Changing Portrayal of Adolescents in the Media since 1950*, Oxford University Press, 2008, p. 165 *et passim*.
972. Derenne J.L. *et al.*, « Body image, media, and eating disorders », *Acad. Psychiatry*, n° 30, 2006, p. 257 *et passim*.
973. Grogan S., *Body Image : Understanding Body Dissatisfaction in Men, Women and Children*, Routledge, 2008, 2e éd.
974. Wykes M. *et al.*, *The Media and Body Image*, Sage Publications, 2005.
975. Pope H.G. *et al.*, *The Adonis Complex: The Secret Crisis of Male Body Obsession*, Free Press, 2000.
976. Levine M.P. *et al.*, « Media as a context for the development of disordered eating », *in* Smolak M. *et al.* (sous la direction de), *The Developmental Psychopathology of Eating Disorders: Implications for Research, Prevention, and Treatment*, Lawrence Erlbaum Associates, 1996, p. 235 *et passim*.

977. Rubinstein S. *et al.*, « Is Miss America an undernourished role model? », *JAMA*, n° 283, 2000, p. 1569.
978. American Psychiatric Association, *Diagnostic and Statistical Manual for Mental Disorders. 4th Edition Text Revision (DSM-IV-TR)*, American Psychiatric Association, 2000.
979. « Skinny models banned from catwalk », CNN.com, 13 septembre 2006, accès 10 juillet 2010, http://edition.cnn.com/2006/WORLD/europe/09/13/spain.models/index.html ; « Skinniest models are banned from catwalk », timesonline, 9 septembre 2006, accès 10 juillet 2010, http://www.timesonline.co.uk/tol/news/world/europe/article633568.ece.
980. Puhl R.M. *et al.*, « The stigma of obesity: a review and update », *Obesity (Silver Spring)*, n° 17, 2009, p. 941 *et passim*.
981. Grabe S. *et al.*, « The role of the media in body image concerns among women: a meta-analysis of experimental and correlational studies », *Psychol. Bull.*, n° 134, 2008, pp. 460, 471 *et passim*.
982. Groesz L.M. *et al.*, « The effect of experimental presentation of thin media images on body satisfaction: a meta-analytic review », *Int. J. Eat. Disord.*, n° 31, 2002, p. 1 *et passim*.
983. Agliata D. *et al.*, « The impact of media exposure on males' body image », *J. Soc. Clin. Psychol.*, n° 23, 2004, p. 7 *et passim*.
984. Grabe S. *et al.*, « Body objectification and depression in adolescents: the role of gender, shame, and rumination », *Psychol. Women Q*, n° 31, 2007, p. 175.
985. Johnson F. *et al.*, « Dietary restraint, body dissatisfaction, and psychological distress: a prospective analysis », *J. Abnorm. Psychol.*, n° 114, 2005, p. 119 *et passim*.

986. HAWKINS N. *et al.*, « The impact of exposure to the thin-ideal media image on women », *Eat. Disord.*, n° 12, 2004, p. 35 *et passim*.

987. PAXTON S.J. *et al.*, « Body dissatisfaction prospectively predicts depressive mood and low self-esteem in adolescent girls and boys », *J. Clin. Child Adolesc. Psychol.*, n° 35, 2006, p. 539 *et passim*.

988. HOGAN M.J. *et al.*, « Body image, eating disorders, and the media », *Adolesc. Med. State Art. Rev.*, n° 19, 2008, p. 521 *et passim*.

989. SPETTIGUE W. *et al.*, « Eating disorders and the role of the media », *Can. Child Adolesc. Psychiatr. Rev.*, n° 13, 2004, p. 16 *et passim*.

990. NEUMARK-SZTAINER D. *et al.*, « Does body satisfaction matter? Five-year longitudinal associations between body satisfaction and health behaviors in adolescent females and males », *J. Adolesc. Health*, n° 39, 2006, p. 244 *et passim*.

991. STICE E. *et al.*, « Role of body dissatisfaction in the onset and maintenance of eating pathology: a synthesis of research findings », *J. Psychosom. Res.*, n° 53, 2002, p. 985 *et passim*.

992. CALADO M. *et al.*, « The mass media exposure and disordered eating behaviours in Spanish secondary students », *Eur. Eat. Disord. Rev.*, n° 18, 2010, p. 417 *et passim*.

993. MORIARTY C.M. *et al.*, « Television exposure and disordered eating among children: a longitudinal panel study », *J. Commun.*, n° 58, 2008, p. 361 *et passim*.

994. HARRISON K. *et al.*, « The relationship between media consumption and eating disorders », *J. Commun.*, n° 47, 1997, p. 40 *et passim*.

995. BECKER A.E. *et al.*, « Eating behaviours and attitudes following prolonged exposure to television among ethnic Fijian adolescent girls », *Br. J. Psychiatry*, n° 180, 2002, p. 509 *et passim*.

996. Voir Introduction.

997. GARNIER C., « À 8 ans, elle veut faire un régime ! », *Top Santé*, n° 238, juillet 2010.

998. Isabelle Nicolas, pédopsychiatre, citée *in* GARNIER C., « À 8 ans, elle veut faire un régime ! », *Top Santé*, n° 238, juillet 2010, p. 136.

999. « Exposed : Brad's "puny" legs », mailonline, accès 10 juillet 2010, http://www.dailymail.co.uk/tvshowbiz/article-188530/Exposed-Brads-puny-legs.html.

1000. « 16 and pregnant », MTV, accès 6 octobre 2010, http://www.mtv.com/shows/16_and_pregnant/season_1/series.jhtml ; « 16 ans et enceinte » pour la version française, accès 6 octobre 2010, http://www.mtv.fr/emissions/16-ans-et-enceinte.

1001. ZIMMERMAN F.J., « Children's media use and sleep problems: issues and unanswered questions », The Kaiser Family Foundation, juin 2008, accès 3 mars 2010, http://www.kff.org/entmedia/upload/7674.pdf.

1002. GIORDANELLA J.P., « Rapport sur le thème du sommeil à M. Xavier Bertrand, ministère de la Santé et des Solidarités », ministère de la Santé et des Solidarités, décembre 2006, accès 2 mars 2010, http://lesrapports.ladocumentationfrancaise.fr/BRP/064000899/0000.pdf.

1003. INSTITUTE OF MEDICINE OF THE NATIONAL ACADEMIES, *Sleep Disorders and Sleep Deprivation : An Unmet Public Health Problem*, The National Academies Press, 2006.

1004. « 9e Journée nationale du sommeil », dossier de presse, Institut national du sommeil et de la vigilance, 18 mars 2009, accès 3 mars 2010, http://www.institut-sommeil-vigilance.org/documents/Presse-JNS-2009.pdf.

1005. « Health and safety », National Sleep Foundation, 2009, accès 3 mars 2010, http://www.sleep

foundation.org/article/sleep-america-polls/2009-health-and-safety.

1006. « Children and sleep », National Sleep Foundation, 2004, accès 3 mars 2010, http://www.sleepfoundation.org/article/sleep-america-polls/2004-children-and-sleep.

1007. « Adult sleep habits and style », National Sleep Foundation, 2005, accès 3 mars 2010, http://www.sleepfoundation.org/article/sleep-america-polls/2005-adult-sleep-habits-and-styles.

1008. « Teens and sleep », National Sleep Foundation, 2006, accès 3 mars 2010, http://www.sleepfoundation.org/article/sleep-america-polls/2006-teens-and-sleep.

1009. HITZE B. *et al.*, « Determinants and impact of sleep duration in children and adolescents: data of the Kiel Obesity Prevention Study », *Eur. J. Clin. Nutr.*, n° 63, 2009, p. 739 *et passim*.

1010. NIXON G.M. *et al.*, « Short sleep duration in middle childhood: risk factors and consequences », *Sleep*, n° 31, 2008, p. 71 *et passim*.

1011. SPIEGEL K., « Sleep loss as a risk factor for obesity and diabetes », *Int. J. Pediatr. Obes.*, n° 3, Suppl. n° 2, 2008, p. 27 *et passim*.

1012. TAVERAS E.M. *et al.*, « Short sleep duration in infancy and risk of childhood overweight », *Arch. Pediatr. Adolesc. Med.*, n° 162, 2008, p. 305 *et passim*.

1013. SPIEGEL K. *et al.*, « Sleep loss: a novel risk factor for insulin resistance and type 2 diabetes », *J. Appl. Physiol.*, n° 99, 2005, p. 2008 *et passim*.

1014. VON KRIES R. *et al.*, « Reduced risk for overweight and obesity in 5- and 6-y-old children by duration of sleep – a cross-sectional study », *Int. J. Obes. Relat. Metab. Disord.*, n° 26, 2002, p. 710 *et passim*.

1015. GANGWISCH J.E. *et al.*, « Short sleep duration as a risk factor for hypertension: analyses of the first National

Health and Nutrition Examination Survey », *Hypertension*, n° 47, 2006, p. 833 *et passim*.
1016. GOTTLIEB D.J. *et al.*, « Association of usual sleep duration with hypertension: the Sleep Heart Health Study », *Sleep*, n° 29, 2006, p. 1009 *et passim*.
1017. GANGWISCH J.E. *et al.*, « Earlier parental set bedtimes as a protective factor against depression and suicidal ideation », *Sleep*, n° 33, 2010, p. 97 *et passim*.
1018. PEIRANO P.D. *et al.*, « Sleep in brain development », *Biol. Res.*, n° 40, 2007, p. 471 *et passim*.
1019. LIU X., « Sleep and adolescent suicidal behavior », *Sleep*, n° 27, 2004, p. 1351 *et passim*.
1020. BRYANT P.A. *et al.*, « Sick and tired: does sleep have a vital role in the immune system? », *Nat. Rev. Immunol.*, n° 4, 2004, p. 457 *et passim*.
1021. IRWIN M. *et al.*, « Partial sleep deprivation reduces natural killer cell activity in humans », *Psychosom. Med.*, n° 56, 1994, p. 493 *et passim*.
1022. KAKIZAKI M. *et al.*, « Sleep duration and the risk of breast cancer: the Ohsaki Cohort Study », *Br. J. Cancer*, n° 99, 2008, p. 1502 *et passim*.
1023. VERKASALO P.K. *et al.*, « Sleep duration and breast cancer: a prospective cohort study », *Cancer Res.*, n° 65, 2005, p. 9595 *et passim*.
1024. WU A.H. *et al.*, « Sleep duration, melatonin and breast cancer among Chinese women in Singapore », *Carcinogenesis*, n° 29, 2008, p. 1244 *et passim*.
1025. SEPHTON S. *et al.*, « Circadian disruption in cancer: a neuroendocrine-immune pathway from stress to disease? », *Brain Behav. Immun.*, n° 17, 2003, p. 321 *et passim*.
1026. ROEHRS T. *et al.*, « Sleep loss and REM sleep loss are hyperalgesic », *Sleep*, n° 29, 2006, p. 145 *et passim*.
1027. AKERSTEDT T. *et al.*, « A prospective study of fatal occupational accidents – relationship to sleeping difficulties

and occupational factors », *J. Sleep Res.*, n° 11, 2002, p. 69 *et passim*.

1028. NAKATA A. *et al.*, « Sleep-related risk of occupational injuries in Japanese small and medium-scale enterprises », *Ind. Health*, n° 43, 2005, p. 89 *et passim*.

1029. CONNOR J. *et al.*, « Driver sleepiness and risk of serious injury to car occupants: population based case control study », *BMJ*, n° 324, 2002, p. 1125.

1030. HORNE J. *et al.*, « Vehicle accidents related to sleep: a review », *Occup. Environ. Med.*, n° 56, 1999, p. 289 *et passim*.

1031. PHILIP P. *et al.*, « Determinants of sleepiness in automobile drivers », *J. Psychosom. Res.*, n° 41, 1995, p. 279 *et passim*.

1032. BONNET M.H. *et al.*, « We are chronically sleep deprived », *Sleep*, n° 18, 1995, p. 908 *et passim*.

1033. GIANNOTTI F. *et al.*, « Circadian preference, sleep and daytime behaviour in adolescence », *J. Sleep Res.*, n° 11, 2002, p. 191 *et passim*.

1034. O'BRIEN L.M., « The neurocognitive effects of sleep disruption in children and adolescents », *Child Adolesc. Psychiatr. Clin. N. Am.*, n° 18, 2009, p. 813 *et passim*.

1035. FALLONE G. *et al.*, « Sleepiness in children and adolescents: clinical implications », *Sleep Med. Rev.*, n° 6, 2002, p. 287 *et passim*.

1036. DAHL R.E., « The impact of inadequate sleep on children's daytime cognitive function », *Semin. Pediatr. Neurol.*, n° 3, 1996, p. 44 *et passim*.

1037. HOFFMAN K.L. *et al.*, « Sleep on it: cortical reorganization after-the-fact », *Trends Neurosci.*, n° 25, 2002, p. 1 *et passim*.

1038. MAQUET P., « The role of sleep in learning and memory », *Science*, n° 294, 2001, p. 1048 *et passim*.

1039. CURCIO G. *et al.*, « Sleep loss, learning capacity and academic performance », *Sleep Med. Rev.*, n° 10, 2006, p. 323 *et passim*.

1040. BabyFirst, accès 6 octobre 2010, http://babyfirsttv.com/fr/content.asp?xml_id=1785.
1041. EGGERMONT S. *et al.*, « Nodding off or switching off? The use of popular media as a sleep aid in secondary-school children », *J. Paediatr. Child Health*, n° 42, 2006, p. 428 *et passim*.
1042. SHOCHAT T. *et al.*, « Sleep patterns, electronic media exposure, and daytime sleep related behaviors among Israeli adolescents », *Acta Paediatr.*, 2010.
1043. CAIN N. *et al.*, « Electronic media use and sleep in school-aged children and adolescents: a review », *Sleep Med.*, n° 11, 2010, p. 735 *et passim*.
1044. HIGUCHI S. *et al.*, « Effects of VDT tasks with a bright display at night on melatonin, core temperature, heart rate, and sleepiness », *J. Appl. Physiol.*, n° 94, 2003, p. 1773 *et passim*.
1045. Par exemple, pour ce soir – 23 mars 2010 – le prime time prend fin à 22 h ±05 minutes sur pratiquement toutes les grandes chaînes US dont ABC, CBS, NBC, FOX, BBC, PBS, CW, CNN, accès 23 mars 2010, http://tv.yahoo.com/listings?starttime=1269392400&provider=199).
1046. HAMERMESH D.S. *et al.*, « Cues for timing and coordination: latitude, Letterman, and longitude », *J. Labor Econ.*, n° 26, 2008, p. 223 *et passim*.
1047. SILVA G.E. *et al.*, « Relationship between reported and measured sleep times: the Sleep Heart Health Study (SHHS) », *J. Clin. Sleep Med.*, n° 3, 2007, p. 622 *et passim*.
1048. TYNJALA J. *et al.*, « How young Europeans sleep », *Health Educ. Res.*, n° 8, 1993, p. 69 *et passim*.
1049. WILSON B.J., « Media and children's aggression, fear and altruism », *Fut. Child.*, n° 18, 2008, p. 87 *et passim*.
1050. VAN DEN BULCK J., « Media use and dreaming: the relationship among television viewing, computer game play, and nightmares or pleasant dreams », *Dreaming*, n° 14, 2004, p. 43 *et passim*.

1051. Harrison K., « Tales from the screen : enduring fright reactions to scary media », *Media Psychol.*, n° 1, 1999, p. 97 *et passim*.

1052. Mathai J., « An acute anxiety state in an adolescent precipitated by viewing a horror movie », *J. Adolesc.*, n° 6, 1983, p. 197 *et passim*.

1053. Simons D. *et al.*, « Post-traumatic stress disorder in children after television programmes », *BMJ*, n° 308, 1994, p. 389 *et passim*.

1054. Cantor J., « The media and children's fears, anxieties, and perception of danger », *in* Singer D.G. *et al.* (sous la direction de), *Handbook of Children and the Media*, Sage Publications, 2001, p. 207 *et passim*.

1055. Françoise Sagan, citée *in* Lambron M., « Bonsoir tristesse », *Le Point*, 30 septembre 2004.

1056. Anderson C.A. *et al.*, « Psychology. The effects of media violence on society », *Science*, n° 295, 2002, p. 2377 *et passim*.

1057. American Academy of Pediatrics, « Policy statement – Media violence », *Pediatrics*, n° 124, 2009, p. 1495 *et passim*.

1058. Johnson J.G. *et al.*, « Television viewing and aggressive behavior during adolescence and adulthood », *Science*, n° 295, 2002, p. 2468 *et passim*.

1059. Huesmann L.R. *et al.*, « Longitudinal relations between children's exposure to TV violence and their aggressive and violent behavior in young adulthood: 1977-1992 », *Dev. Psychol.*, n° 39, 2003, pp. 201, 218 *et passim*.

1060. Schmidt M.E. *et al.*, « The effects of electronic media on children ages zero to six: a history of research », The Kaiser Family Foundation, janvier 2005, accès 6 octobre 2010, http://www.kff.org/entmedia/upload/The-Effects-of-Electronic-Media-on-Children-Ages-Zero-to-Six-A-History-of-Research-Issue-Brief.pdf.

1061. ANDERSON C.A. *et al.*, « The influence of media violence on youth », *Psychol. Sci. Public Interest*, n° 4, 2003, p. 81 *et passim*.
1062. WARTELLA E. *et al.*, « Children and television in the United States », *in* CARLSSON U. *et al.* (sous la direction de), *Children and Media Violence: Yearbook from the Unesco International Clearinghouse on Children and Violence on the Screen*, Nordicom, 1998, pp. 55, 58 *et passim*.
1063. MURRAY J.P., « TV violence: research and controversy », *in* PECORA N. *et al.* (sous la direction de), *Children and Television*, LEA, 2007, pp. 183, 193-194 *et passim*.
1064. « Joint statement on the impact of entertainment violence on children », Congressional Public Health Summit, 26 juillet 2000, accès 30 juillet 2010, http://www.aap.org/advocacy/releases/jstmtevc.htm.
1065. HUESMANN L.R. *et al.*, « The role of media violence in violent behavior », *Annu. Rev. Public Health*, n° 27, 2006, pp. 393, 394, 396 *et passim*.
1066. STRASBURGER V.C., « Risky business : what primary care practitioners need to know about the influence of the media on adolescents », *Prim. Care*, n° 33, 2006, pp. 317, 321-322 *et passim*.
1067. MURRAY J.P. *et al.*, « Children's brain activations while viewing televised violence revealed by fMRI », *Media Psychol.*, n° 8, 2006, p. 25 *et passim*.
1068. KELLY C.R. *et al.*, « Repeated exposure to media violence is associated with diminished response in an inhibitory frontolimbic network », *PLoS.One.*, n° 2, 2007, p. e1268.
1069. STRENZIOK M. *et al.*, « Lower lateral orbitofrontal cortex density associated with more frequent exposure to television and movie violence in male adolescents », *J. Adolesc. Health*, n° 46, 2010, p. 607 *et passim*.

1070. STRENZIOK M. *et al.*, « Fronto-parietal regulation of media violence exposure in adolescents: a multi-method study », *Soc. Cogn. Affect. Neurosci.*, 2010.

1071. LAZAR J., « La violence contagieuse ? », *Le Débat*, n° 94, 1997, p. 152 *et passim*.

1072. STRASBURGER V.C., « Go ahead punk, make my day: it's time for pediatricians to take action against media violence », *Pediatrics*, n° 119, 2007, pp. e1398-e1399.

1073. HUESMANN L.R., « The impact of electronic media violence: scientific theory and research », *J. Adolesc. Health*, n° 41, 2007, p. S6 *et passim*.

1074. Catherine Tasca, citée *in* GARRIGOS R. *et al.*, « Contre la violence, pas de censure mais un médiateur », libération.fr, 10 avril 2002, accès 30 juillet 2010, http://www.liberation.fr/medias/0101409179-contre-la-violence-pas-de-censure-mais-un-mediateur.

1075. Catherine Tasca, citée *in* « Je suis hostile à la censure », leParisien.fr, 21 juin 2002, accès 10 juillet 2010, http://www.leparisien.fr/faits-divers/je-suis-hostile-a-la-censure-21-06-2002-2003185041.php.

1076. FREEDMAN J., *Media Violence and Its Effect on Aggression*, University of Toronto Press, 2002.

1077. AMERICAN ACADEMY OF PEDIATRICS, « Media violence. Committee on Public Education », *Pediatrics*, n° 108, 2001, pp. 1222-1223 *et passim*.

1078. ROMAINS J., *Knock ou Le Triomphe de la médecine*, Gallimard, coll. « Folio », 1972, acte I, p. 31.

1079. ANDERSON K., « The great TV violence hype », *Time*, 12 juillet 1993.

1080. ABELSON R.P., « A variance explanation paradox: when a little is a lot », *Psychol. Bull.*, n° 97, 1985, p. 129 *et passim*.

1081. ROSENTHAL R., « Media violence, antisocial behavior, and the social consequences of small effects », *J. Soc. Issues*, n° 42, 1986, p. 141 *et passim*.

1082. CENTERWALL B.S., « Television and violence. The scale of the problem and where to go from here », *JAMA*, n° 267, 1992, pp. 3059, 3061 *et passim*.
1083. JOY L.A. *et al.*, « Television and Children's Aggressive Behavior », *in* MACBETH WILLIAMS T. (sous la direction de), *The Impact of Television : A Natural Experiment in Three Communities*, Academic Press, 1986, p. 303 *et passim*.
1084. BUSHMAN B.J. *et al.*, « Short-term and long-term effects of violent media on aggression in children and adults », *Arch. Pediatr. Adolesc. Med.*, n° 160, 2006, p. 348 *et passim*.
1085. HAYS W.L., *Statistics*, CBS College Publishing, 1981, 3e éd.
1086. BRADLEY E.H. *et al.*, « Hospital quality for acute myocardial infarction: correlation among process measures and relationship with short-term mortality », *JAMA*, n° 296, 2006, p. 72 *et passim*.
1087. « Télé-massacre », *Le Point*, n° 840, 24 octobre 1988.
1088. « Enquête sur la représentation de la violence télévisuelle », enquêtes du CSA, novembre 1995.
1089. FEDERMAN J., *National Television Violence Study*, Sage Publications, 1998, vol. III.
1090. WILSON B.J. *et al.*, « Violence in children's television programming: assessing the risks », *J. Commun.*, n° 52, 2002, p. 5 *et passim*.
1091. JOHNSON R.N., « Bad news revisited : the portrayal of violence, conflict, and suffering on television news », *Peace and Conflict*, n° 2, 1996, p. 201 *et passim*.
1092. DORFMAN L. *et al.*, « Youth and violence on local television news in California », *Am. J. Public Health*, n° 87, 1997, p. 1311 *et passim*.
1093. ROMER D. *et al.*, « Television news and the cultivation of fear of crime », *J. Commun.*, n° 53, 2003, p. 88 *et passim*.

1094. WALMA VAN DER MOLEN J.H., « Violence and suffering in television news: toward a broader conception of harmful television content for children », *Pediatrics*, n° 113, 2004, p. 1771 *et passim*.
1095. LOWRY D.T. *et al.*, « Setting the public fear agenda: longitudinal analysis of network TV crime reporting, public perceptions of crime, and FBI crime statistics », *J. Commun.*, n° 53, 2003, p. 61 *et passim*.
1096. FERNANDEZ-VILLANUEVA C. *et al.*, « Broadcasting of violence on Spanish television: a quantitative panorama », *Aggress. Behav.*, n° 32, 2006, p. 137 *et passim*.
1097. BOUVET B. *et al.*, « La télévision toujours plus violente », la-Croix.com, 20 novembre 2008, accès 2 août 2010, http://www.la-croix.com/article/index.jsp?docId=2356564&rubId=5548.
1098. JENKINS L. *et al.*, « An evaluation of the Motion Picture Association of America's treatment of violence in PG-, PG-13-, and R-rated films », *Pediatrics*, n° 115, 2005, pp. e512-e517.
1099. YOKOTA F. *et al.*, « Violence in G-rated animated films », *JAMA*, n° 283, 2000, p. 2716 *et passim*.
1100. WEBB T. *et al.*, « Violent entertainment pitched to adolescents: an analysis of PG-13 films », *Pediatrics*, n° 119, 2007, pp. e1219-e1229.
1101. WORTH K.A. *et al.*, « Exposure of US adolescents to extremely violent movies », *Pediatrics*, n° 122, 2008, p. 306 *et passim*.
1102. SARGENT J.D. *et al.*, « Adolescent exposure to extremely violent movies », *J. Adolesc. Health*, n° 31, 2002, p. 449 *et passim*.
1103. SCHARRER E., « Should we be concerned about media violence? », *in* MAZZARELLA S.R. (sous la direction de), *20 Questions About Youth and the Media*, Peter Lang Publishing, 2007, p. 117 *et passim*.
1104. DUNCKO R. *et al.*, « Acute exposure to stress improves performance in trace eyeblink conditioning and spatial

learning tasks in healthy men », *Learn. Mem.*, n° 14, 2007, p. 329.
1105. JOELS M. *et al.*, « Learning under stress: how does it work? », *Trends Cogn. Sci.*, n° 10, 2006, p. 152 *et passim*.
1106. HU H. *et al.*, « Emotion enhances learning via norepinephrine regulation of AMPA-receptor trafficking », *Cell*, n° 131, 2007, p. 160 *et passim*.
1107. DALLMAN M.F. *et al.*, « Chronic stress and obesity: a new view of "comfort food" », *Proc. Natl. Acad. Sci.USA*, n° 100, 2003, p. 11696 *et passim*.
1108. MACHT M. *et al.*, « Immediate effects of chocolate on experimentally induced mood states », *Appetite*, n° 49, 2007, p. 667 *et passim*.
1109. ADAM T.C. *et al.*, « Stress, eating and the reward system », *Physiol. Behav.*, n° 91, 2007, p. 449 *et passim*.
1110. PECORARO N. *et al.*, « Chronic stress promotes palatable feeding, which reduces signs of stress: feedforward and feedback effects of chronic stress », *Endocrinology*, n° 145, 2004, p. 3754 *et passim*.
1111. JOSEPHSON W.L., « Television violence and children's aggression: testing the priming, social script, and disinhibition predictions », *J. Pers. Soc. Psychol.*, n° 53, 1987, p. 882 *et passim*.
1112. DESMURGET M. *et al.*, « From eye to hand: planning goal-directed movements », *Neurosci. Biobehav. Rev.*, n° 22, 1998, p. 761 *et passim*.
1113. PACCALIN C. *et al.*, « Changes in breathing during observation of effortful actions », *Brain Res.*, n° 862, 2000, p. 194 *et passim*.
1114. AVENANTI A. *et al.*, « Transcranial magnetic stimulation highlights the sensorimotor side of empathy for pain », *Nat. Neurosci.*, n° 8, 2005, p. 955 *et passim*.
1115. BERGER S.M. *et al.*, « Electromyographic activity during observational learning », *Am. J. Psychol.*, n° 83, 1970, p. 86 *et passim*.

1116. BERGER S.M. *et al.*, « Some effects of a model's performance on an observer's electromyographic activity », *Am. J. Psychol.*, n° 88, 1975, p. 263 *et passim.*
1117. RIZZOLATTI G. *et al.*, « The mirror-neuron system », *Annu. Rev. Neurosci.*, n° 27, 2004, p. 169 *et passim.*
1118. AARTS H. *et al.*, « Preparing and motivating behavior outside of awareness », *Science*, n° 319, 2008, p. 1639.
1119. FERGUSON M.J. *et al.*, « How social perception can automatically influence behavior », *Trends Cogn. Sci.*, n° 8, 2004, p. 33 *et passim.*
1120. CARVER C.S. *et al.*, « Modeling: an analysis in terms of category accessibility », *J. Exp. Soc. Psychol.*, n° 19, 1983, p. 403 *et passim.*
1121. BJÖRKQVIST K., « Violent films, anxiety, and aggression », Finnish Society of Sciences and Letters.
1122. LOVAAS O.I., « Effect of exposure to symbolic aggression on aggressive behavior », *Child Dev.*, n° 32, 1961, p. 37 *et passim.*
1123. LIEBERT R.M. *et al.*, « Short term effects of television aggression on children's aggressive behavior », *in* MURRAY J.P. *et al.* (sous la direction de), *Television and Social Behavior. Reports and Papers, vol. II. Television and Social Learning*, US Government Printing Office, 1972, p. 181 *et passim.*
1124. LEYENS J.P. *et al.*, « Effects of movie violence on aggression in a field setting as a function of group dominance and cohesion », *J. Pers. Soc. Psychol.*, n° 32, 1975, p. 346 *et passim.*
1125. ZILLMANN D. *et al.*, « Effects of prolonged exposure to gratuitous media violence on provoked and unprovoked hostile behavior », *J. Appl. Soc. Psychol.*, n° 29, 1999, p. 145 *et passim.*
1126. PAIK H. *et al.*, « The effects of television violence on antisocial behavior: a meta-analysis », *Comm. Res.*, n° 21, 1994, p. 516 *et passim.*

1127. WOOD W. *et al.*, « Effects of media violence on viewers' aggression in unconstrained social interaction », *Psychol. Bull.*, nº 109, 1991, p. 371 *et passim*.
1128. HEAROLD S., « A synthesis of 1 043 effects of television on social behavior », *in* COMSTOCK G. (sous la direction de), *Public Communication and Behavior, vol. I*, Academic Press, 1986, p. 65 *et passim*.
1129. COYNE S.M. *et al.*, « Cruel intentions on television and in real life: can viewing indirect aggression increase viewers' subsequent indirect aggression? », *J. Exp. Child Psychol.*, nº 88, 2004, p. 234 *et passim*.
1130. ROBINSON T.N. *et al.*, « Effects of reducing children's television and video game use on aggressive behavior: a randomized controlled trial », *Arch. Pediatr. Adolesc. Med.*, nº 155, 2001, p. 17 *et passim*.
1131. PETO R. *et al.*, « Smoking, smoking cessation, and lung cancer in the UK since 1950: combination of national statistics with two case-control studies », *BMJ*, nº 321, 2000, p. 323 *et passim*.
1132. CHRISTAKIS D.A. *et al.*, « Violent television viewing during preschool is associated with antisocial behavior during school age », *Pediatrics*, nº 120, 2007, p. 993 *et passim*.
1133. ZIMMERMAN F.J. *et al.*, « Early cognitive stimulation, emotional support, and television watching as predictors of subsequent bullying among grade-school children », *Arch. Pediatr. Adolesc. Med.*, nº 159, 2005, p. 384 *et passim*.
1134. ERON L.D. *et al.*, « Does television violence cause aggression? », *Am. Psychol.*, nº 27, 1972, p. 253 *et passim*.
1135. LEFKOWITZ M.M. *et al.*, *Growing Up to Be Violent: A Longitudinal Study of the Development of Aggression*, Pergamon Press, 1977.
1136. « Special issue of neurobiology of learning and memory on habituation », *Neurobiol. Learn. Mem.*, nº 92(2), 2009.
1137. RANKIN C.H. *et al.*, « Habituation revisited: an updated and revised description of the behavioral characteristics

of habituation », *Neurobiol. Learn. Mem.*, n° 92, 2009, pp. 135-136 *et passim*.

1138. Nias D.K., « Desensitization and media violence », *J. Psychosom. Res.*, n° 23, 1979, p. 363 *et passim*.

1139. Cline V.B. *et al.*, « Desensitization of children to television violence », *J. Pers. Soc. Psychol.*, n° 27, 1973, p. 360 *et passim*.

1140. Thomas M.H. *et al.*, « Desensitization to portrayals of real-life aggression as a function of exposure to television violence », *J. Pers. Soc. Psychol.*, n° 35, 1977, p. 450 *et passim*.

1141. Molitor F. *et al.*, « Children's toleration of real-life aggression after exposure to media violence: a replication of the Drabman and Thomas studies », *Child Stud. J.*, n° 24, 1994, p. 191 *et passim*.

1142. Drabman R.S. *et al.*, « Does media violence increase children's tolerance for real-life aggression? », *Dev. Psychol.*, n° 10, 1974, p. 418 *et passim*.

1143. Drabman R.S. *et al.*, « Does TV violence breed indifference ? », *J. Commun.*, n° 25, 1975, p. 86 *et passim*.

1144. Thomas R.H. *et al.*, « Toleration of real life aggression as a function of exposure to televised violence and age of the subject », *Merrill-Palmer Q*, n° 21, 1975, p. 227 *et passim*.

1145. Linz D.G. *et al.*, « Effects of long-term exposure to violent and sexually degrading depictions of women », *J. Pers. Soc. Psychol.*, n° 55, 1988, p. 758 *et passim*.

1146. Mullin C.R. *et al.*, « Desensitization and resensitization to violence against women: effects of exposure to sexually violent films on judgments of domestic violence victims », *J. Pers. Soc. Psychol.*, n° 69, 1995, p. 449 *et passim*.

1147. Malamuth N.M. *et al.*, « The effects of mass media exposure on acceptance of violence against women: a field experiment », *J. Res. Pers.*, n° 15, 1981, p. 436 *et passim*.

1148. Fanti K.A. *et al.*, « Desensitization to media violence over a short period of time », *Aggress. Behav.*, n° 35, 2009, p. 179 *et passim*.

1149. Mucchielli L. *et al.*, *Quand les banlieues brûlent... : retour sur les émeutes de novembre 2005*, La Découverte, 2007, 2e éd.

1150. « Banlieues : les violences vues depuis les États-Unis », TF1News, 5 novembre 2005, accès 8 septembre 2010, http://lci.tf1.fr/monde/2005-11/banlieues-violences-vues-depuis-etats-unis-4902322.html.

1151. Morgan M., « What do young people learn about the world from watching television? », *in* Mazzarella S.R. (sous la direction de), *20 Questions About Youth and the Media*, Peter Lang Publishing, 2007, p. 153 *et passim*.

1152. Morgan M. *et al.*, « The state of cultivation », *J. Broadcast Electronic Media*, n° 54, 2010, p. 337 *et passim*.

1153. Morgan M. *et al.*, « Growing up with television », *in* Bryant J. *et al.* (sous la direction de), *Media Effects: Advances in Theory and Research*, Routledge, 2009, 3e éd., p. 34 *et passim*.

1154. Gerbner G. *et al.*, « Cultural indicators: violence profile no. 9 », *J. Commun.*, n° 28, 1978, p. 176 *et passim*.

1155. Gerbner G. *et al.*, « The “mainstreaming” of America: violence profile no. 11 », *J. Commun.*, n° 30, 1980, p. 10 *et passim*.

1156. GERBNER G. *et al.*, « The demonstration of power: violence profile no. 10 », *J. Commun.*, n° 29, 1979, p. 177 *et passim*.
1157. SIGNORIELLI N., « Television's mean and dangerous world: a continuation of the cultural indicators perspective », *in* SIGNORIELLI N. *et al.* (sous la direction de), *Cultivation Analysis : New Directions in Media Effects Research*, Sage Publications, 1990, p. 85 *et passim*.
1158. GERBNER G. *et al.*, « Living with television: the violence profile », *J. Commun.*, n° 26, 1976, p. 172 *et passim*.
1159. NABI R.L. *et al.*, « Does television viewing relate to engagement in protective action against crime? », *Comm. Res.*, n° 28, 2001, p. 802 *et passim*.
1160. VAN DEN BULCK J., « Research note : the relationship between television fiction and fear of crime », *European Journal of Communication*, n° 19, 2004, p. 239 *et passim*.
1161. HOLBERT R.L. *et al.*, « Fear, authority, and justice: crime-related TV viewing and endorsements of capital punishment and gun ownership », *Journalism Mass Comm. Q*, n° 81, 2004, p. 343 *et passim*.
1162. ESCHHOLZ S. *et al.*, « Television and fear of crime: program types, audience traits, and the mediating effect of perceived neighborhood racial composition », *Soc. Probl.*, n° 50, 2003, p. 395 *et passim*.
1163. GOIDEL R.K. *et al.*, « The impact of television viewing on perceptions of juvenile crime », *J. Broadcast Electronic Media*, n° 50, 2006, p. 119 *et passim*.
1164. SALMI V. *et al.*, « Crime victimization, exposure to crime news and social trust among adolescents », *Young*, n° 15, 2007, p. 255 *et passim*.
1165. BUSSELLE R.W., « Television exposure, perceived realism, and exemplar accessibility in the social judgment process », *Media Psychol.*, n° 3, 2001, p. 43 *et passim*.
1166. WILSON B.J. *et al.*, « Children's and parents' fright reactions to kidnapping stories in the news », *Commun. Monogr.*, n° 72, 2005, p. 46 *et passim*.

1167. BRYANT J. *et al.*, « Television viewing and anxiety – An experimental examination », *J. Commun.*, n° 31, 1981, p. 106 *et passim*.
1168. « Uniform crime reports », Federal Bureau of Investigation, accès 6 septembre 2010, http://www.fbi.gov/ucr/ucr.htm.
1169. CENTER FOR MEDIA AND PUBLIC AFFAIR, « The media at the millenium », *Media Monitor*, n° 14, 2000.
1170. CANTOR J., « *Mommy I'm scared* »*: How TV and Movies Frighten Children and What Can We Do to Protect Them*, Hartcourt Brace, 1998.
1171. SINGER M.I. *et al.*, « Viewing preferences, symptoms of psychological trauma, and violent behaviors among children who watch television », *J. Am. Acad. Child Adolesc. Psychiatry*, n° 37, 1998, p. 1041 *et passim*.
1172. BOZZUTO J.C., « Cinematic neurosis following *The Exorcist*. Report of four cases », *J. Nerv. Ment. Dis.*, n° 161, 1975, p. 43 *et passim*.
1173. HAMILTON J.W., « Cinematic neurosis: a brief case report », *J. Am. Acad. Psychoanal.*, n° 6, 1978, p. 569 *et passim*.
1174. TERR L.C. *et al.*, « Children's symptoms in the wake of Challenger: a field study of distant-traumatic effects and an outline of related conditions », *Am. J. Psychiatry*, n° 156, 1999, p. 1536 *et passim*.
1175. PFEFFERBAUM B. *et al.*, « Clinical needs assessment of middle and high school students following the 1995 Oklahoma City bombing », *Am. J. Psychiatry*, n° 156, 1999, p. 1069 *et passim*.
1176. PFEFFERBAUM B. *et al.*, « Post-traumatic stress two years after the Oklahoma City bombing in youths geographically distant from the explosion », *Psychiatry*, n° 63, 2000, p. 358 *et passim*.
1177. SCHUSTER M.A. *et al.*, « A national survey of stress reactions after the September 11, 2001, terrorist attacks », *N. Engl. J. Med.*, n° 345, 2001, p. 1507 *et passim*.

1178. Voir le chapitre III.

1179. Cantor J. *et al.*, « Emotional responses to a televised nuclear Holocaust film », *Communic. Res.*, n° 13, 1986, p. 257 *et passim*.

1180. « Tony Blair used Cherie's grief to protect Iraq strategy », timesonline.co.uk, 12 mars 2008, accès 6 septembre 2010, http://www.timesonline.co.uk/tol/news/politics/article3913305.ece.

1181. Robin C., *La Peur. Histoire d'une idée politique*, Armand Colin, 2006.

1182. Muzet D., *La Mal info*, Éditions de l'Aube, 2006, p. 23.

1183. Terral J., *L'Insécurité au journal télévisé. La campagne présidentielle de 2002*, L'Harmattan, 2004, p. 37.

1184. Schneidermann D., *Le Cauchemar médiatique*, Denoël, 2003.

1185. Maggiori R., « La peur un moyen de faire obéir les hommes », liberation.fr, 31 octobre 2009, accès 8 septembre 2010, http://www.liberation.fr/societe/0101600340-la-peur-un-moyen-de-faire-obeir-les-hommes.

1186. « La presse dénonce la "surenchère" et la "diversion" de Sarkozy », lemonde.fr, 2 août 2010, accès 8 septembre 2010, http://www.lemonde.fr/imprimer/article/2010/08/02/1394668.html.

1187. Aufray A. *et al.*, « La droite dégaine son arme sécuritaire », liberation.fr, 19 mars 2010, accès 8 septembre 2010, http://www.liberation.fr/politiques/0101625451-la-droite-degaine-son-arme-securitaire.

1188. Rostand E., *Cyrano de Bergerac*, Larousse, coll. « Petits classiques », 2007, acte V, scène VI.

1189. Cioran, *De l'inconvénient d'être né*, Gallimard, coll. « Folio essais », 1973, p. 61.

1190. *Imagia. L'histoire de France*, Fleurus, 2010.
1191. Boorstin D., *Les Découvreurs*, Robert Laffont, 1988.
1192. Kuhn T., *The Structure of Scientific Revolutions*, University of Chicago Press, 1996, 3e éd.
1193. Hellman H., *Great Feuds in Science*, John Wiley & Sons, 1998.

Table des matières

Avertissement 9

Introduction 11
Petits précis de balivernes ordinaires 15
Il n'est pire aveugle que celui qui ne veut voir 21
La face cachée de l'iceberg 27
Pas vu, pas pris 32
Vivre sans télé 39

Chapitre I : La télé en tous lieux et à toute heure 45
La télé, maîtresse du temps et de l'espace 50
Des émissions enfantines aux programmes tous publics 60
Réécrire le réel 71
L'inaccessible mythe de la « qualité » 77
Pour conclure 91

Chapitre II : La télé étouffe l'intelligence 93
Cette fois c'est sûr, le niveau baisse 97
Une entrave majeure à la réussite scolaire 121
Effort, intelligence, lecture, langage, attention, imagination. Tous sont frappés 133
Pour conclure 182

Chapitre III : La télé menace la santé 185
Manger plus, bouger moins 190
Faire de l'enfant un fumeur... ou fermer boutique 214
Boire plus et plus tôt 230
Du sexe, du sexe, du sexe et encore du sexe 247
Entre Morphée et la Star Ac', il faut choisir 262
Pour conclure 269

Chapitre IV : La télé cultive la peur et la violence 271
La violence, c'est bon pour les affaires 284
La violence appelle la violence 289
La violence repousse les frontières de l'inacceptable 300
La violence nourrit la peur 305
Pour conclure 317

Conclusion : Un peu de télé en moins, c'est beaucoup de vie en plus 319

Notes 331

10477

Composition
FACOMPO

Achevé d'imprimer en Espagne (Barcelone)
par CPI
Le 16 décembre 2013.

Dépôt légal : septembre 2013.
EAN 9782290038055
L21EPLN001099B002

ÉDITIONS J'AI LU
87, quai Panhard-et-Levassor, 75013 Paris

Diffusion France et étranger : Flammarion